机械及数控加工
知识与技能训练

主　编　王庭俊　赵东宏

天津大学出版社
TIANJIN UNIVERSITY PRESS

内 容 简 介

本书主要介绍机械及数控加工中的相关工艺知识,机械及数控加工技能训练的操作步骤,内容包括金属切削加工基础知识、车削加工、铣削加工、刨削加工、磨削加工、数控车削加工、数控铣削加工、特种加工等八个模块。注重理论联系实际,将车、铣、刨、磨、数控车、数控铣等每个工种的操作技能分成若干个技能训练课题,按照由浅入深、循序渐进,从单项实作技能训练到综合实作技能训练规律,详细讲解了每个课题。本书既强调基础知识和技能训练实作图,又突出了技能训练操作步骤和相关注意事项及成绩评定等,进一步突显出教材的针对性、典型性和实用性。

本书是专门针对高等职业院校、中等职业技术学校的学生进行相关工种的操作技能训练而编写的,以机械及数控加工的基础知识和技能训练项目为主线,有机地将理论与实践融会贯通于一书之中。本书适用范围广,既可作为高职高专机电类专业和非机类相关专业机械及数控实训用书,同时又可供本科、中职、技校学生学习使用,也可作为工厂、企业职工职业培训和鉴定用教材,还可作为相关技术人员的参考资料。

图书在版编目(CIP)数据

机械及数控加工知识与技能训练/王庭俊,赵东宏主编. —天津:天津大学出版社,
2017.3

ISBN 978-7-5618-5782-3

Ⅰ.①机…　Ⅱ.①王…②赵…　Ⅲ.①机械元件-数控机床-加工　Ⅳ.①TG659

中国版本图书馆 CIP 数据核字(2017)第 026183 号

出版发行	天津大学出版社
地　　址	天津市卫津路 92 号天津大学内(邮编:300072)
电　　话	发行部:022-27403647
网　　址	publish. tju. edu. cn
印　　刷	天津泰宇印务有限公司
经　　销	全国各地新华书店
开　　本	185mm×260mm
印　　张	16.5
字　　数	406 千
版　　次	2017 年 3 月第 1 版
印　　次	2017 年 3 月第 1 次
印　　数	
定　　价	39.80 元

《机械及数控加工知识与技能训练》

编委会

主　编　王庭俊　赵东宏

主　审　刘伯玉　赵利民

副主编　潘　毅　梁　宝　戴宇杰

参　编　殷志碗　王　波　王　伟

　　　　王　新　吴一鹏

前　言

近年来,我国高等职业教育得到了蓬勃的发展,"以就业为导向,以能力为本位"的教学改革不断深化,当前的高等职业教育也在呼唤精品教材,因此要精心编写出适应以职业能力为导向的理实一体化教材,基于一个相对完整的工作过程,通过典型的零件制作,培养学生的学习和动手兴趣,让他们从中不仅学到机械及数控加工的基本知识和技能,更重要的是学到普适的工作方法。本书以机械与数控加工岗位培养目标为主线,从教材内容、教学方法等方面突出高等职业教育的特点,精选基础知识和基本技能,依据学生认知规律和职业成长规律,通过情境化的教学内容设置,紧跟企业生产实际需要的内容,使教材体现社会需要和学生身心发展两者的有机统一。

1. 本教材的编写特点

本教材的编写依据是工作过程系统化理论。强调教学做一体化,参照《国家职业标准》,同时以适当的形式为学有余力的学生提供了更多可选择的新技术、新工艺等学习内容,包括一些可开阔学生科学视野的内容,为学生提供更广阔的发展空间。在编写过程中引入企业工程技术人员参加编写,以保证教材贴近生产实际,与岗位要求一致,使教材不仅符合学校教与学的需要,也能满足企业的岗位需求。以职业能力为核心,以课题为学习单元,在教学过程、方法以及情感、态度与价值观等方面,培养学生爱岗敬业、团结协作、吃苦耐劳的职业精神。为便于教与学,采用模块化的编写方式,即将车削加工、铣削加工、刨削加工、磨削加工、数控车削加工、数控铣削加工等每项机械及数控加工操作分别作为一个模块组织编写,紧扣工程实践和岗位实际需要,以典型项目为案例,按"项目描述""知识能力要求""学习任务说明(含任务说明、分析、相关知识、任务实施、操作训练、评分标准等)""知识链接(含常见问题分析、安全操作、该项目的发展历史、新材料、新工艺、新技术展望、补充阅读等)""思考与练习"等来组织编写。本书应用了较多的图片和表格,将知识点和技能点生动展现出来,力求让读者更直观地理解和掌握实训内容。

2. 本教材的主要内容

本教材以项目教学法思路组织教学内容,形成了新的课程体系,将理论知识融合于项目实践过程之中,"学中做,做中学,学做结合",每个项目的完成,都使学生经历一次理论与实践结合、知识与技能交融的完整过程;内容涉及车削加工、铣削加工、刨削加工、磨削加工、数控车削加工、数控铣削加工等,覆盖了机械与数控加工要求掌握的基本操作技能和相关的理论知识。另外,教材中还安排了相关的拓展性题目,为学有余力的学生提供了自主发挥的空间。

3. 本课程的教学过程与方法建议

(1)理论实践一体化的项目式教学过程

本课程的教学实施过程,主要是以实训项目为主线展开,理论教学根据实践需求予以穿插。教学场地一般应选择在校内实习工厂,理论教学内容可在实习现场讲授,不再单独安排;整个教学过程将集中在一周或几周时间内完成。

(2)自主式实施、启发式引导的教学方法

每个项目的实施均应充分体现学生的主体性。即从相关知识学习、零件设计、工艺编制到实践操作、完成作品、撰写项目报告、进行交流讨论,直到最后的结果认定、成绩评价等均应由学生自主完成,教师从中给以正确指导与引领,保证项目按期、圆满完成。

(3)关注情感、态度与价值观变化

初步形成对机械制造技术的好奇心和求知欲,培养热爱祖国、积极向上的学习情感,逐步形成热爱工厂、热爱技术、热爱劳动的工程素养和一丝不苟、不怕苦、不怕累、不怕脏的良好思想品德,培养安全文明生产、环境保护和质量与效益的意识。

本书以机械与数控加工的基本知识和技能训练项目为主线,有机地将理论与实践融会贯通于一书之中。本书适用范围广,既可作为高职高专机电类专业和非机类相关专业机械与数控加工的实训用书,同时又可供本科、中职、技校学生学习使用,也可作为工厂、企业职工职业培训和鉴定用教材,还可作为技术人员的参考资料。

参加本教材编写的有扬州工业职业技术学院王庭俊(模块一、模块二),潘毅(模块三、模块四),殷志碗、王波、王伟、王新(模块五),梁宝、赵东宏(模块六、模块七);江苏扬农化工集团有限公司的戴宇杰和扬州荣清机械电子有限公司的吴一鹏高级工程师(模块八)。王庭俊副教授和赵东宏博士任主编,全书由王庭俊统稿,扬州工业职业技术学院刘伯玉和赵利民副教授担任主审。本书在编写过程中引用了许多同行所编著的教材和著作中的大量资料,在此表示衷心感谢!

本教材部分采用了基于工作过程系统化理念,并采用项目引导和任务驱动的模式编写,对以前的内容进行了部分重组和编排,力求使学生在学习知识、掌握技能后形成一定的职业素养。由于是新的尝试,加之编者水平有限,且时间仓促,书中定有许多错误和不当之处,恳请广大师生和工程技术人员批评指正。

编　者

2016 年 10 月

目　　录

模块一　金属切削加工基础知识

> 教学要求
- 了解切削运动和切削要素知识。
- 了解常用切削刀具。
- 了解金属切削中的物理现象。
- 了解切削加工技术经济性分析知识。

> 教学方法

采用课堂教学的形式集中学习相关基本知识。

课题一　切削运动和切削要素

一、零件表面的形成

1. 成形运动

各种类型零件的具体用途和加工方法虽然并不相同,但其基本的成形原理却相同,即都必须通过刀具和工件之间的相对运动,切除坯件上的多余金属,形成一定形状、尺寸和质量的表面,从而获得所需的机械零件。因此,制造加工机械零件的过程实质上就是形成工件上各个工作表面的过程。在各类表面的加工中,直接参与切削过程、与形成所需表面形状有关的刀具与工件间的相对运动,称为表面成形运动,简称成形运动。按照切削运动在切削加工中所起的作用不同,可将成形运动分为主运动和进给运动两种。

（1）主运动

主运动是由机床提供的主要运动,它促使刀具和工件之间产生相对运动,从而使刀具前面接近工件并切除切削层。主运动的特点是在切削加工中速度最高、消耗功率最大。通常主运动只有一个,它可由工件完成,也可由刀具完成。图 1－1 所示的车削时工件的旋转运动、刨削时工件或刀具的往复运动、铣削和钻削时刀具的旋转运动、磨削时砂轮的旋转运动等都是主运动。

（2）进给运动

进给运动是由机床或人力提供的运动,它使刀具与工件之间产生附加的相对运动,加上主运动,即可间断地或连续地切除多余金属,并得出具有所需几何特性的已加工表面。进给运动的特点是在切削加工中速度较低、消耗功率较小。进给运动可以是连续运动,也可以是间断运动。

切削运动可由刀具或刀具与工件同时完成。当主运动和进给运动同时进行时,可合成为合成切削运动。合成切削运动速度等于主运动速度与进给运动速度的矢量和,即

$$v_e = v_c + v_f$$

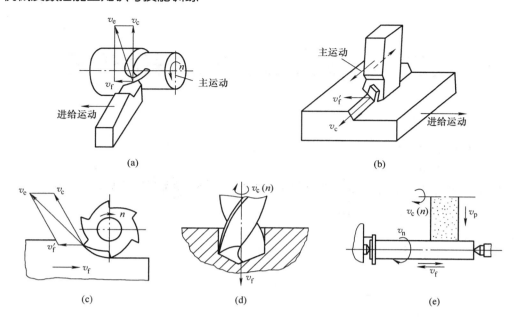

图 1-1 几种常见加工方法的切削运动

(a)车削 (b)刨削 (c)铣削 (d)钻削 (e)磨削

2. 辅助运动

机床在加工过程中除完成成形运动外,还需完成其他一系列运动,称为辅助运动。辅助运动的作用是实现机床加工过程中所必需的各种辅助动作,为表面成形创造条件。它的种类很多,一般包括以下几种。

1)切入运动:刀具相对工件切入一定深度,以保证工件达到要求的尺寸。

2)分度运动:多工位工作台、刀架等的周期转位或移位,以便依次加工工件上的各个表面,或依次使用不同刀具对工件进行顺序加工。

3)调位运动:加工开始前机床有关部件的移位,以调整刀具和工件之间的相对位置。

4)其他各种空行程运动:如切削前后刀具或工件的快速趋近和退回运动,开车、停车、变速、变向等控制运动,装卸、夹紧、松开工件的运动等。

辅助运动虽然不参与表面成形过程,但对机床整个加工过程却是不可缺少的,同时对机床的生产率和加工精度也有着重大影响。

二、切削表面

切削加工过程中,在切削运动的作用下,工件表面上一层金属不断地被切下来变为切屑,从而加工出所需要的新表面,在新表面形成的过程中,工件上有三个依次变化着的表面,它们分别是待加工表面、切削表面和已加工表面,如图 1-2 所示。

三、切削要素

切削要素即切削用量,是指切削速度 v_c、进给量 f(或进给速度 v_f)、背吃刀量 a_p 三者的总称,也称为切削三要素。它是调整刀具与工件间相对运动速度和相对位置所需的工艺参数。

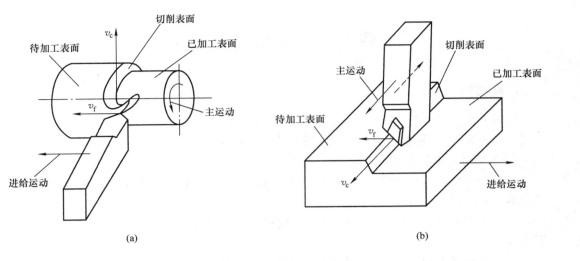

图 1-2 切削运动和工件上的表面

（a）车削运动和工件上的表面 （b）刨削运动和工件上的表面

1. 切削速度 v_c

在切削加工时，切削刃选定点相对于工件主运动的瞬时速度称为切削速度，它表示在单位时间内工件或刀具沿主运动方向相对移动的距离，单位为 m/min 或 m/s。主运动为旋转运动时，切削速度 v_c 的计算公式为

$$v_c = \pi dn/1\ 000\ (\text{m/min 或 m/s})$$

式中　d——工件直径，mm；

　　　n——工件或刀具每分（秒）钟的转数，r/min 或 r/s。

2. 进给量 f

进给量是刀具在进给运动方向上相对于工件的位移量，可用刀具或工件每转或每行程的位移量来表述或测量。车削时进给量的单位是 mm/r，即工件每转一圈刀具沿进给运动方向移动的距离。刨削的主运动为往复直线运动，其间歇进给的进给量为 mm/双行程，即每个往复行程刀具与工件之间的相对横向移动距离。

单位时间的进给量称为进给速度，它是切削刃选定点相对于工件进给运动的瞬时速度。车削时的进给速度计算公式为

$$v_f = f \cdot n\ (\text{mm/min 或 mm/s})$$

铣削时，由于铣刀是多齿刀具，进给量单位除 mm/r 外，还规定了每齿进给量，用 f_z 或 a_z 表示，单位为 mm/z。v_f、f、f_z 三者之间的关系为

$$v_f = f \cdot n = n \cdot f_z \cdot z$$

式中　z——多齿刀具的齿数。

3. 背吃刀量（切削深度）a_p

背吃刀量 a_p 是指主刀刃工作长度（在基面上的投影）沿垂直于进给运动方向上的投影值，对于外圆车削，背吃刀量 a_p 等于工件已加工表面和待加工表面之间的距离，单位为 mm。即

$$a_p = (d_w - d_n)/2$$

式中　d_w——待加工表面直径，mm；

　　　d_n——已加工表面直径，mm。

课题二　常用切削刀具

一、刀具材料

影响刀具磨损和刀具耐用度的因素除工件材料外,刀具材料也不容忽视,刀具材料性能的改善与提高,不断地推动着金属切削技术的进步和发展。

1. 刀具材料应具备的性能

1)高的硬度:刀具切削部分材料的硬度要高于工件材料的硬度,一般在常温下刀具硬度应高于 HRC60。

2)高的耐磨性:刀具切削部分材料的耐磨性高,则刀具磨损量小,刀具切削时间长,耐用度高。

3)足够的强度和韧性:刀具切削部分材料承受着各种切削力、冲击与振动,应具有足够的强度和韧性,以保证在正常切削条件下不至于崩刃或断裂。

4)高的耐热性:耐热性是指高温下刀具切削部分材料保持常温硬度的性能,可用红硬性或高温硬度来表示。

5)良好的工艺性:制造刀具时,要求刀具材料有良好的工艺性,如切削性能、热处理性能、焊接性能等。

除此之外,还要考虑到经济性。目前刀具材料使用最多的仍然是高速钢和硬质合金。各种刀具材料的物理力学性能见表 1 – 1。

表 1 – 1　各种刀具材料的物理力学性能

材料种类	硬度	密度/(g/cm^3)	抗弯强度/GPa	冲击韧性/(kJ/m^2)	热导率/$[W/(m \cdot K)]$	耐热性/℃
碳素工具钢	HRC63 ~ 65	7.6 ~ 7.8	2.2	—	41.8	200 ~ 250
合金工具钢	HRC63 ~ 66	7.7 ~ 7.9	2.4	—	41.8	300 ~ 400
高速钢	HRC63 ~ 70	8.0 ~ 8.8	1.96 ~ 5.88	98 ~ 588	16.7 ~ 25.1	600 ~ 700
硬质合金	HRA89 ~ 94	8.0 ~ 15	0.9 ~ 2.45	29 ~ 59	16.7 ~ 87.9	800 ~ 1 000
陶瓷	HRA91 ~ 95	3.6 ~ 4.7	0.45 ~ 0.8	5 ~ 12	19.2 ~ 38.2	1 200
立方氮化硼	HV8 000 ~ 9 000	3.44 ~ 3.49	0.45 ~ 0.8		19.2 ~ 38.2	1 200
金刚石	HV10 000	3.47 ~ 3.56	0.21 ~ 0.48		19.2 ~ 38.2	1 200

4

2. 高速钢

高速钢是在合金工具钢中加入较多的钨、钼、铬、钒等元素的高合金工具钢。高速钢的抗弯强度高、韧性好,常温硬度可达 HRC63 ~ 65,耐热性达 540 ~ 600 ℃,刃磨时刃口可磨得较锋利。它具有较好的工艺性,可以制造刃形复杂的刀具,如钻头、丝锥、成形刀具、拉刀和齿轮刀具等,高速钢的应用较为广泛。高速钢按用途可分为普通高速钢、高性能高速钢和粉末冶金高速钢三大类。钨系高速钢广泛用于制造各种复杂刀具;钼系高速钢热塑性好,适用于热成形法制造刀具(如热轧钻头);高性能高速钢主要用于高温合金、钛合金、不锈钢等难加工材料的切削加工;粉末冶金高速钢制成的刀具,可加工难切削材料。常用高速钢的力学性能和应用范围见表1-2。

表1-2　常用高速钢的力学性能和应用范围

类型		硬度（HRC）	抗弯强度/GPa	冲击韧性/（MJ/m²）	600 ℃时硬度（HRC）	主要力学性能和适用范围
普通高速钢	W18Cr4V	63～66	3.0～3.4	0.18～0.32	48.5	综合性能好，通用性强，可磨削；适用于加工轻合金、碳素钢、合金钢、普通铸铁的精加工刀具和复杂刀具，如螺纹车刀、成形车刀、拉刀等
	W6Mo5Cr4V2	63～66	3.5～4.0	0.30～0.40	47～48	强度和韧性略高于W18Cr4V，热硬性略低于W18Cr4V，热塑性好；适用于制造加工轻合金、碳钢、合金钢的热成形刀具及承受冲击、结构薄弱的刀具
	W14Cr4VMnRe	64～66	～4.0	～0.31	50.5	切削性能与W18Cr4V相当，热塑性好；适用于制作热轧刀具
高性能高速钢	9W18Cr4V	66～68	3.0～3.4	0.17～0.22	51	属高碳高速钢，常温硬度和高温硬度有所提高；适用于加工普通钢材和铸铁，耐磨性要求较高的钻头、铰刀、丝锥、铣刀和车刀等，但不宜受大的冲击
	W6Mo5Cr4V3	65～67	～3.2	～0.25	51.7	属高钒高速钢，耐磨性很好；适合切削对刀具磨损较大的材料，如纤维、硬橡胶、塑料等，也用于加工不锈钢、高强度钢和高温合金等
	W2Mo9Cr4NCo8	67～69	2.7～3.8	0.23～0.30	55	属含钴高速钢，有很高的常温和高温硬度，适合加工高强度耐热钢、高温合金、钛合金等难加工材料，可磨性好，适于制造精密复杂刀具材料；但不宜在冲击切削条件下工作
	W6Mo5Cr4V2Al	67～69	2.84～3.82	0.23～0.30	—	属含铝高速钢，切削性能与W2Mo-9Cr4NCo8相当，适宜制造铣刀、钻头、铰刀、齿轮刀具和拉刀等，用于加工合金钢、不锈钢、高强度钢和高温合金

3. 硬质合金

　　硬质合金是用粉末冶金的方法制成的合金材料。它是由硬度和熔点很高的金属碳化物（又称硬质相，如 WC、TiC 等）微粉和黏结剂（又称黏结相，如 Co、Ni、Mo 等），经高压成形，并在 1 500 ℃的高温下烧结而成。

　　硬质合金的硬度高达 HRA89～94，相当于 HRC71～76，耐磨性好，能耐 800～1 000 ℃的高温。因此，它的切削速度比高速钢快 4～10 倍，刀具耐用度比高速钢提高几倍到几十倍,能切削淬火钢。但其抗弯强度低,韧性差,不耐冲击和振动,制造工艺性差,不适于制造复杂的整体刀具。

(1)硬质合金的分类、牌号及性能

常用的硬质合金以 WC 为主要成分,根据是否加入其他碳化物而分为钨钴类(WC + Co)硬质合金(YG)、钨钛钴类(WC + TiC + Co)硬质合金(YT)、钨钽钴类(WC + TaC + Co)硬质合金(YA)、钨钛钽钴类(WC + TiC + TaC + Co)硬质合金(YW)等。表 1 - 3 为硬质合金的使用范围。

表 1 - 3　硬质合金的使用范围

牌　号	使 用 性 能	使 用 范 围
YG3X	是 YG 类合金中耐磨性最好的一种,但冲击韧性较差	适于铸铁、有色金属及其合金的精镗、精车等,亦可用于合金钢、淬火钢及钨、钼材料的精加工
YG6X	属细晶粒合金,其耐磨性较 YG6 高,而使用强度接近于 YG6	适于冷硬铸铁、合金铸铁、耐热钢及合金钢的加工,亦适于普通铸铁的精加工,并可用于制造仪器仪表工业用的小型刀具和小模数滚刀
YG6	耐磨性较高,但低于 YG6X、YG3X,韧性高于 YG6X、YG3X,可使用较 YG8 高的切削速度	适于铸铁、有色金属及其合金与非金属材料连续切削时的粗车,间断切削时的半精车、精车,小断面精车,粗车螺纹,旋风车丝,连续断面的半精铣与精铣,孔的粗扩和精扩
YG8	使用强度较高,抗冲击和抗振性能较 YG6 好,耐磨性和允许的切削速度较低	适于铸铁、有色金属及其合金与非金属材料加工,不平整断面和间断切削时的粗车、粗刨、粗铣,一般孔和深孔的钻孔、扩孔
YG10H	属超细晶粒合金,耐磨性较好,抗冲击和抗振性能好	适于低速粗车,铣削耐热合金及钛合金,做切断刀及丝锥等
YT5	在 YT 类合金中,强度最高,抗冲击和抗振性能最好,不易崩刃,但耐磨性较差	适于碳钢及合金钢,包括钢锻件、冲压件及铸件的表皮加工,不平整断面和间断切削时的粗车、粗刨、半精刨、粗铣、钻孔等
YT14	使用强度高,抗冲击和抗振性能好,但较 YT5 稍差,耐磨性及允许的切削速度较 YT5 高	适于碳钢及合金钢连续切削时的粗车,不平整断面和间断切削时的半精车和精车,连续面的粗铣,铸孔的扩钻等
YT15	耐磨性优于 YT14,但抗冲击韧性较 YT14 差	适于碳钢及合金钢加工,连续切削时的半精车及精车,间断切削时的小断面精车,旋风车丝,连续面的半精铣及精铣,孔的粗扩和精扩
YT30	耐磨性及允许的切削速度较 YT15 高,但使用强度及抗冲击韧性较差,焊接及刃磨时极易产生裂纹	适于碳钢及合金钢的精加工,如小断面精车、精镗、精扩等
YG6A	属细晶粒合金,耐磨性和使用强度与 YG6X 相似	适于硬铸铁、球墨铸铁、有色金属及其合金的半精加工,亦可用于高锰钢、淬火钢及合金钢的半精加工和精加工
YG8A	属中颗粒合金,抗弯强度与 YG8 相同,而硬度与 YG6 相同,高温切削时热硬性较好	适于硬铸铁、球墨铸铁、白口铁及有色金属的粗加工,亦适于不锈钢的粗加工和半精加工

牌　号	使　用　性　能	使　用　范　围
YW1	热硬性较好,能承受一定的冲击负荷,通用性较好	适于耐热钢、高锰钢、不锈钢等难切削钢材的精加工,也适于一般钢材和普通铸铁及有色金属的精加工
YW2	耐磨性稍次于 YW1,但使用强度较高,能承受较大的冲击负荷	适于耐热钢、高锰钢、不锈钢及高级合金钢等难切削钢材的半精加工,也适于一般钢材和普通铸铁及有色金属的半精加工

（2）硬质合金的选用

硬质合金种类、牌号的选择,应考虑工件材料及粗、精加工等情况,一般应注意以下几点。

1）加工铸铁等脆性材料时,应选择 YG 类硬质合金。

2）加工钢等韧性材料时,应选择 YT 类硬质合金。

3）切削淬硬钢、不锈钢和耐热钢时,应选用 YG 类硬质合金。因为切削这类钢时,切削力大,切削温度高,切屑与前刀面接触长度短,使用脆性大的 YT 类硬质合金易崩刃。

4）粗加工时,应选择含钴量较高的硬质合金;反之,精加工时,应选择含钴量低的硬质合金。

4. 先进刀具材料

（1）陶瓷

可制作刀具的陶瓷材料是以人造的化合物为原料,在高压下成形并在高温下烧结而成的,它有很高的硬度和耐磨性,耐热性高达 1 200 ℃,化学稳定性好,与金属的亲和力小,可提高切削速度 3 ~ 5 倍。但陶瓷的最大弱点是抗弯强度低、抗冲击韧性差,因此主要用于钢、铸铁、有色金属等材料的精加工和半精加工。按成分组成,陶瓷可分为高纯氧化铝陶瓷、复合氧化铝陶瓷和复合氮化硅陶瓷。

（2）金刚石

金刚石分天然和人造两种,天然金刚石由于价格昂贵用得很少。金刚石是目前已知的最硬物质,其硬度接近 HV10 000,是硬质合金的 80 ~ 120 倍,但韧性差,在一定温度下与铁族元素亲和力大,因此不宜加工黑色金属,主要用于有色金属加工以及非金属材料的高速精加工。

（3）立方氮化硼（CBN）

立方氮化硼由氮化硼在高温高压作用下转变而成。它具有仅次于金刚石的硬度和耐磨性,硬度可达 HV8 000 ~ 9 000,耐热性高达 1 400 ℃,化学稳定性好,与铁族元素亲和力小,但强度低、焊接性差,主要用于加工淬硬钢、冷硬铸铁、高温合金和一些难加工材料。

二、刀具几何角度

金属切削刀具的种类虽然很多,但它们切削部分的几何形状与参数却有着共性的内容。不论刀具构造如何复杂,它们的切削部分总是近似地以外圆车刀切削部分为基本形态。如图 1 - 3（a）所示各种复杂刀具或多齿刀具,拿出其中一个刀齿,它的几何形状都相当于一把车刀的刀头。现代刀具引入"不重磨"概念后,刀具切削部分的统一性获得了新的发展。许多结构迥异的切削刀具,其切削部分不过是一个或几个"不重磨式刀片",如图1-3(b)所示。

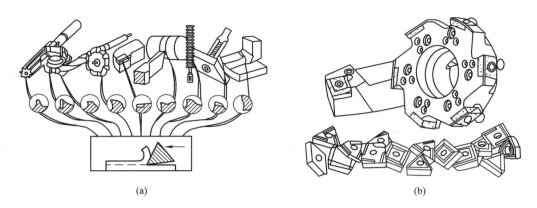

(a)   (b)

图1-3 各种刀具切削部分和不重磨刀具

(a)各种刀具切削部分 (b)不重磨刀具

为此确立刀具的基本定义时,通常以普通外圆车刀为基础进行讨论和研究。

1. 车刀的组成

车刀由刀头和刀柄组成,如图1-4所示。刀柄是刀具的夹持部位;刀头则用于切削,是刀具的切削部分。刀具的切削部分包括以下几部分。

1)前刀面 A_γ:切下的金属沿其流出的刀面。

2)主后刀面 A_α:与工件上过渡表面相对的刀面。

3)副后刀面 A_α':与工件上已加工表面相对的刀面。

4)主切削刃 S:前刀面与主后刀面相交的边锋,用以形成工件上的过渡表面,担负着大部分金属的切除工作。

5)副切削刃 S':前刀面与副后刀面相交的边锋,协同主切削刃完成金属的切除工作,用以最终形成工件的已加工表面。

6)刀尖:主切削刃和副切削刃相交处相当少的一部分切削刃。

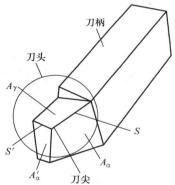

图1-4 外圆车刀的组成

2. 刀具静止角度参考系及其坐标平面

刀具的切削部分是由前刀面、后刀面、切削刃、刀尖组成的一个空间几何体。为了确定刀具切削部分各几何要素的空间位置,就需要建立相应的参考系。为此设立的参考系一般有两类:一是刀具静止角度参考系,二是刀具工作角度参考系。对刀具静止角度参考系及其坐标平面分述如下。

刀具静止角度参考系是指用于定义设计、制造、刃磨和测量刀具切削部分几何参数的参考系。

(1)假设条件

刀具静止角度参考系是刀具设计时标注、刃磨和测量角度的基准,在此基准下定义的刀具角度称为刀具静止角度。为了使参考系中的坐标平面与刃磨、测量基准面一致,特别规定了如下假设条件。

1）假设运动条件：用主运动向量 v_c 近似地代替相对运动合成速度向量 v_e（即 $v_f=0$）。

2）假设安装条件：规定刀杆中心线与进给运动方向垂直，刀尖与工件中心等高。

由此可见，刀具静止角度参考系是在简化了切削运动和设定刀具标准位置下建立的一种参考系。在刀具静止参考系中标注或测量的几何角度称为刀具静止角度或刀具标注角度。

（2）刀具静止角度参考系

根据 ISO 3002/1—1997 标准推荐，刀具静止角度参考系有正交平面参考系、法平面参考系和假定工作平面参考系三种。

Ⅰ．正交平面参考系

如图 1-5 所示，正交平面参考系由以下三个平面组成。

1）基面 P_r：过切削刃上某选定点平行或垂直于刀具在制造、刃磨及测量时适合于安装或定位的一个平面或轴线，一般来说其方位要垂直于假定的主运动方向。车刀的基面都平行于它的底面。

2）主切削平面 P_s：过切削刃某选定点与主切削刃相切并垂直于基面的平面。

3）正交平面 P_o：过切削刃某选定点同时垂直于基面和主切削平面的平面。

过主、副切削刃某选定点都可以建立正交平面参考系。基面 P_r、主切削平面 P_s、正交平面 P_o 三个平面在空间相互垂直。

Ⅱ．法平面参考系

如图 1-6 所示，法平面参考系由基面 P_r、主切削平面 P_s 和法平面 P_n 组成。其中，法平面 P_n 是过切削刃某选定点垂直于切削刃的平面。

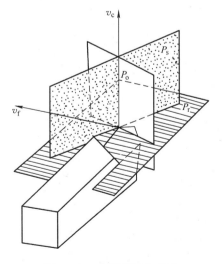
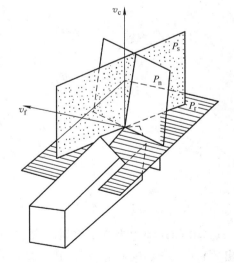

图 1-5　正交平面参考系　　　　　图 1-6　法平面参考系

3. 刀具工作角度参考系

刀具工作角度参考系是刀具切削工作时角度的基准（不考虑假设条件），在此基准下定义的刀具角度称为刀具工作角度。它同样有正交平面参考系、法平面参考系和假定工作平面参考系三种。

4. 刀具标注角度

(1)在基面内测量的角度(图1-7)

1)主偏角 κ_r:主切削刃与进给运动方向之间的夹角。

2)副偏角 κ'_r:副切削刃与进给运动反方向之间的夹角。

3)刀尖角 ε_r:主切削刃与副切削刃之间的夹角。刀尖角的大小会影响刀具切削部分的强度和传热性能。它与主偏角和副偏角的关系如下:

$$\varepsilon_r = 180° - (\kappa_r + \kappa'_r)$$

(2)在主切削刃正交平面($O-O$)内测量的角度

1)前角 γ_o:前刀面与基面间的夹角。当前刀面与基面平行时,前角为零;基面在前刀面以内,前角为负;基面在前刀面以外,前角为正。

2)后角 α_o:后刀面与切削平面间的夹角。

3)楔角 β_o:前刀面与后刀面间的夹角。楔角的大小会影响切削部分截面的大小,决定着切削部分的强度。它与前角 γ_o 和后角 α_o 的关系如下:

$$\beta_o = 90° - (\gamma_o + \alpha_o)$$

(3)在切削平面(S向)内测量的角度

刃倾角 λ_s:主切削刃与基面间的夹角。刃倾角正负的规定如图1-8所示。刀尖处于最高点时,刃倾角为正;刀尖处于最低点时,刃倾角为负;切削刃平行于底面时,刃倾角为零。

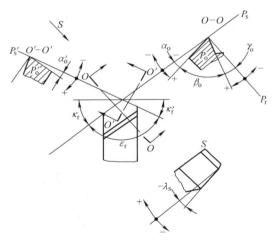

图1-7 车刀的几何角度

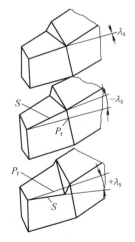

图1-8 λ_s 的正负规定

$\lambda_s = 0$ 的切削称为直角切削,此时主切削刃与切削速度方向垂直,切屑沿切削刃的法向流出。$\lambda_s \neq 0$ 的切削称为斜角切削,此时主切削刃与切削速度方向不垂直,切屑的流向与切削刃的法向倾斜一个角度,如图1-9所示。

(4)在副切削刃正交平面($O'-O'$)内测量的角度

副后角 α'_o:副后刀面与副切削刃切削平面间的夹角。

上述的几何角度中,最常用的是前角(γ_o)、后角(α_o)、主偏角(κ_r)、刃倾角(λ_s)、副偏角(κ'_s)和副后角(α'_o),通常称之为基本角度。在刀具切削部分的几何角度中,上述基

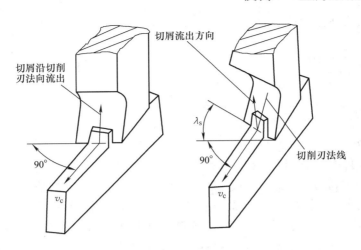

图 1-9　直角切削与斜角切削

本角度能完整地表达出车刀切削部分的几何形状,反映出刀具的切削特点。ε_r、β_o 为派生角度。

5. 刀具工作角度

切削过程中,由于刀具的安装位置、刀具与工件间相对运动情况的变化,实际起作用的角度与标注角度有所不同,称这些角度为工作角度。现在仅就刀具安装位置对角度的影响叙述如下。

(1)刀柄中心线与进给方向不垂直时对主偏角、副偏角的影响

当车刀刀柄与进给方向不垂直时,实际工作的主偏角 κ_{re} 和副偏角 κ'_{re} 将发生变化,即 $\kappa_{re} = \kappa_r + G$,$\kappa'_{re} = \kappa'_r - G$,如图 1-10 所示。

(2)切削刃安装高于或低于工件中心时对前角、后角的影响

切削刃安装高于或低于工件中心时,按参考平面定义,通过切削刃作出的实际工作切削平面 P_{se}、基面 P_{re} 将发生变化,所以使刀具实际工作前角 γ_{oe} 和后角 α_{oe} 也随着发生变化,如图 1-11 所示。

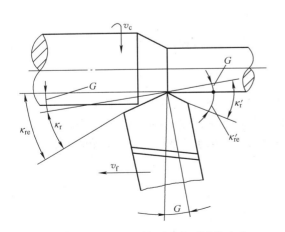

图 1-10　刀柄中心线不垂直于进给方向

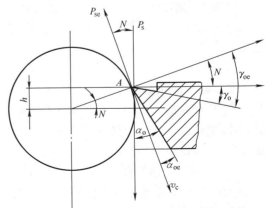

图 1-11　车刀安装高低对前角、后角的影响

切削刃安装高于工件中心时：

$$\gamma_{oe} = \gamma_o + N; \alpha_{oe} = \alpha_o - N$$

切削刃安装低于工件中心时：

$$\gamma_{oe} = \gamma_o - N; \alpha_{oe} = \alpha_o + N$$

三、刀具的种类

1. 刀具分类

由于机械零件的材质、形状、技术要求和加工工艺的多样性,客观上要求进行加工的刀具具有不同的结构和切削性能。因此,生产中所使用的刀具的种类很多。刀具按加工方式和具体用途分为车刀、孔加工刀具、铣刀、拉刀、螺纹刀具、齿轮刀具、自动线及数控机床刀具和磨具等几大类型。刀具还可以按其他方式进行分类,按所用材料分为高速钢刀具、硬质合金刀具、陶瓷刀具、立方氮化硼(CBN)刀具和金刚石刀具等,按结构分为整体刀具、镶片刀具、机夹刀具和复合刀具等,按是否标准化分为标准刀具和非标准刀具等。

2. 常用刀具简介

(1)车刀

车刀是金属切削加工中应用最广的一种刀具。它可以在车床上加工外圆、端平面、螺纹、内孔,也可用于切槽和切断等。车刀按结构可分为整体车刀、焊接装配式车刀和机械夹固刀片式车刀。机械夹固刀片式车刀的切削性能稳定,工人不必磨刀,所以在现代生产中应用越来越多。

(2)孔加工刀具

孔加工刀具一般可分为两大类:一类是从实体材料上加工出孔的刀具,常用的有麻花钻、中心钻和深孔钻等;另一类是对工件上已有孔进行再加工的刀具,常用的有扩孔钻、铰刀及镗刀等。

(3)铣刀

铣刀是一种应用广泛的多刃回转刀具,其种类很多。铣削的生产率一般较高,加工表面结构参数值较大。其按用途可分为以下几种:

1)加工平面用的,如圆柱平面铣刀、端铣刀等;

2)加工沟槽用的,如立铣刀、T形刀和角度铣刀等;

3)加工成形表面用的,如凸半圆铣刀、凹半圆铣刀和加工其他复杂成形表面用的铣刀。

(4)拉刀

拉刀是一种加工精度和切削效率都比较高的多齿刀具,广泛应用于大批量生产中,可加工各种内、外表面。拉刀按所加工工件表面的不同,可分为内拉刀和外拉刀两类。使用拉刀加工时,要根据工件材料选择刀齿的前角、后角,根据工件加工表面的尺寸(如圆孔直径)确定拉刀尺寸,还需要确定以下两个参数。

1)齿升角 α_f:前后两刀齿(或齿组)的半径或高度之差。

2)齿距 p:相邻两刀齿之间的轴向距离。

(5)螺纹刀具

螺纹刀具包括内螺纹刀具和外螺纹刀具。

（6）齿轮刀具

齿轮刀具是用于加工齿轮齿形的刀具。按刀具的工作原理,齿轮刀具可分为成形齿轮刀具和展成齿轮刀具。常用的成形齿轮刀具有盘形齿轮铣刀和指形齿轮刀具等。常用的展成齿轮刀具有插齿刀、齿轮滚刀和剃齿刀等。选用齿轮滚刀和插齿刀时,应注意以下几点:

1）刀具基本参数（模数、齿形角、齿顶高系数等）应与被加工齿轮相同;

2）刀具精度等级应与被加工齿轮要求的精度等级相当;

3）刀具旋向应尽可能与被加工齿轮的旋向相同,滚切直齿轮时,一般用左旋齿刀。

3. 常用刀具的选择

刀具种类主要根据被加工表面的形状、尺寸、精度、加工方法、所用机床及要求的生产率等进行选择。刀具材料主要根据工件材料、刀具形状和类型及加工要求等进行选择。

课题三　金属切削中的物理现象

金属切削过程是刀具在工件上切除多余的金属,产生切屑和形成已加工表面的整个过程。这一过程中,会出现一些物理现象,如切削变形、切削力、切削热、刀具磨损等。研究这些物理现象,掌握其变化规律,就可以分析和解决切削加工中的实际问题,以提高切削效率和加工质量并降低生产成本。

一、切屑的形成

如图1-12所示,切削加工时,工件上的切削层受刀具的挤压,切削层产生弹性变形而致塑性变形。由于受下部金属的阻碍,切削层只能沿OM线（约与外力作用线成45°角）产生剪切滑移。OM线称为剪切线或滑移线。

图1-13（a）所示是在直角自由切削情况下的切屑形成过程。当切削层金属接近始滑移面OA时,将产生弹性变形。进入OA以后,内部切应力达到材料的屈服点,此时将产生塑性变形,即产生金属晶格的一部分与另一部分相对滑移。如图中质点P由点1向前移动的同时,金属挤压变

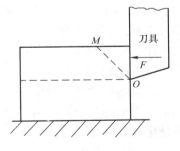

图1-12　金属的挤压变形

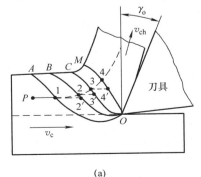

(a)

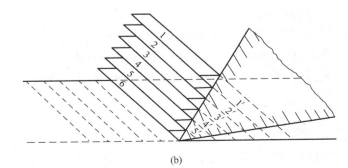

(b)

图1-13　切屑的形成过程

（a）切屑形成过程　（b）切屑形成示意

形沿 OA 面滑移,其合成运动使点 1 流动到点 2,2-2′就是该滑移量,还有 3-3′,4-4′等滑移量。随着滑移量的不断增加,变形逐渐强化,切应力也逐渐增大。在终滑移面 OM 上,切应力和切应变达到最大值,滑移变形基本结束。图 1-13(b)所示是切屑形成的示意。将金属材料的被切层看做一叠卡片,如 1′,2′,3′,4′,5′等,当刀具切入时,卡片被推移到 1,2,3,4,5 等位置,卡片之间发生相对滑移,滑移方向就是最大切应力的剪切面。在实际条件下,剪切区一般很窄,为 0.02~0.2 mm。

切削金属时,由于工件材料不同和切削条件不同,切削过程中变形的程度也就不同,所形成的切屑形态多种多样。归纳起来,可分为下列四种类型,如图 1-14 所示。

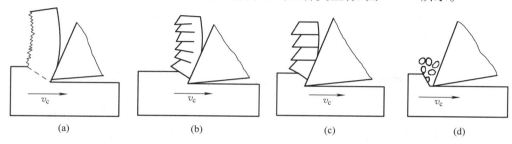

图 1-14 切屑的基本形态
（a）带状切屑 （b）节状切屑 （c）粒状切屑 （d）崩碎切屑

（1）带状切屑

这类切屑是连续状,与前刀面接触的底面是光滑的,外面是粗糙的,在显微镜下可观察到剪切面的条纹。它的形成条件是切削材料经剪切滑移变形后,剪切面上的切应力未超过金属材料的破裂强度。一般切削塑性材料(如低碳钢、铜、铝等)形成此类切屑。其切削过程平稳,切削力波动小,但必要时应采取断屑措施,以防对工作环境和工人安全造成危害。

（2）节状切屑

这类切屑的外表面呈锯齿形,内表面有时有裂纹。它的形成是由于切削层变形较大,局部剪切面上的切应力达到了材料的破裂强度。它多产生于工件塑性较低,切削厚度较大,切削速度较低和刀具前角较小的情况下。其切削过程较不稳定,切削力波动较大。

（3）粒状切屑

这类切屑基本上是分离的梯形单元切屑,它会进一步减小切削速度和前角,增加切削厚度,使整个剪切面上的切应力超过材料的破裂强度。

（4）崩碎切屑

这类切屑属于脆性材料的切屑。由于脆性材料塑性小、抗拉强度低,刀具切入后,金属未经塑性变形就被挤裂或在拉应力下脆断,形成不规则的崩碎切屑。

二、积屑瘤

根据切削过程中的不同变形情况,通常把切削区域划分为三个变形区,如图 1-15 所示。Ⅰ变形区是在切削刃前面的切削层内的区域,Ⅱ变形区是在切屑

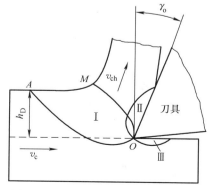

图 1-15 切削时形成的三个变形区

底层与前刀面的接触区域，Ⅲ变形区是在后刀面与工件已加工表面接触的区域。但这三个变形区并非完全分开、互不相关，而是相互关联、相互影响、互相渗透。下面分别介绍三个变形区的变形特点。

1. Ⅰ变形区

Ⅰ变形区是指在切削层内产生剪切滑移的塑性变形区。切削过程中的塑性变形主要发生在这里，所以它是主要的变形区。

2. Ⅱ变形区及积屑瘤现象

（1）Ⅱ变形区特点

当切屑沿前刀面流出时，切屑在与前刀面接触的区域与前刀面产生挤压摩擦，进一步产生剪切滑移，这就是Ⅱ变形区。在Ⅱ变形区内，沿前刀面流出的切屑，其底层受到刀具的挤压和接触面间强烈的摩擦，继续进行剪切滑移变形，使切屑底层的晶粒趋向与前刀面平行而成纤维状，其接近前刀面部分的切屑流动速度降低。这层流速较慢的金属称为滞流层。

在高温和高压的作用下，变软的滞流层会嵌入凹凸不平的前刀面中，形成全面积接触，阻力增大，滞流层底层的流动速度趋于零，此时产生黏结现象，这个区域称为黏结区。

当切屑继续沿前刀面流动时，黏结区内的摩擦现象不是发生在切屑底层与前刀面之间，而是发生在滞流层内部，滞流层内部金属材料的剪切滑移（切应力大于或等于金属材料的屈服强度 τ_s）代替了切屑底层与前刀面之间的相对滑移，这种摩擦称为内摩擦。在黏结区以外的范围内，如图 1-16 所示的 l_{f2}，由于切削温度降低，切屑底层金属塑性变形减小，切屑与前刀面接触面积减少，进入滑动区。该区域的摩擦称为滑动摩擦，即外摩擦。

综上所述，Ⅱ变形区由黏结区和滑动区组成。实验证明，黏结区产生的摩擦力远超过滑动区的摩擦力，即Ⅱ变形区的摩擦特性应以黏结摩擦（内摩擦）为主。

（2）积屑瘤现象及产生的原因

在一定的条件下切削钢、黄铜、铝合金等塑性金属时，由于前刀面的挤压及摩擦作用，使切屑底层中的一部分金属停滞并堆积在切削刃口附近形成硬块，能代替切削刃进行切削，这个硬块称为积屑瘤，如图 1-17 所示。

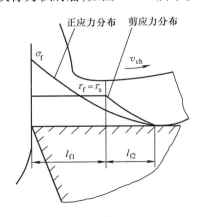

图 1-16　前刀面上的摩擦

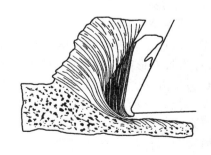

图 1-17　积屑瘤

如前所述，由于切屑底面是刚形成的新表面，而它对前刀面强烈的摩擦又使前刀面变得十分洁净，所以当两者的接触面达到一定温度和压力时，具有化学亲和性的新表面易产生黏结现象。这时切屑从黏结在刀面上的底层流过（剪切滑移），因内摩擦变形而产生加工硬化，又易被同种金属吸引而阻滞在黏结的底层上。这样一层一层的堆积并黏结在一起，形成积屑瘤，直至该处的温度和压力不足以造成黏结为止。由此可见，切屑底层与前刀面发生黏结和加工硬化是积屑瘤产生的必要条件。一般说来，温度与压力太低，不会发生黏结；而温度太高，也不会产生积屑瘤。因此，切削温度是积屑瘤产生的决定因素。

（3）积屑瘤的影响

积屑瘤有利的一面是它包覆在切削刃上代替切削刃工作，起到保护切削刃的作用；同时还使刀具实际前角增大，切削变形程度降低，切削力减小。但也有不利的一面，由于它的前端伸出切削刃之外，影响尺寸精度；同时其形状也不规则，在切削表面上刻出深浅不一的沟纹，影响表面质量。此外，它也不稳定，成长、脱落交替进行，切削力易波动，破碎脱落时会划伤刀面，若留在已加工表面上会形成毛刺等，从而增大表面结构参数值。因此，在粗加工时，允许有积屑瘤存在，但在精加工时，一定要设法避免。

（4）积屑瘤的控制

控制积屑瘤的方法主要有以下几种。

1）提高工件材料的硬度，减少塑性和加工硬化倾向。

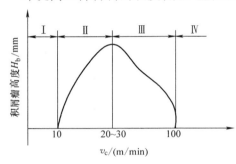

2）控制切削速度，以控制切削温度。图1-18所示为积屑瘤高度与切削速度的关系。由于切削速度是切削用量中影响切削温度最大的因素，所以该图也反映了积屑瘤高度与切削温度的关系。低速时低温，高速时高温，都不产生积屑瘤。在积屑瘤生长阶段，其高度随切削速度增大而增大；在消失阶段，其高度则随切削速度增大而减小。因此，控制积屑瘤可选择低速或高速切削。

图1-18　积屑瘤高度与切削高度的关系

3）采用润滑性能良好的切削液，减小摩擦。

4）增大前角，减小切削厚度，都可使刀具与切屑接触长度减小，从而使积屑瘤高度减小。

3. Ⅲ变形区

（1）Ⅲ变形区特点

工件已加工表面和刀具后刀面的接触区域，称为Ⅲ变形区。如图1-19所示，切削刀具刃口并不是非常锋利的，而存在刃口圆弧半径 r_n，切削层在刃口钝圆部分处存在复杂的应力状态。切削层金属经剪切滑移后沿前刀面流出成为切屑，O 点之下的一薄层金属 Δh_D 不能沿 OM 方向剪切滑移，被刃口向前推挤或被压向已加工表面，这部分金属首先受到压应力。此外，由于刃口磨损产生后角为零的小棱面 BE 及已加工表面的弹性恢复 $EF(\Delta h)$，使被挤压的 Δh_D 层再次受到后刀面的拉伸摩擦作用，进一步

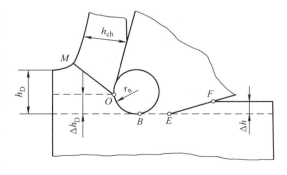

图1-19　已加工表面变形

产生塑性变形。因此,已加工表面是经过多次复杂的变形而形成的。它存在表面加工硬化和表面残余应力。

(2)表面加工硬化和残余应力

加工后已加工表面层硬度提高的现象称为加工硬化。一方面,切削时在形成已加工表面的过程中,由于表层金属经过多次复杂的塑性变形,硬度显著提高;另一方面,切削温度又使加工硬化减弱(弱化),更高的切削温度将引起相变。已加工表面的加工硬化就是这种强化、弱化、相变作用的综合结果。加工中变形程度越大,则硬化程度越高,硬化层深度也越深。工件表面的加工硬化将给后面工序切削加工增加困难,如切削力增大、刀具磨损加快,影响了表面质量。加工硬化在提高工件耐磨性的同时,也增加了表面的脆性,从而降低了工件的抗冲击能力。

残余应力是指在没有外力作用的情况下,物体内存在的应力。由于切削力、切削变形、切削热及相变的作用,已加工表面常存在残余应力,且有残余拉应力和残余压应力之别。残余应力会使已加工表面产生裂纹,降低零件的疲劳强度,工件表面残余应力分布不均匀也会使工件产生变形,影响工件的形状和尺寸,对精密零件的加工是极为不利的。

三、切削力

切削力是金属切削过程中的基本物理现象之一,研究切削力,对进一步弄清切削机理,计算功率消耗,设计刀具、机床、夹具,制定合理的切削用量,优化刀具几何参数等,都具有非常重要的意义。金属切削时,刀具切入工件,使被加工材料发生变形并成为切削所需要的力,称为切削力。

1. 切削力的来源和切削分力

切削力来源于以下三个方面:

1)克服被加工材料对弹性变形的抗力;

2)克服被加工材料对塑性变形的抗力;

3)克服切屑对前刀面的摩擦力和刀具后刀面对过渡表面与已加工表面之间的摩擦力。

金属切削过程中,切削层及加工表面产生弹性和塑性变形,同时工件与刀具之间的相对运动存在着摩擦力。如图1-20所示,作用在刀具上的力由两部分组成:①作用在前、后刀面上的变形抗力$F_{n\gamma}$和$F_{n\alpha}$;②作用在前、后刀面上的摩擦力$F_{f\gamma}$和$F_{f\alpha}$。

这些力的合力F称为切削合力,也称为总切削力。总切削力F可沿x、y、z方向分解为三个互相垂直的分力F_c、F_p、F_f,如图1-21所示。主切削力F_c是总切削力F在主运动方

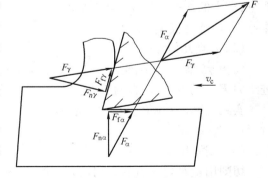

图1-20 作用在刀具上的切削力

向上的分力,背向力F_p是总切削力F在垂直于假定工作平面方向上的分力,进给力F_f是总切削力在进给运动方向上的分力。

车削时各分力的实际意义如下:主切削力F_c作用于主运动方向,是计算机床主运动机构强度与刀杆、刀片强度及设计机床夹具、选择切削用量等的主要依据,也是消耗功率最多

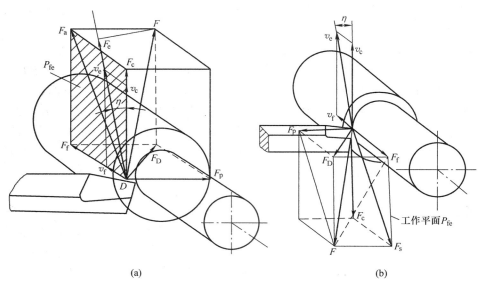

图 1-21　外圆车削时力的分解

（a）刀具对工件的力的分解　（b）工件对刀具的力的分解

的切削力；背向力 F_p 在纵车外圆时不消耗功率，但它作用在工艺系统刚性最差的方向上，易使工件在水平面内变形，影响工件精度，并易引起振动，它是校验机床刚度的必要依据；进给力 F_f 作用在机床的进给机构上，是校验进给机构强度的主要依据。

2. 切削力的影响因素

（1）工件材料

工件材料的强度、硬度越高，剪切屈服强度 τ_s 也越高，切削时产生的切削力越大。如加工 80 钢的主切削力 F_c 比 45 钢增大 4%，加工 35 钢的主切削力 F_c 比 45 钢减小 13%。工件材料的塑性、冲击韧性越高，切削变形越大，切屑与刀具间的摩擦越大，则切削力越大。例如不锈钢 1Cr18Ni9Ti 的伸长率是 45 钢的 4 倍，所以切削时变形大，切屑不易折断，加工硬化严重，产生的切削力比 45 钢增大 25%。加工脆性材料时，因塑性变形小，切屑与刀具间的摩擦小，切削力较小。

（2）刀具几何参数

前角 γ_o 增大，切削变形减小，故切削力减小。主偏角对主切削力 F_c 的影响较小，而对进给力 F_f 和背向力 F_p 影响较大，当主偏角增大时，F_f 增大，F_p 减小。

实践证明，刃倾角 γ_s 在很大范围（ $-40° \sim +40°$）内变化时，对 F_c 没有影响，但 γ_s 增大时，F_f 增大，F_p 减小。

（3）切削用量

切削用量对切削力的影响较大，背吃刀量和进给量增加时，使切削面积 A_d 成正比增加，变形抗力和摩擦力加大，因而切削力随之增大，当背吃刀量增大 1 倍时，切削力近似成正比增加。进给量 f 增大 1 倍时，切削面积 A_d 也成正比增加，但变形程度减小，使切削层单位面积切削力减小，因而切削力只增大 70% ~ 80%。

切削塑性材料时，切削速度对切削力的影响分为有积屑瘤阶段和无积屑瘤阶段两种情况。在低速范围内，随着切削速度的增高，积屑瘤逐渐长大，刀具实际前角增大，使切削力逐渐变小。在中速范围内,积屑瘤逐渐减小并消失,使切削力逐渐增至最大。在高速阶段,由于切削温度升高,摩擦力逐渐减小,使切削力得到稳定的降低。

（4）其他因素

1）刀具材料与工件材料之间的摩擦系数 μ 会直接影响到切削力的大小。一般按立方碳化硼刀具、陶瓷刀具、涂层刀具、硬质合金刀具、高速钢刀具的顺序,切削力依次增大。

2）切削液有润滑作用,可以通过减小摩擦系数使切削力降低。切削液的润滑作用越好,切削力的降低越显著。在较低的切削速度下,切削液的润滑作用更为突出。

3）刀具后刀面磨损带 VB 愈大,摩擦越强烈,切削力也越大。VB 对背向力的影响最为显著。

四、切削热

切削热是切削过程中的又一个基本物理现象。切削温度的变化,能改变工件材料的性能,影响积屑瘤的产生和消失,并且会影响已加工表面质量,同时也会影响刀具的磨损和刀具使用寿命。因此,认识它的变化规律具有重要的实际意义。

1. 切削热的产生与传出

如图 1-22 所示,在三个变形区中,因变形和摩擦所做的功绝大部分都转化成热能。切削区域产生的热能通过切屑、工件、刀具和周围介质传出。切削热传出时,由于切削方式的不同、工件和刀具热导率的不同等,各传导媒介传出的比例也不同。切削过程中所消耗的能量有 $98\% \sim 99\%$ 转换为热能,切削区域产生的切削热在切削过程中分别由切屑、工件、刀具和周围介质向外传导出去,例如在空气冷却条件下车削时,切削热的 $50\% \sim 86\%$ 由切屑带走,$10\% \sim 40\%$ 传入工件,$3\% \sim 9\%$ 传入刀具,1% 左右通过辐射传入空气。

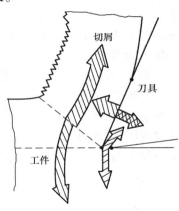

图 1-22 切削热的产生与传出

2. 切削温度的主要影响因素

（1）工件材料

工件材料的强度、硬度高,热导率低,切削温度升高。切削脆性材料,因变形小,崩屑带走大量的热量,切削温度会降低。

（2）切削用量

对切削温度影响最大的切削用量是切削速度,其次是进给量,而背吃刀量的影响最小。这是因为当切削速度 v_c 增加时,单位时间内参与变形的金属量增加而使消耗的功率增大,虽然切屑带走的热量也相应增多,然而刀具传热的能力没什么变化,提高了切削温度;当进给量 f 增加时,切屑变厚,由切屑带走的热量增多,由于切削宽度不变,刀具散热面积未按比例增加,故切削温度上升但不甚明显;当背吃刀量 a_p 增加时,产生的热量和散热面积同时增大,背吃刀量 a_p 增大 1 倍,切削宽度就增加 1 倍,刀具的传热面积也增大 1 倍,改善了刀头的散热条件,切削温度只是略有提高,故对切削温度的影响也小。

由以上分析可知,为控制切削温度,应采用宽而薄的切削层剖面形状。切削用量三要素中,控制切削速度是控制切削温度最有效的措施。

（3）刀具几何参数

1）前角。前角 γ_o 增大，切削刃锋利，切屑变形小，前刀面摩擦减小，产生的热量减少，所以切削温度随 γ_o 增大而降低。但前角过大时，由于刀具楔角 β_o 变小，刀具散热体积减小，切削温度反而会提高。

2）主偏角。主偏角 κ_r 减小，在切削用量不变的条件下，主切削刃工作长度增加，散热面积增加，因此切削温度下降。

3）刀尖圆弧半径。刀尖圆弧半径 r_n 增大，平均主偏角减小，切削宽度增加，散热面积增加，切削温度降低。

（4）其他影响因素

选择合适的冷却液能带走大量的切削热，从而降低切削温度。从导热性能看，水溶液的冷却性能最好，切削油最差。切削液本身温度越低，降低切削温度的效果越明显。

五、刀具磨损

切削时，在高温高压下切削刃和前刀面、后刀面将逐步出现磨损，或在机械的、热的冲击下突然破损直至丧失切削能力而必须更换刀具。因此，刀具磨损及其规律直接影响切削生产率和加工质量，是切削加工中的重要物理现象。

1. 刀具磨损形式

刀具正常磨损的形式一般有以下几种。

（1）前刀面磨损

切削塑性金属时，如果切削速度较高、进给量较大，切屑在前刀面处会逐渐磨出一个月牙洼状的凹坑，随着切削的继续进行，月牙洼的深度不断增大，当接近刃口时，会使刃口突然崩塌。前刀面磨损量的大小，用月牙洼宽度 KB 和深度 KT 表示，如图 1-23（b）所示。

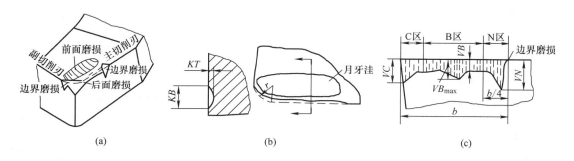

图 1-23　车刀的磨损形式

（a）刀具磨损形态　（b）前刀面磨损　（c）后刀面磨损

（2）后刀面磨损

由于刃口和后刀面对工件过渡表面的挤压与摩擦，在切削刃及其下方的后刀面上逐渐形成一条宽度不匀、布满深浅不一沟痕的磨损棱面，如图 1-23（c）所示。刀尖部分（C 区）强度低、散热差、磨损较严重，宽度最大值为 VC；主切削刃靠近工件的外表面处（N 区），由于毛坯的硬皮或加工硬化等原因，也磨出较大的深沟，宽度最大值为 VN；中间部位（B 区）磨损比较均匀，平均宽度以 VB 表示，最大值以 VB_{max} 表示。

（3）前、后刀面同时磨损

当切削塑性金属时,如切削厚度适中,则经常发生前、后刀面同时磨损。

由于各类刀具都有后刀面磨损,而且后刀面磨损又易于测量,所以通常用较能代表刀具磨损性能的 VB 和 VB_{max} 来代表刀具磨损量的大小。

2. 刀具磨损的种类

造成刀具磨损的原因很复杂,它是在高温和高压下受到机械、热化学作用而发生的,具体分为以下几类。

（1）硬质点磨损

工件材料中含有比刀具材料硬度高的硬质点,在切削过程中刀具对较软的基体会刻出一条沟痕而造成刀具的机械磨损。在低速切削时,刀具磨损主要是硬质点磨损。

（2）黏结磨损

工件或切屑的表面与刀具表面之间的黏结点,因相对运动,刀具一方的微粒被带走而造成的磨损。黏结磨损与切削温度有关,也与工件材料和刀具材料之间的亲和力有关。

（3）扩散磨损

在高温下,工件材料与刀具材料中有亲和作用的元素的原子相互扩散到对方中去,使刀具材料的化学成分发生变化,削弱了刀具的切削性能而造成的磨损。

（4）相变磨损

刀具材料因切削温度升高达到相变温度,而发生金相组织的变化,使刀具硬度降低而造成的磨损。如高速钢刀具当切削温度达到相变温度时,发生相变磨损而丧失了切削性能。

刀具磨损还有其他种类,包括氧化磨损、热-化学磨损、电-化学磨损等。综上所述,切削温度越高,刀具磨损越快,因此切削温度是影响刀具磨损的主要因素。

3. 刀具的磨损过程和磨钝标准

（1）刀具的磨损过程

刀具的磨损过程可分为三个阶段,如图 1-24 所示。

Ⅰ. 初期磨损阶段

这一阶段的磨损速度较快,因为新刃磨的刀具表面较粗糙,并存在显微裂纹、氧化或脱碳等缺陷,而且切削刃较锋利,后刀面与加工表面接触面积较小,压应力较大,所以容易磨损。

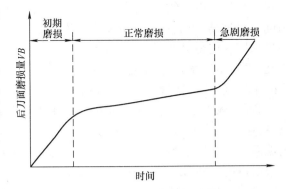

图 1-24　刀具的磨损过程

Ⅱ. 正常磨损阶段

经过初期磨损后,刀具粗糙表面已经磨平,缺陷减少,刀具后刀面与加工表面接触面积变大,压强减小,进入比较缓慢的正常磨损阶段。后刀面的磨损量与切削时间近似地成比例增加。正常切削时,这个阶段时间较长,是刀具的有效工作时期。

Ⅲ. 急剧磨损阶段

当刀具的磨损带达到一定程度时,后刀面与工件间摩擦过大,导致切削力与切削温度均迅速增大,磨损速度急剧增加,生产中为了合理使用刀具,保证加工质量,应该在发生急剧磨损之前就及时换刀。

（2）刀具的磨钝标准

刀具磨损到一定限度后就不能继续使用,这个磨损限度称为磨钝标准。由于多数切削情况下均可能出现后刀面的均匀磨损量,而 VB 值比较容易测量和控制,因此常用 VB 值来研究磨损过程,并作为磨钝标准。ISO 标准统一规定以 1/2 背吃刀量处的后刀面上测定的磨损带宽度 VB 作为刀具的磨钝标准。自动化生产中的精加工刀具,常以沿工件径向的刀具磨损尺寸作为刀具的磨钝标准,称为径向磨损量 NB。在国家标准 GB/T 16461—1996 中规定高速钢刀具、硬质合金刀具的磨钝标准见表 1－4。

表 1－4　高速钢刀具、硬质合金刀具的磨钝标准

工件材料	加工性质	磨钝标准 VB/mm	
		高速钢	硬质合金
碳钢、合金钢	粗车	1.5～2.0	1.0～1.4
	精车	1.0	0.4～0.6
灰铸铁、可锻铸铁	粗车	2.0～3.0	0.8～1.0
	半精车	1.5～2.0	0.6～0.8
耐热钢、不锈钢	粗车、精车	1.0	1.0
钛合金	粗车、半精车	—	0.4～0.5
淬火钢	精车	—	0.8～1.0

4. 刀具的合理耐用度

能保持生产率最高或成本最低的耐用度,称为合理耐用度,因此合理耐用度有最高生产率耐用度和最低成本耐用度（经济耐用度）。

刀具耐用度制约切削速度,引起换刀及磨刀次数的变化,从而影响生产率和成本。若耐用度定得过高,虽然可以减少换刀及磨刀次数,但必定会降低切削速度,影响生产率的提高;如果耐用度定得过低,虽然可以提高切削速度,但必然增加换刀和磨刀次数,从而增加成本。因此,提高生产率和降低成本有时往往是矛盾的,使用中只有从具体生产条件出发,选择合适的耐用度,才能使最高生产率和最低成本达到统一。

目前,大多数采用最低成本耐用度来衡量刀具耐用度,即经济耐用度。其参考数值一般是:在通用机床上,硬质合金车刀耐用度为 60～90 min,钻头耐用度为 80～120 min,硬质合金端面铣刀耐用度为 90～180 min,齿轮刀具耐用度为 200～300 min。其中,复杂刀具耐用度应定得高一些,以减少刃磨和调整费用。

随着刀具的革新和生产技术的发展,已广泛使用可转位刀具,由于其换刀时间和刀具成本大大降低,可以取较低的耐用度,以提高切削速度,达到既提高生产率又不提高成本的目的。可转位车刀的耐用度可取为 15～20 min。

对于加工中心或自动线上的刀具,可采用机外预调刀具的办法缩短换刀时间,取较低的刀具耐用度达到提高生产率的目的。

课题四 切削加工技术经济性分析

一、刀具几何参数的合理选择

刀具几何参数包括切削刃形状、刃口形式、刀面形式和切削角度四个方面。刀具的几何参数间既有联系又有制约,因此在选择刀具几何参数时,应综合考虑和分析各参数间的相互关系,充分发挥各参数的有利因素,克服和限制不利影响。

1. 前角和前刀面

前角主要是在满足切削刃强度要求的前提下,使切削刃锋利。增大前角能减少切屑变形和磨损、改善加工质量、抑制积屑瘤等。但前角过大会削弱刀刃的强度和散热能力,易造成崩刃。因此,前角应有一合理的数值。表1-5给出了硬质合金车刀合理前角的参考值。

表1-5 硬质合金车刀合理前角的参考值

工件材料	合理前角		工件材料	合理前角	
	粗 车	精 车		粗 车	精 车
低碳钢	20°~25°	25°~30°	灰铸铁	10°~15°	5°~10°
中碳钢	10°~15°	15°~20°	铜及铜合金	10°~15°	5°~10°
合金钢	10°~15°	15°~20°	铝及铝合金	30°~35°	35°~40°
淬火钢	−15°~−5°		钛合金 $\sigma_b \leqslant 1.177 \, \text{GPa}$	5°~10°	
不锈钢(奥氏体)	15°~20°	20°~25°			

常见的前刀面的形式如图1-25所示。

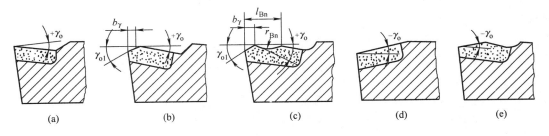

图1-25 前刀面的各种形式

(a)正前角平面型 (b)正前角平面带倒棱型 (c)正前角曲面带倒棱型 (d)负前角双面型 (e)负前角单面型

正前角平面型前刀面制造简单,能获得较锋利的刃口,但切削刃强度低,传热能力差;正前角平面带倒棱型前刀面在主切削刃口磨出一条窄的负前角的棱边,提高了切削刃口的强度,增加了散热能力,从而提高了刀具耐用度;为了卷屑和增大前角,正前角曲面带倒棱型前刀面在正前角平面带倒棱型的基础上,在前刀面上磨出一定的曲面而形成;负前角单面型前刀面刀片承受压应力,具有高的切削刃强度,但负前角会增大切削力和功率消耗;负前角双面型前刀面可使刀片的重磨次数增加,适用于磨损同时发生在前、后刀面的场合。

2. 后角和后刀面

后角的功用是减小与过渡表面的摩擦,同时也影响刃口锋利和刃口强度。

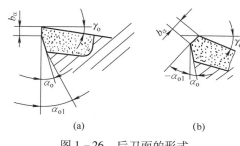

图 1 − 26　后刀面的形式

（a）刃带、双重后角　（b）消振棱

后角选择的主要依据有两个：一是切削厚度，切削厚度薄后角应取大值，反之后角应取小值；二是刀具形式，对于定尺寸刀具（如拉刀等），为延长刀具寿命，后角应取小值。

副后角通常等于后角 α_o 的数值，但为保证切断刀等副切削刃强度，通常取小值。图 1 − 26 所示为后刀面形式。硬质合金车刀合理后角的参考值见表 1 − 6。

表 1 − 6　硬质合金车刀合理后角的参考值

工件材料	合理后角		工件材料	合理后角	
	粗　车	精　车		粗　车	精　车
低碳钢	8°～10°	10°～12°	灰铸铁	4°～6°	6°～8°
中碳钢	5°～7°	6°～8°	铜及铜合金	6°～8°	6°～8°
合金钢	5°～7°	6°～8°	铝及铝合金	8°～10°	10°～12°
淬火钢	8°～10°		钛合金 $\sigma_b \leqslant 1.177\ GPa$	10°～15°	
不锈钢（奥氏体）	6°～8°	8°～10°			

3. 主偏角、副偏角和刀尖

主偏角主要影响各切削分力的比值，也影响切削层截面形状和工件表面形状。当主偏角减小时，F_f 减小、F_p 增加，从而可能顶弯工件且易在切削时产生振动。但当主偏角减小，进给量 f 和背吃刀量 a_p 不变时，切削宽度增加，散热条件改善，刀具耐用度提高。主偏角的选择原则是在工艺系统刚度允许的前提下，选较小的主偏角。表 1 − 7 给出了主偏角的参考值。

表 1 − 7　主偏角的参考值

工　作　条　件	主偏角 κ_r
系统刚性大、背吃刀量较小、进给量较大、工件材料硬度高	10°～30°
系统刚性较大（$L/D < 6$）、加工盘类零件	30°～45°
系统刚性较小（$L/D = 6～12$）、背吃刀量较大或有冲击	60°～75°
系统刚性小（$L/D > 12$）、车台阶轴、车槽及切断	90°～95°

副偏角主要影响已加工表面的表面结构，也影响切削分力的比值。副偏角减小，表面结构参数值小，但会增大背向力 F_p。选择副偏角时，主要考虑加工性质，一般可取 10°～15°，切断刀为保证刀尖强度，可取 1°～2°。

刀尖形式如图 1 − 27 所示，有直线刃刀尖、圆弧刃刀尖、平行刃刀尖及大圆弧刃刀尖。

4. 刃倾角

刃倾角的功用主要是控制切屑流向，使刀刃锋利，同时改变切削刃的工作状态。

刃倾角对切屑流向的影响如图 1 − 28 所示。直角切削（$\lambda_s = 0$）时，切屑近似沿切削刃的法线方向流出。而斜角切削（$\lambda_s \neq 0$）时，切屑偏离切削刃的法线方向流出。$\lambda_s < 0$ 时，切屑流向已加工表面，因而会划伤已加工表面；$\lambda_s > 0$ 时，切屑流向改变，使实际起作用的前角

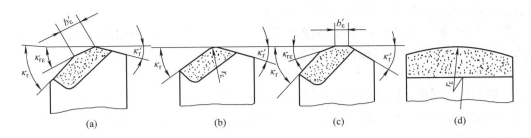

图 1 - 27　倒角刀尖与刀尖圆弧半径

(a)直线刃　(b)圆弧刃(刀尖圆弧半径)　(c)平行刃(水平修光刃)　(d)大圆弧刃

增大,增加了切削刃的锋利程度。刃倾角的选择应根据生产条件具体分析,一般情况下可按加工性质选取,精车 $\lambda_s = 5 \sim 0°$,粗车 $\lambda_s = -5° \sim 0$,断续车削 $\lambda_s = -45° \sim -30°$,工艺系统刚性较差时不宜选负的刃倾角。选择时可参考表 1 - 8。

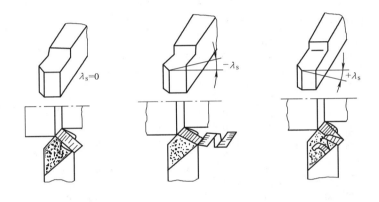

图 1 - 28　刃倾角的正负对切屑流向的影响

表 1 - 8　刃倾角 λ_s 数值的选用表

应用范围	精车钢和细长轴	精车有色金属	粗车钢和灰铸铁	粗车余量不均匀钢	断续车削钢和灰铸铁	带冲击切削淬硬钢
λ_s	0° ~5°	5° ~10°	0° ~5°	-10° ~ -5°	-15° ~ -10°	-45° ~ -10°

　　刀具几何参数是一个有机的整体,各参数之间既有联系又有制约,各个参数在切削过程中对切削性能的影响既存在有利的一面,又有不利的一面。因此,在选择刀具几何参数时,应从具体的生产条件出发,抓住影响切削性能的主要几何参数,综合考虑和分析各个参数之间的相互关系,充分发挥各参数的有利作用,限制和克服不利影响。生产上广泛使用的先进刀具,就是这样综合分析创造出来的。

二、合理选择切削用量和刀具材料

1. 切削用量选择的原则

　　确定切削用量,应在保证加工质量(表面结构和加工精度)要求以及工艺系统刚性允许的情况下,在充分利用机床功率和发挥刀具切削性能的基础上,确定最大切削量。

　　粗加工时,毛坯余量大,工件的几何精度和表面结构等技术要求低,因此应发挥机床和刀具的切削性能,减少机动时间和辅助时间,提高生产率和刀具耐用度。

精加工时,加工余量不大,加工精度高,表面结构参数值要求小,因此应以提高加工质量作为选择切削用量的主要依据,然后考虑尽可能提高生产率。

2. 切削用量的选择

切削用量选择的顺序应是先确定背吃刀量 a_p,再确定进给量 f,最后确定切削速度 v_c。因为在切削用量三要素中,背吃刀量 a_p 对刀具耐用度的影响最小,而切削速度 v_c 对刀具耐用度的影响最大。

表 1-9 是硬质合金及高速钢车刀粗车外圆和端面时的进给量,表 1-10 是硬质合金刀片强度允许的进给量,表 1-11 是硬质合金外圆车刀半精车时的进给量。

表 1-9　硬质合金及高速钢车刀粗车外圆和端面时的进给量　　mm/r

加工材料	车刀刀杆尺寸 $B \times H/$ (mm × mm)	工件直径 /mm	背吃刀量 a_p/mm				
			≤3	3~5	5~8	8~12	>12
			进给量				
碳素结构钢和合金结构钢、耐热钢	16×25	20	0.3~0.4				
		40	0.4~0.5	0.3~0.4			
		60	0.5~0.7	0.4~0.6	0.3~0.5		
		100	0.6~0.9	0.5~0.7	0.5~0.6	0.4~0.5	
		400	0.8~1.2	0.7~1.0	0.6~0.8	0.5~0.6	
	20×30 25×25	20	0.3~0.4				
		40	0.4~0.5	0.3~0.4			
		60	0.6~0.7	0.5~0.7	0.4~0.6		
		100	0.8~1.0	0.7~0.9	0.5~0.7	0.4~0.7	
		600	1.2~1.4	1.0~1.2	0.8~1.0	0.6~0.9	0.4~0.6
	25×40	60	0.6~0.9	0.5~0.8	0.4~0.7		
		100	0.8~1.2	0.7~1.1	0.6~0.9	0.5~0.8	
		1 000	1.2~1.5	1.1~1.5	0.9~1.2	0.8~1.0	0.7~0.8
	30×45 40×60	500	1.1~1.4	1.1~1.4	1.0~1.2	0.8~1.2	0.7~1.1
		2 500	1.3~2.0	1.3~1.8	1.2~1.6	1.1~1.5	1.0~1.5
铸铁	16×25	40	0.4~0.5				
		60	0.6~0.8	0.5~0.8	0.4~0.6		
		100	0.8~1.2	0.7~1.0	0.6~0.8	0.5~0.7	
		400	1.0~1.4	1.0~1.2	0.8~1.0	0.6~0.8	
	20×30 25×25	40	0.4~0.5				
		60	0.6~0.9	0.5~0.8	0.4~0.7		
		100	0.9~1.3	0.8~12	0.7~1.0	0.5~0.8	
		600	1.2~1.8	1.2~1.6	1.0~1.3	0.9~1.1	0.7~0.9
	25×40	60	0.6~0.8	0.5~0.8	0.4~0.7		
		100	1.0~1.4	0.9~1.2	0.8~1.0	0.6~0.9	
		1 000	1.5~2.0	1.2~1.8	1.0~1.4	1.0~1.2	0.8~1.0
	30×45 40×60	500	1.4~1.8	1.2~1.6	1.0~1.4	1.0~1.3	0.9~1.2
		2 500	1.6~2.4	1.6~2.0	1.4~1.8	1.3~1.7	1.2~1.7

注:1. 加工有冲击时,表中值应乘以系数 $K = 0.75 \sim 0.85$。

2. 加工耐热钢时,不能采用大于 1.0 mm/r 的进给量。

3. 加工淬火钢时,表中值应乘以系数 $K = 0.8$(材料硬度 HRC44~56)或 $K = 0.5$(材料硬度 HRC57~62)。

4. 可转位车刀的允许最大进给量不应超过刀尖圆弧半径的 80%。

表 1 – 10　硬质合金刀片强度允许的进给量　　　　　　　mm/r

背吃刀量 a_p/mm	刀片厚度 c/mm				材料不同时进给量修正系数 K_{Mf}			
	4	6	8	10	钢 σ_b/GPa 0.47~0.637	钢 σ_b/GPa 0.637~0.852	钢 σ_b/GPa 0.852~1.147	铸铁
≤4	1.3	2.6	4.2	6.1	1.2	1.0	0.85	1.6
4~7	1.1	2.2	3.6	5.1	主偏角不同时进给量修正系数 K			
7~13	0.9	1.8	3.0	4.2	33°	45°	60°	90°
13~22	0.8	1.5	2.5	3.6	1.4	1.0	0.6	0.4

注:有冲击时,表中的进给量应乘以80%。

表 1 – 11　硬质合金外圆车刀半精车时的进给量　　　　　　　mm/r

工件材料	表面结构 Ra/μm	切削速度范围 v_c/(m/min)	刀尖圆弧半径 r_e/mm		
			0.5	1.0	2.0
			进给量		
铸铁、青铜和铝合金	6.3 3.2 1.6	不限	0.25~0.40 0.12~0.25 0.10~0.15	0.40~0.50 0.25~0.40 0.15~0.20	0.50~0.60 0.40~0.60 0.20~0.35
碳素结构钢和合金结构钢	6.3	≤50 >80	0.30~0.50 0.40~0.55	0.45~0.60 0.55~0.65	0.55~0.70 0.65~0.70
	3.2	≤50 >80	0.20~0.30 0.25~0.30	0.25~0.30 0.30~0.35	0.30~0.40 0.35~0.40
	1.6	≤50 >80	0.10~0.11 0.10~0.20	0.11~0.15 0.16~0.25	0.15~0.20 0.25~0.35

注:1. 加工耐热钢、钛合金,切削速度大于0.8 m/s时,表中进给量应乘以系数0.7~0.8。

2. 带修光刃的大进给切削法,在进给量为0.10~0.15 mm/r时可获得 Ra1.6~3.2 μm 的表面结构;宽刃精车刀的进给量还可更大些。

3. 合理选择刀具材料

刀具材料主要根据工件材料、刀具形状和类型及加工要求等条件综合考虑分析并进行选择,合理选择刀具材料是为了减小切削力和提高生产效率。

三、合理使用切削液

合理使用切削液,可改善切削时摩擦面间的摩擦状况,降低切削温度,减少刀具磨损,抑制积屑瘤的产生,提高已加工表面的质量。

1. 切削液的作用

切削液进入切削区,可以改善切削条件,提高工件加工质量和切削效率。与切削液有相似功效的还有某些气体和固体,如压缩空气、二硫化钼和石墨等。切削液主要起润滑作用,同时还有冷却、清洗和防锈的作用,具体如下。

(1)润滑作用

切削液能渗入到刀具与切屑和加工表面之间,形成一层润滑膜或化学吸附膜,以减小它们之间的摩擦。切削液润滑的效果主要取决于切削液的渗透能力、吸附成膜能力和润滑膜强度等。

（2）冷却作用

切削液能从切削区域带走大量切削热，从而降低切削温度。切削液冷却性能的好坏，取决于它的热导率、比热容、汽化热、汽化速度、流量和流速等。

（3）清洗作用

切削液大量的流动，可以冲走切削区域和机床上的细碎切屑和脱落的磨粒。切削液清洗性能的好坏，主要取决于它的流动性、使用压力和切削液的油性。

（4）防锈作用

在切削液中加入防锈剂，可在金属表面形成一层保护膜，对工件、机床、刀具和夹具等都能起到防锈作用。切削液防锈作用的强弱，取决于其本身的成分和添加剂的作用。

2. 切削液添加剂

为改善切削液的各种性能，常在其中加入添加剂，常用的添加剂有以下几种。

（1）油性添加剂

油性添加剂含有极性分子，能在金属表面形成牢固的吸附膜，在较低的切削速度下起到较好的润滑作用。常用的油性添加剂有动物油、植物油、脂肪酸、胶类、醇类和脂类等。

（2）极压添加剂

极压添加剂是含有硫、磷、氯、碘等元素的有机化合物，在高温下与金属表面起化学反应，形成耐较高温度和压力的化学吸附膜，能防止刀具和工件的金属界面直接接触，从而减小摩擦。

（3）表面活性剂

表面活性剂是使矿物油和水乳化，形成稳定乳化液的添加剂。表面活性剂是一种有机化合物，由可溶于水的极性基团和可溶于油的非极性基团组成，可定向地排列并吸附在油水两相界面上，极性端向水，非极性端向油，将水和油连接起来，使油以微小的颗粒稳定地分散在水中，形成乳化液。表面活性剂还能吸附在金属表面上，形成润滑膜，起油性添加剂的润滑作用。常用的表面活性剂有石油磺酸钠、油酸钠皂等。

（4）防锈添加剂

防锈添加剂是一种极性很强的化合物，与金属表面有很强的附着力，吸附在金属表面上形成保护膜，或与金属表面化合形成钝化膜，起到防锈作用。常用的防锈添加剂有碳酸钠、三乙醇胺、石油磺酸钡等。

3. 切削液的种类

（1）水溶液

水溶液是以水为主要成分的切削液。

（2）切削油

切削油的主要成分是矿物油。可在其中加入油性添加剂和极压添加剂，以改善其油性和极压性。

（3）乳化液

乳化液是通过乳化添加剂形成的切削油和水溶液的混合液。其性能介于水溶液和切削油之间。也可在其中加入油性添加剂或极压添加剂，以改善其油性或极压性。

4. 切削液的合理选用

切削液应根据工件材料、刀具材料、加工方法和技术要求等具体情况进行选用。下述几条仅供参考。

1）高速钢刀具红硬性差,需采用切削液。硬质合金刀具红硬性好,一般不加切削液;若硬质合金刀具使用切削液,必须连续、充分地浇注,不能间断。

2）切削铸铁或铝合金时,一般不用切削液。如要使用切削液,选用煤油为宜。

3）切削铜合金和有色金属时,一般不宜选用含有极压添加剂的切削液,以免腐蚀工件表面。

4）切削镁合金时,严禁使用乳化液作为切削液,以防燃烧引起事故。

5）粗加工时,主要以冷却为主,可选用水溶液或低浓度的乳化液;精加工时,主要以润滑为主,可选用切削油或浓度较高的乳化液。

6）低速精加工时,可选用油性较好的切削油;重切削时,可选用极压切削液。

7）粗磨时,可选用水溶液;精磨时,可选用乳化液或极压切削液。

综上所述,正确选用切削液,可以在减少切削热和加强散热两个方面抑制切削温度的升高,从而提高刀具耐用度和工件已加工表面质量。实践证明,合理使用切削液是提高金属切削加工效益既经济又简便的有效途径。

思考与练习

1. 切削加工由哪些运动组成? 它们各有什么作用?

2. 切削用量三要素是什么? 它们的单位是什么?

3. 车外圆时工件加工前直径为 62 mm,加工后直径为 56 mm,工件转速为 4 r/s,刀具沿工件轴向移动速度为 2 mm/s,求 v_c、f、a_p。

4. 刀具正交平面参考系由哪些平面组成? 它们是如何定义的?

5. 常用刀具的材料有哪几类? 各适用于制造哪些刀具?

6. 硬质合金按化学成分和使用特性分为哪几类? 各适宜加工哪些材料?

7. 金属切削过程中三个变形区是怎样划分的? 各有哪些特点?

8. 切屑类型有哪四类? 各有哪些特点?

9. 切削热是如何产生的? 它对切削过程有什么影响?

10. 试述背吃刀量 a_p、进给量 f 对切削温度的影响规律。

11. 简述刀具磨损的原因以及高速钢刀具、硬质合金刀具在中速、高速时产生磨损的主要原因。

12. 切削变形、切削力、切削温度、刀具磨损和刀具寿命之间存在什么关系?

13. 说明前角和后角的大小对切削过程的影响。

14. 说明刃倾角的作用。

15. 简述半精车切削用量的选择方法。

16. 常用切削液有哪几种? 各适用于什么场合?

模块二 车削加工

> 教学要求

- 通过车削加工实习,使学生全面了解车削加工中的安全生产知识。
- 熟悉普通车床的结构、常用附件、加工特点、工艺范围及应用。
- 学会车削加工的基本操作方法,正确使用常用刀具、量具,并能加工中等难度的零件。
- 通过车削加工实习,使学生全面了解常用零件的车削工艺过程,能车削加工中等难度的零件,为后续专业课程(如数控编程等)学习和训练打下坚实的基础。

> 教学方法

将各教学班级根据具体人数分为若干小组,分别进行现场的理论分析、讲解及操作示范,随后进行操作训练(最好能做到一人一台车床或两人一台车床进行技能训练)。

课题一 车工入门指导

【项目描述】

车削加工是用车床进行切削加工的一种机械加工方法,可用于加工各种回转表面,如内、外圆柱面,圆锥面,成形回转表面及端面等,车床还能加工螺纹面、滚花等。

> 拟学习的知识

- 车工安全生产知识。
- 开车前的准备工作。
- 普通车床的工作特点和加工范围。
- 普通车床的构成、各部件的结构及功用。
- 普通车床常用附件的结构及功用。

> 拟掌握的技能

- 具备车削加工的安全常识。
- 能安全启动普通车床和正确使用普通车床的常用附件和工具。

一、安全生产知识

人身安全、设备和工具使用安全及整齐清洁的工作环境,是搞好车削加工实习的必备条件。车工实习要遵守《车工操作规程》,同时还必须强调做好以下各项工作。

1)穿紧身的工作服和合适的工作鞋,不戴手套操作,长头发要压入帽内。

2)用高度合适的工作踏板和防屑挡板。

3)两人共用一台车床时,只能一人操作(采用轮换方式进行),并注意他人的安全。

4)卡盘扳手使用完毕后,必须及时取下,否则不能启动车床。

5)机床运转前,各手柄必须放置在正确位置,然后低速运转 3~5 min,确认正常后才能正式开始工作。

6）机床运转时，头部不要离工件太近，手和身体不能靠近正在旋转的工件。

7）机床运转时，不能用量具去测量工件尺寸，不要用手去触摸工件表面。

8）摇动手柄时，动作要均匀，同时控制好进、退刀的方向，切勿搞错。

9）使用锉刀锉削工件时，应采用左手握柄、右手握头的姿势，如图 2-1 所示。

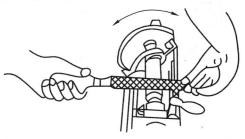

10）常用刀具、量具、工具、夹具及材料、图样、产品等均应摆放在恰当的位置。床身导轨面上不准摆放任何物品。

11）变换主轴转速必须停车进行；清除切屑要用专用的钩子，不允许用量具，更不允许用手直接去拉切屑。

图 2-1 在车床上使用锉刀的方法

12）切削时，要密切注意切屑流向和加工情况，如切屑缠绕工件、机床有异常声响等，随时做好停止进给和停车准备。

13）经常保持工作场地的整洁，地面上不应有污物及渗漏的油污和液体。

14）停车时，不准用手刹住正在旋转的卡盘。

15）工作结束后，要及时关闭电源，清除切屑，养护机床，清扫及整理工作场地。

16）坚持给机床加油润滑的保养制度，做好班前、班后的给油工作，保证机床始终处于良好的润滑状态。

二、普通车床的基本知识

车床(lathe,turning machine)是主要用车刀对旋转的工件进行车削加工的机床。在车床上还可用钻头、扩孔钻、铰刀、丝锥、板牙和滚花工具等进行相应的加工。车床是机械制造行业的重要设备，是一种应用最广、类型较多的金属切削机床。

1. 普通车床的工作特点和加工范围

（1）普通车床的工作特点

利用切削刀具对工件作相对运动从坯料上切除多余材料的加工方法称为切削加工。在车床上，利用刀具和工件作相对运动，完成机械零件的加工过程，称为车削加工。它是以工件旋转作主运动，车刀的直线或曲线移动作进给运动的一种切削加工方法，是切削加工中最基本、最常用的加工方法，所用刀具以车刀为主，还可用钻头、铰刀、丝锥、板牙等。

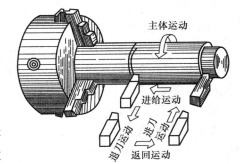

车削主要用来加工各种带有回转表面的零件，尺寸精度可达 IT7～IT9，表面结构参数值可达 $Ra1.6～3.2~\mu m$。车削时，各种运动的情况如图 2-2 所示。

图 2-2 车床的运动

（2）普通车床的加工范围

凡具有回转表面的工件，均可在车床上进行车削加工。车削加工的主要应用如图 2-3 所示。

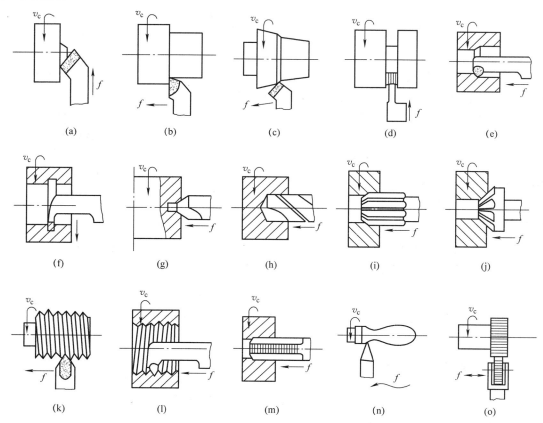

图 2-3　车床的加工范围

（a）车端面　（b）车外圆　（c）车圆锥面　（d）切槽、切断　（e）镗孔　（f）切内槽　（g）钻中心孔　（h）钻孔
（i）铰孔　（j）锪锥孔　（k）车外螺纹　（l）车内螺纹　（m）攻螺纹　（n）车成形面　（o）滚花

2. 车刀

车刀的种类很多，分类方法也不同。常用的有如下几种。

（1）按用途分类

如图 2-4 所示，车刀可分为外圆车刀（左偏刀、右偏刀、弯头车刀、尖头车刀等）、端面车刀、镗刀（通孔车刀、不通孔车刀）、车槽刀、切断刀、成形车刀、螺纹车刀（内螺纹车刀、外螺纹车刀）等。

（2）按刀具材料分类

车刀可分为高速钢车刀、硬质合金车刀、陶瓷车刀、立方碳化硼车刀和人造金刚石车刀。目前，广泛使用高速钢和硬质合金车刀，高速钢车刀强韧性好，硬质合金车刀热硬性高。

（3）按结构形式分类

如图 2-5 所示，车刀可分为整体式、焊接式和机夹可转位式三类。根据材料特性，高速钢车刀通常制成整体式，硬质合金车刀都制成焊接式或机夹可转位式。

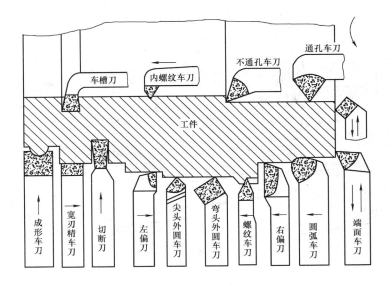

图 2 - 4 车刀按用途分类

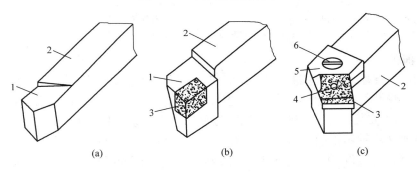

图 2 - 5 车刀按结构形式分类

（a）整体式 （b）焊接式 （c）机夹可转位式

1—刀头；2—刀体；3—刀片；4—圆柱销；5—楔体；6—压紧螺钉

刀具各组成部分统称为刀具的要素。刀具种类虽然很多，但分析各部分的构造和作用，仍然存在共同之处。如图 2 - 6 所示为最常用的外圆车刀，其包括夹持部分和切削部分。

1）夹持部分，俗称刀柄或刀体，是主要用于刀具安装与标注的部位。通常用优质碳素结构钢制造，横截面一般为矩形。

2）切削部分，俗称刀头，是刀具的工作部分，由刀面、切削刃组成。切削部分采用各种专用刀具材料根据需要制造成不同形状。

3. 车床

车床是进行车削加工的机床。图 2 - 7 所示为 CA6140 型卧式车床，主要由主轴箱、进给箱、溜板箱、挂轮箱、丝杠、光杠、刀架、尾座和床身等部分组成。

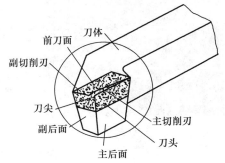

图 2 - 6 外圆车刀的组成

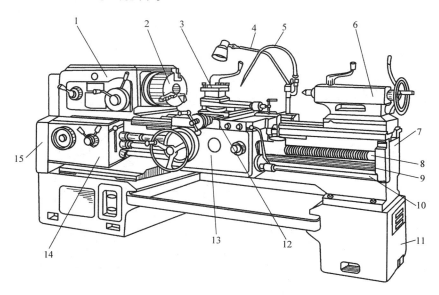

图 2-7 CA6140 型卧式车床

1—主轴箱;2—卡盘;3—四方刀架;4—照明灯;5—切削液管;6—尾座;7—床身;8—丝杠;
9—光杠;10—操纵杆;11—床腿;12—床鞍;13—溜板箱;14—进给箱;15—挂轮箱

（1）主轴箱

主轴箱用以支撑主轴并通过变速齿轮而使之可作多种速度的旋转运动,同时主轴通过主轴箱内的另一些齿轮将运动传入进给箱。主轴右端有外螺纹,用以连接卡盘、拨盘等附件;主轴内有锥孔,用以安装顶尖。主轴为空心件,以便细长棒料穿入上料和用顶杆卸下顶尖。

可通过改变主轴箱正面右侧的两个叠套手柄的位置来控制转速,如图 2-8(a)所示。前面的手柄有 6 个挡位,每个挡位对应 4 级转速,由后面的手柄控制选择,所以主轴共有 $4 \times 6 = 24$ 级转速,如图 2-8(b)所示。主轴箱正面左侧的手柄用以加工螺纹的左右旋向变换和改变螺距,共有 4 个挡位,即右旋螺纹、左旋螺纹、右旋加大螺距螺纹和左旋加大螺距螺纹,其挡位如图 2-8(c)所示。

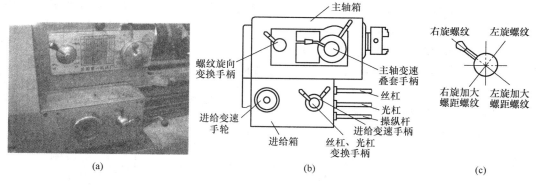

(a)　　　　　　　　　　　(b)　　　　　　　　　　　(c)

图 2-8 车床主轴的变速操作手柄

（a）主轴箱实物图 　（b）主轴箱结构 　（c）车削螺纹的变换手柄

（2）挂轮箱

挂轮箱用于将主轴的转动传给进给箱,置换箱内的齿轮并与进给箱配合,可以车削各种不同螺距的螺纹。

（3）进给箱、光杠、丝杠

进给箱内装有进给运动的变速齿轮,用以传递进给运动和调整进给量及螺距。进给箱的运动通过光杠或丝杠传给溜板箱,光杠使车刀车出圆柱或圆锥面、端面和台阶面,丝杠使车刀车出螺纹。

在图2-8中,CA6140型车床上进给箱正面左侧有一个手轮,手轮有8个挡位;右侧有前、后叠装的两个手柄,前面的手柄是丝杠、光杠变换手柄,后面的手柄有Ⅰ、Ⅱ、Ⅲ、Ⅳ4个挡位,用以与手轮配合调整螺距或进给量。根据加工要求调整所需螺距或进给量时,可通过查找进给箱油池盖上的调配表来确定手轮和手柄的具体位置。

（4）溜板箱

溜板箱通过变换机构将光杠或丝杠的转动转变为床鞍的移动。溜板箱与刀架相连,可使光杠传来的旋转运动变为车刀的纵向或横向直线移动,也可将丝杠传来的旋转运动通过对开螺母,直接变为车刀的纵向移动以车削螺纹,具体结构如图2-9所示。

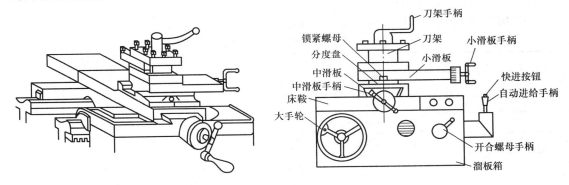

图2-9　溜板箱结构及各部分名称

（5）溜板

溜板分为中溜板和小溜板。小溜板上面有转盘和四方刀架。小溜板手柄与小溜板内部的丝杠连接,摇动此手柄时,小溜板就会纵向进退。中溜板手柄装在中拖板内部的丝杠上,摇动此手柄,中溜板就会横向进退。中溜板和小溜板上均有刻度盘,刻度盘的作用是在车削工件时能准确移动车刀以控制背吃刀量。刻度盘每转过一格,车刀所移动的距离等于拖板丝杠螺距除以刻度盘圆周上等分的格数。

（6）刀架

刀架固定于小溜板上,用以夹持车刀(可同时安装四把车刀)并随其作纵向、横向或斜向进给运动,其结构如图2-10所示。刀架上有锁紧手柄,逆时针旋转即可松开锁紧手柄,同时可转动四方刀架以选择车刀及其刀杆工作角度。车削加工时,必须顺时针旋紧手柄以固定刀架。

（7）操纵杆

操纵杆用以安装操纵把手以控制主轴启动、变向和停止。

（8）尾座

尾座又称尾架,安装于床身导轨上并可沿导轨移动,在尾座的套筒内装上顶尖可用来支撑工件,也可装上钻头、铰刀在工件上钻孔、铰孔。尾座的结构如图2-11所示。

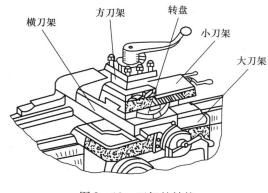

图 2-10　刀架的结构

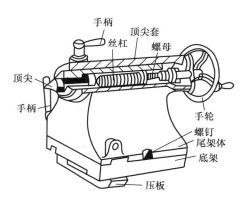

图 2-11　尾座的结构

（9）床身和床腿

床身由床腿支撑并固定在地基上,用以支撑和连接车床的各个部件。床身上面有两副导轨以分别供床鞍和尾座移动。

CA6140 型卧式车床的主要技术规格见表 2-1。

表 2-1　CA6140 型卧式车床的主要技术参数

名　　　称		技术参数
工件最大回转直径/mm	在床身上	400
	在刀架上	210
最大工件长度/mm		750、1 000、1 500、2 000
最大车削长度/mm		650、900、1 400、1 900
主轴	内孔直径/mm	48
	孔锥度	莫氏 6 号
	正转转速级数	24
	正转转速范围/(r/min)	10 ~ 1 400
	反转转速级数	12
	反转转速范围/(r/min)	14 ~ 1 580
进给量	纵向级数	64
	纵向范围/(mm/r)	0.028 ~ 6.33
	横向级数	64
	横向范围/(mm/r)	0.014 ~ 3.16
滑板及刀架纵向快移速度/(m/min)		4
车削螺纹范围	米制螺纹/mm	1 ~ 192(44 种)
	模数螺纹/mm	0.25 ~ 48(39 种)
刀架	最大行程/mm	140
	刀架支撑面至中心高距离/mm	26
尾座	顶尖套锥孔锥度	莫氏 5 号
	顶尖套最大移动量/mm	150
	横向最大移动量/mm	±10

名　　称		技术参数
主电动机	功率/kW	7.5
	转速/(r/min)	1 450
快速电动机	功率/kW	0.25
	转速/(r/min)	2 800

4. 车床的润滑与维护

为了保持车床正常运转和延长其使用寿命,车床的摩擦部分必须进行润滑。

1)主轴箱采用液压泵循环润滑,油箱中有油面指示牌,油箱内的油一般三个月换一次。每次更换时应先用煤油将油箱冲洗干净后再加注润滑油。

2)进给箱轴承和齿轮及溜板箱内的齿轮通常采用油脂润滑、油绳润滑或溅油润滑,每班加油一次,并应经常注意油箱的油位。

3)交换齿轮箱内中间轴与齿轮孔之间的润滑通常用油脂杯润滑,每周注一次黄油。

4)光杠、丝杠、操纵杆的右轴承座,通常用油绳润滑。

5)车床的各个导轨面采用浇油润滑,每班至少加注一至两次。

6)尾座套筒、刀架采用压注油杯润滑,需每班加注一次。

5. 普通车床的常用附件

车床常备有一定数量的附件,以满足各种车削工艺的需要。普通车床常用附件有下列几种。

(1)三爪卡盘

三爪卡盘如图2-12所示,它固定在主轴前端部,有正反爪各一副,适宜夹持形状规则的工件,如圆形棒料或圆形工件,卡爪的运动由卡盘扳手控制,由于采用平面螺纹结构,卡爪能够自动定心和离心,所以装夹工件迅速,一般不需校正。正爪用于夹持尺寸不大的圆形棒料或圆形工件,反爪用于夹持尺寸较大的圆形棒料或圆形工件。

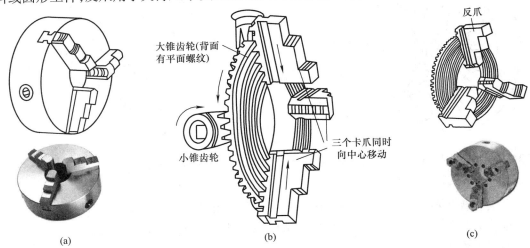

图2-12　三爪卡盘

(a)正爪三爪卡盘　(b)三爪卡盘结构　(c)反爪三爪卡盘

（2）四爪卡盘

四爪卡盘如图 2－13 所示，仍固定在主轴前端部，其每一卡爪均由卡盘扳手单独调整。因此，四爪卡盘适宜夹持外形不规则的工件，夹持力大，但装夹工件时均需借助划线盘或百分表配合找正，如图 2－14 所示。

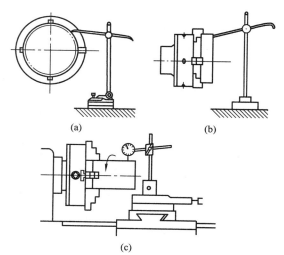

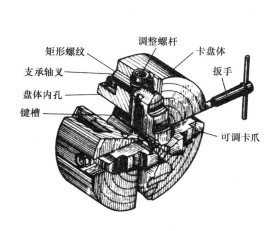

图 2－13　四爪卡盘

图 2－14　在四爪单动卡盘上校正工件
（a）校正外圆　（b）校正平面　（c）用百分表校正工件

（3）花盘

用花盘安装工件的情形如图 2－15 和图 2－16 所示。它适宜装夹四爪卡盘不便夹持的外形不规则的工件，夹持时需用螺栓、压板进行压紧，必要时采用弯板配合安装和配置平衡块，使工件旋转时受力均衡。

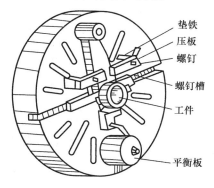

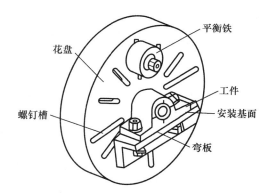

图 2－15　用螺栓和压板在花盘上安装工件

图 2－16　用弯板、平衡块配合在花盘上安装工件

（4）顶尖

顶尖有普通顶尖和活顶尖两种（图 2－17），其作用是支撑工件和承受工件重量。普通顶尖也称为死顶尖。常把装在主轴锥孔内的顶尖或装在卡盘上的顶尖称为前顶尖，装在尾座上的顶尖称为后顶尖。

在高速切削时，为了防止后顶尖与中心孔由于摩擦发热过大而磨损或烧坏，常采用活顶

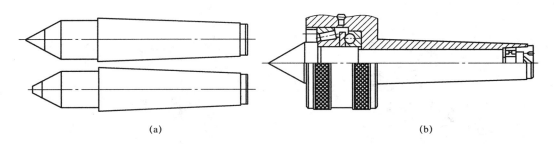

图 2-17 顶尖的结构

(a)普通顶尖 (b)活顶尖

尖。由于活顶尖的准确度不如死顶尖高,故一般用于轴的粗加工或半精加工。轴的精度要求比较高时,后顶尖也应用死顶尖,但要合理选择切削速度,且需要加机油润滑冷却。

（5）拨盘与鸡心夹头

拨盘与鸡心夹头的使用方法如图 2-18
所示。当工件用顶尖支撑在机床上时,工件
的旋转运动是通过鸡心夹头获得的。鸡心
夹头夹持部分装夹工件一端,另一端则与主
轴相连接的拨盘相互配合,才能将主轴的旋
转运动传至工件以便进行车削加工。

（6）跟刀架

跟刀架如图 2-19 所示,它安装在刀架
附近的大拖板上,能随大拖板作纵向移动,
其作用是平衡切削力、减少(或控制)工件的
弯曲变形、增强工件刚性以利于车削。

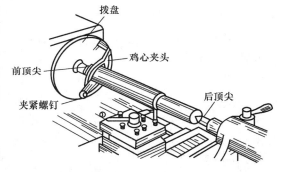

图 2-18 用拨盘与鸡心夹头装夹工作

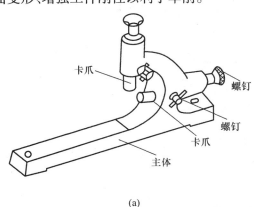

(a)

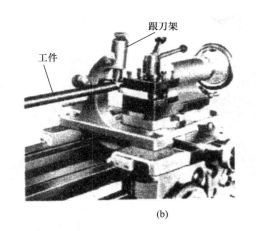

(b)

图 2-19 跟刀架的结构及应用

(a)跟刀架的结构 (b)跟刀架的应用

（7）中心架

中心架如图 2-20 所示,使用时固定在机床床身上,其三个卡爪顶紧在工件已预先加工
好的外圆柱面上。作为被加工工件的支撑,其作用与跟刀架相同。

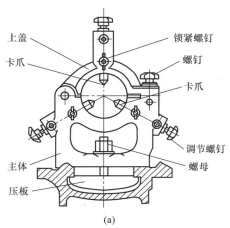

图2-20　中心架的结构及应用

(a)中心架的结构　(b)中心架的应用

使用跟刀架或中心架时,工件被支撑部分应是加工好的外圆表面,且需加机油润滑,工件的转速不能太高,以免工件与支撑卡爪之间摩擦过热而烧坏或磨损支撑卡爪。

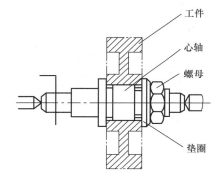

图2-21　用圆柱体心轴装夹工件

(8)心轴

心轴有圆柱体和锥体两类。其作用是装夹套筒类工件进行车削加工(一般为车外圆)。其特点是安装迅速,生产效率高。图2-21所示为用圆柱体心轴装夹工件时的情形。

三、操作训练

1)熟悉普通车床上主要机构的操作与应用。重点掌握主轴运动速度的调整方法及进给量大小的调整方法。

2)熟练掌握大拖板的纵向移动、中拖板的横向移动的操作方法及移动速度的控制。

3)在较低转速条件下观察并控制光杠、丝杠的运动及大拖板的纵向移动、中拖板的横向移动(自动进刀)。

4)装夹工件进行空运转,观察工件的运动并调整工件,使其轴线与主轴轴线大致相同。

5)装刀并进行试切削。

课题二　车外圆与端面

任务1　车外圆

【任务说明】

全面掌握外圆车削的工艺方法,学会车外圆。

➤ 拟学习的知识

● 外圆车削的工艺方法。

● 刀具的正确选用方法。

● 切削用量及其选择方法。

➤ 拟掌握的技能

● 能分析零件图,根据零件的几何形状特征,学会正确选用和使用刀具、量具。

● 掌握常用外圆车刀的刃磨、安装及调整。

● 能根据切削用量的选择,学会机床的调整和使用。

● 掌握车外圆的操作技能。

一、任务描述

在车床上加工图 2 – 22 所示的台阶轴。毛坯为 $\phi22$ mm × 50 mm 的 45 钢,完成时间为 60 min。

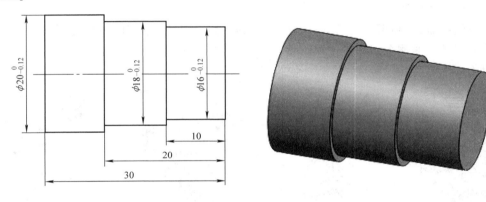

图 2 – 22　台阶轴

二、任务分析

图 2 – 22 所示零件的主要特征为台阶轴,其外圆分别为 $\phi16$ mm、$\phi18$ mm、$\phi20$ mm 的同轴圆柱面,且端面与轴线垂直,直径尺寸要求较高(公差值小),而长度尺寸却为未注公差尺寸(公差值较大)。因此,在车削加工中必须注意在一次装夹中加工完成,且按粗、精加工分步进行。精加工时,在保证直径尺寸及长度尺寸的同时,还应保证左侧端面与轴线的垂直度。

车削该工件的基本步骤:选择刀具→选择切削用量→调整机床→装夹工件→确定车削工艺→车削外圆(粗车、精车)。

三、相关知识

1. 车刀及其刃磨

(1)外圆车刀

外圆车削是车削加工的基本工序,也是最常见的工作。外圆车削根据所用车刀的不同,有如图 2 – 23 所示常见的几种主要形式。其中,尖刀主要用于粗车外圆和没有台阶或台阶不大的外圆;弯头刀用于车外圆、端面、倒角和有 45°斜面的外圆;偏刀的主偏角为 90°,车外圆时径向力很小,常用来车有垂直面台阶的外圆和车细长轴;特别是细长轴的加工,为保证零件的形状精度,均用 90°偏刀车外圆。

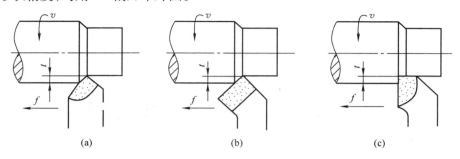

图 2-23 常见的外圆车削方式
(a)尖刀车外圆 (b)弯头刀车外圆 (c)偏刀车外圆

（2）车刀的刃磨

车刀用钝后,必须重新刃磨,以恢复车刀原来的形状和角度。车刀的刃磨是在砂轮机上进行的。刃磨高速钢车刀用氧化铝砂轮,刃磨硬质合金车刀用碳化硅砂轮。车刀的刃磨步骤如图 2-24 所示。

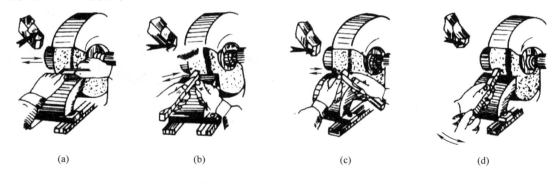

图 2-24 外圆车刀刃磨的步骤
(a)磨前刀面 (b)磨主后刀面 (c)磨副后刀面;(d)磨刀尖圆弧

1)磨前刀面,目的是磨出车刀的前角及刃倾角。

2)磨主后刀面,目的是磨出车刀的主偏角及主后角。

3)磨副后刀面,目的是磨出车刀的副偏角及副后角。

4)磨刀尖圆弧,目的是在主切削刃与副切削刃之间磨出一小段过渡圆弧,以提高刀尖强度、改善散热条件。

磨刀时,人要站在砂轮侧面,双手拿稳车刀,用力均匀,倾斜角度应合适,且在砂轮圆周面的中间部位刃磨,并左右移动。刃磨高速钢车刀时,当刀头磨热时,应放入水中冷却,以免刀具因温度过高而退火软化。刃磨硬质合金车刀时,只能将刀杆置于水中冷却,避免刀头因急冷而产生裂纹。

在砂轮机上将车刀各面磨好之后,还应用油石细磨车刀各面,以进一步降低各切削刃及各刀面的表面结构,从而提高车刀的耐用度和降低工件加工表面的表面结构。

磨刀时的注意事项:

1)正确操作,防止磨伤手指及其他事故的发生;

2)刃磨时,必须将各刀面磨平,并学会观察和比较刀面磨平的状态;

3)保证磨出的车刀几何角度的正确性。

2. 切削用量

(1)切削用量的基本概念

切削加工过程中的切削速度、进给量和背吃刀量总称为切削用量。要发挥车床和车刀在切削过程中的最佳效果,正确选取切削用量是非常重要的。车削时的切削用量如图 2－25 所示。

Ⅰ. 切削速度(v_c)

切削速度是指在单位时间内,工件和刀具沿主运动方向相对移动的距离,单位为 m/min。计算公式为

$$v_c = \frac{\pi D n}{1\,000}$$

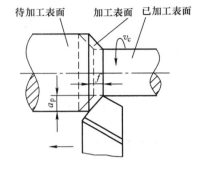

图 2－25　车削加工中的切削用量

式中　D——工件待加工表面的直径,mm;

　　　n——工件每分钟的转速,r/min。

Ⅱ. 进给量(f)

进给量是指工件每转动一周,车刀沿进给运动方向所移动的距离,单位为 mm/r。

Ⅲ. 背吃刀量(a_p)

背吃刀量是指刀具切入工件时,工件待加工表面与已加工表面的垂直距离,单位为 mm。计算公式为

$$a_p = \frac{D - d}{2}$$

式中　D、d——工件待加工表面与已加工表面的直径,mm。

(2)切削用量的选择

影响切削用量选择的重要因素与被加工工件上的三个表面有关,即已加工表面、加工表面和待加工表面,如图 2－25 所示。选择时要考虑这三个表面的加工要求,然后确定加工性质是粗加工还是精加工。粗加工时切削用量的选择原则应当是快速切除工件上多余的坯料,并在留出一定的精加工余量的前提下,优先考虑采用大的背吃刀量,然后是较大的进给量,最后是选取合适的切削速度。

切削用量的选择有三种方法:查表法,在《金属切削用量手册》中直接查取;经验法,由操作人员根据自己的加工经验自行决定;试验法,对于一些切削性能差、技术难度大的工件,要先进行多次试验,找出最佳切削用量,然后纳入切削加工规范。

Ⅰ. 粗车时切削用量的选择

背吃刀量取 $a_p = 2 \sim 4$ mm,进给量取 $f = 0.15 \sim 0.4$ mm/r。

切削速度(v_c)的选择:用硬质合金车刀车削钢件时取 $v_c = 50 \sim 70$ m/min,车削铸铁工件时取 $v_c = 40 \sim 60$ m/min;用高速钢车刀车削钢件或铸铁件时,其切削速度均不得超过 30 m/min。

Ⅱ. 精车时切削用量的选择

精车时,应当考虑到保证工件的尺寸公差和表面结构符合图样要求,因而优先选用较大的切削速度和较小的进给量,然后以较小的背吃刀量进行车削,以获得良好的切削效果。

3. 工件的装夹方法

轴类零件的装夹方法如图 2 – 26 所示。

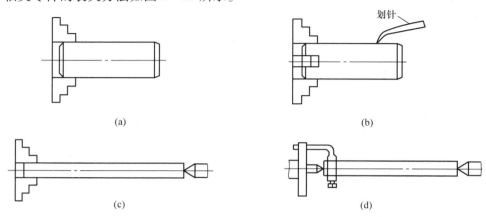

图 2 – 26　轴类零件的装夹方法
(a)三爪卡盘装夹工件　(b)四爪卡盘装夹工件　(c)"一夹一顶"装夹工件　(d)"两顶尖"装夹工件

1)用三爪卡盘装夹工件如图 2 – 26(a)所示。由于三爪卡盘具有自动定心和离心移动的特点,因此外圆车削时常用它来装夹工件。当三爪向中心移动时能够精确地向主轴中心线聚拢,安装精度可达 0.05 ~ 0.15 mm。

2)用四爪卡盘装夹工件如图 2 – 26(b)所示。四爪卡盘不仅适宜夹持外形不规则的工件(特别适宜夹持三爪卡盘不便夹持的工件),还适宜夹持圆形工件或棒料,所以外圆及端面车削也可以用它来进行装夹,但必须用划线盘或百分表进行找正。

3)用"一夹一顶"方式装夹工件如图 2 – 26(c)所示。即一端用卡盘夹持,另一端用顶尖来支撑。

4)用"两顶尖"方式装夹工件如图 2 – 26(d)所示。即工件两端均由顶尖支撑,然后由拨盘(或三爪卡盘)与鸡心夹头配合装夹工件。该方法装卸工件迅速、准确,在轴类零件加工中应用十分普遍。

4. 台阶轴的车削方法

(1)车刀的选用

台阶轴应选用90°外圆车刀。

(2)台阶外圆的车削方法和步骤

低台阶用90°外圆车刀直接车出;高台阶用75°车刀先粗车,再用90°车刀将台阶车成直角。车削高度在 5 mm 以下的台阶时,可在车外圆的同时一并车出,如图 2 – 27 所示。为使车刀的主切削刃垂直于工件的轴线,可在先车好的端面上对刀,使主切削刃与端面贴平。车削高度

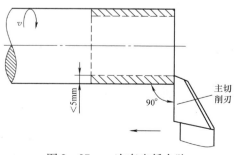

图 2 – 27　一次车出低台阶

大于 5 mm 以上的台阶时,应分层进行切削,如图 2-28 所示。

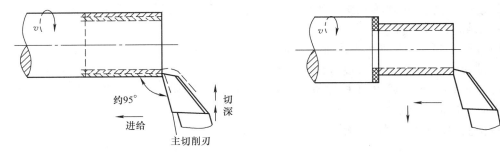

偏刀主切削刃与工件轴线
约呈95°,分多次进行车削

在末次纵向进刀后,车刀
横向退出,车出90°台阶

图 2-28　高台阶分层车削

Ⅰ. 确定台阶的车削长度

常用的方法有两种:一种是刻线痕法,另一种是床鞍刻度盘控制法。两种方法都有一定误差,刻线或用床鞍刻度值都应比所需长度短 0.5~1 mm,以留有余地。

1) 刻线痕法:以端面为基准,用钢直尺量出台阶长度尺寸,开车用刀尖刻出线痕,如图 2-29(a)所示。

2) 床鞍刻度盘控制法:移动床鞍和中滑板,使刀尖靠近工件端面,开机,移动小滑板,使刀尖与工件端面相擦,车刀横向快速退出,将床鞍刻度调到零位,车削时就可利用刻度值来控制台阶的车削长度,如图 2-29(b)所示。如利用刻度值先在工件上刻出台阶长度的痕线,操作时车刀靠近线痕再看刻度值就方便多了。

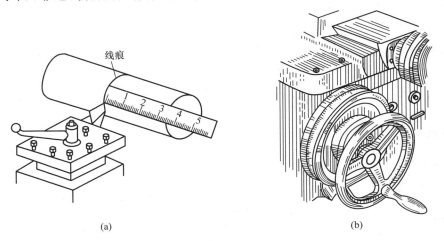

(a)　　　　　　　　　　　　　　(b)

图 2-29　控制台阶的长度
(a)刻线痕法　(b)床鞍刻度盘控制法

Ⅱ. 粗车台阶外圆

1) 按粗车要求调整切削速度和进给量。

2) 调整背吃刀量后移动床鞍,使刀尖靠近工件时合上机动进给手柄,当车刀刀尖距离退刀位置 1~2 mm 时停止机动进给,改为手动进给,车至所需长度时将车刀横向退出,床鞍回到起始位置,然后再作第二次工作行程。台阶外圆和长度粗车各留精车余量 0.5~1 mm。

Ⅲ. 精车台阶外圆

1)按精车要求调整切削速度和进给量。

2)试切外圆,调整切削深度,尺寸符合图样要求后合上机动进给手柄,精车台阶外圆至离台阶端面 1~2 mm 时,停止机动进给,改用手动进给继续车外圆。当刀尖切入台阶面时车刀横向慢慢退出,将台阶面车平。

3)检测台阶长度,用深度游标卡尺测量,如图 2-30 所示。

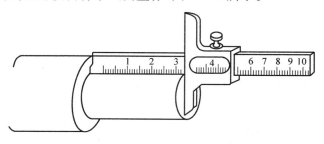

图 2-30　用深度游标卡尺测量台阶长度

4)根据测量结果,用小滑板刻度调整车端面的背吃刀量。

5)开车将车刀由外向里均匀地精车端面。

5. 车削外圆的缺陷、原因及解决办法

车削外圆的缺陷、原因及解决办法见表 2-2。

表 2-2　车削外圆时产生废品的原因和预防措施

废品种类	产生原因	预防措施
工件尺寸精度不够	1. 没有进行试切; 2. 由于切削热的影响,使工件尺寸变大; 3. 顶尖轴线与主轴线不重合	1. 进行试切削,再修正背吃刀量; 2. 不能在工件高温时测量; 3. 车削前必须找正锥度
产生锥度	1. 用小滑板车外圆时小滑板的位置不正确; 2. 车床床身导轨与主轴线不平行; 3. 工件悬臂装夹,切削力使前端让开; 4. 车刀逐渐磨损	1. 检查小滑板的刻度线是否与中滑板刻度线的"0"线对准; 2. 调整车床主轴与床身导轨的平行度; 3. 减少工件伸出长度,或增加装夹刚性; 4. 选用合适的刀具材料,降低切削速度
圆度超差	1. 车床间隙太大; 2. 毛坯余量不均匀,背吃刀量发生变化; 3. 顶尖装夹时中心孔接触不良,或后顶尖太松,或前后顶尖产生径向圆跳动	1. 检查主轴间隙,并调整合适; 2. 粗车与精车分开; 3. 工件装夹松紧适度,若回转顶尖产生径向圆跳动,应及时修理或更换
表面结构参数值太大	1. 工艺系统刚性不足,引起振动; 2. 车刀几何角度不合理; 3. 切削用量选用不当	1. 调整车床各部分的间隙,增加装夹刚性,增加车刀刚性及正确装夹刀具; 2. 选择合理的车刀角度; 3. 进给量不宜太大

四、任务实施

1. 选择刀具

该任务所车削的零件是台阶轴,所以选用偏刀车外圆,刀具材料为高速钢。

2. 切削用量及其选择

$$n = \frac{1\,000v_c}{\pi D} = \frac{1\,000 \times 30}{3.14 \times 22} = 434 \text{ r/min}$$

取 $n = 500$ r/min。

所以,本次任务切削用量选用 $n = 500$ r/min, $a_p = 0.50$ mm, $f = 0.10$ mm/r。

3. 机床的调整

首先调整主轴箱手柄,选择合适的主轴转速;然后调整进给箱手柄,选择正确的进给速度。

4. 装夹工件及刀具

(1)工件的装夹

长径比(L/D)大于5的轴类工件,当毛坯直径小于车床主轴孔径时,可将毛坯插入车床空心主轴孔中,用三爪自定心卡盘夹持左端;当毛坯直径大于车床主轴孔径时,可用卡盘夹持其左端,用中心架支撑其右端,然后车其右端面。

本次任务选用三爪卡盘装夹工件,装夹工件时应保证外露足够的长度(35~40 mm),并校正。

(2)车刀的安装

车刀安装在方刀架上,刀尖一般应与车床回转轴线等高,可通过与尾座的后顶尖比较来确定。此外,车刀在方刀架上伸出的长度要合适(一般不超过刀杆高度的1.5~2倍),垫刀片数量一般不超过3片,并且要垫放平整,车刀与方刀架均要锁紧。车刀的安装如图2-31所示。

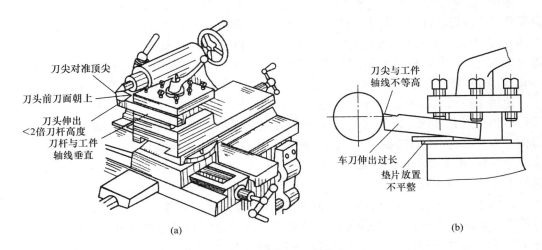

刀尖对准顶尖
刀头前刀面朝上
刀头伸出<2倍刀杆高度
刀杆与工件轴线垂直

(a)

刀尖与工件轴线不等高
车刀伸出过长
垫片放置不平整

(b)

图 2-31 车刀的安装

(a)正确安装方法 (b)错误安装方法

47

5. 车削的工艺过程

（1）试切操作

车外圆一般采用粗车和精车两步进行。粗车后留 0.5～1 mm 作为精车余量。为了准确控制尺寸，一般采用试切法车削。试切法的方法与步骤如表 2－3 所示。

表 2－3　试切法车外圆的步骤

序号	操作简图	操作要领	序号	操作简图	操作要领
1		对刀：启动车床，使刀尖与工件外圆表面轻微接触	4	1～3mm	试切：摇动溜板箱手柄，向左移试切 1～3 mm
2		退刀：摇动溜板箱手轮，使刀具右移离开工件	5		测量：向右退刀，停车，测量试切部位尺寸
3	a_{p1}	进刀：顺时针转动中滑板手柄，根据刻度盘调整切深 a_{p1}	6	a_{p2}	重复调整切深 a_{p2}，以自动走刀（机动进给）车出外圆

（2）刻度盘的原理和应用

车削工件时，为了正确迅速地控制背吃刀量，可以利用中拖板上的刻度盘。中拖板刻度盘安装在中拖板丝杠上。当摇动中拖板手柄带动刻度盘转一周时，中拖板丝杠也转一周。这时，固定在中拖板上与丝杠配合的螺母沿丝杠轴线方向移动一个螺距。因此，安装在中拖板上的刀架也移动一个螺距。如果中拖板丝杠螺距为 4 mm，当手柄转一周时，刀架就横向移动 4 mm。若刻度盘圆周上等分 200 格，则当刻度盘转过一格时，刀架就移动 0.02 mm。

使用中拖板刻度盘控制背吃刀量时应注意以下事项。

1）由于丝杠和螺母之间有间隙存在，因此摇动手柄时会产生空行程（即刻度盘转动，而刀架并未移动）。使用时必须慢慢地把刻度盘转到所需要的位置（图 2－32（a））。若不慎多转过几格，不能简单地退回几格（图 2－32（b）），必须向相反方向退回全部空行程，再转到所需位置（图2－32（c））。

2）由于工件是旋转的，使用中拖板刻度盘时，车刀横向进给后的切除量刚好是背吃刀量的 2 倍。因此要注意：当工件外圆余量测量后，中拖板刻度盘控制的背吃刀量是外圆余量的 1/2，而小拖板的刻度值则直接表示工件长度方向的切除量。

（3）车削外圆的工艺过程

车削外圆的工艺过程见表 2－4。

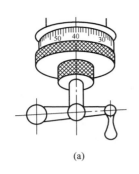  

(a)   (b)   (c)

图 2 – 32　手柄摇过头后的纠正方法

（a）要求手柄转至"30"，但转成"40"　（b）错误：直接退至"30"　（c）正确：反转约一圈后，再转至所需位置"30"

表 2 – 4　车削外圆的工艺过程

序号	工序图	工序内容	注意事项
1		对刀及车端面	1. 必须开动机床进行对刀； 2. 加强试切法的训练； 3. 车端面时应将刀台转一定角度并将端面车平
2	29.5 $\phi20.5$	粗车外圆至 $\phi20.5$ mm × 29.5 mm	1. 车外圆时必须将刀台复位，以保证台阶面与外圆柱面间的 90°夹角； 2. 为达到多次训练目的，取 a_p = 0.5 mm，分 3 次粗车
3	19.5 $\phi18.5$	粗车外圆至 $\phi18.5$ mm × 19.5 mm	可一次加工出台阶，并注意长度尺寸的测量及控制
4	9.5 $\phi16.5$	粗车外圆至 $\phi16.5$ mm × 9.5 mm	同样一次加工出台阶，并注意长度尺寸的测量及控制

序号	工序图	工序内容	注意事项
5	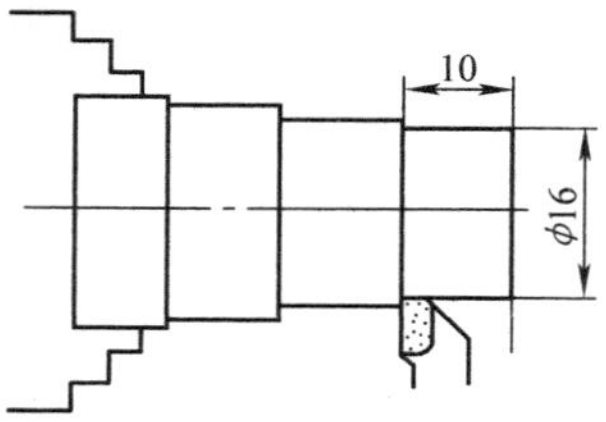	精车外圆至 $\phi 16$ mm × 10 mm	精车外圆时,在保证直径及长度尺寸的前提下,应先退中拖板,再退大拖板,以保证台阶面与外圆柱面间的90°夹角
6	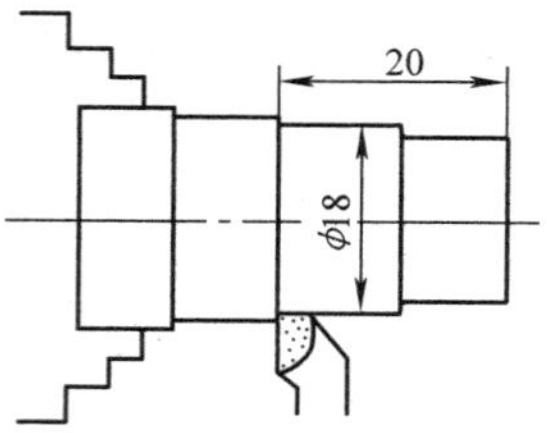	精车外圆至 $\phi 18$ mm × 20 mm	精车外圆时,在保证直径及长度尺寸的前提下,应先退中拖板,再退大拖板,以保证台阶面与外圆柱面间的90°夹角
7	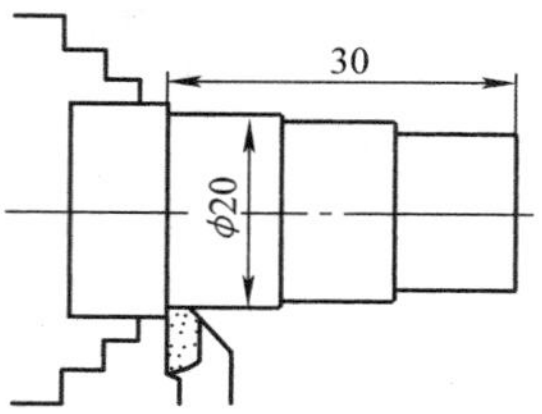	精车外圆至 $\phi 20$ mm × 30 mm	精车外圆时,在保证直径及长度尺寸的前提下,应先退中拖板,再退大拖板,以保证台阶面与外圆柱面间的90°夹角

五、评分标准

车外圆的评分标准见表 2 – 5。

表 2 – 5　车外圆的评分标准

序号	项目与技术要求	配分	检测标准	实测记录	得分
1	工件装夹及调整	10	装夹调整不正确扣 5 分		
2	刀具安装正确	10	准备工作不充分扣 2 分,刀具安装位置不合理扣 2 分,装刀不可靠不得分		
3	切削用量选择及机床调整正确	20	主轴转速调整不正确扣 5 分,进给调整不当扣 5 分		
4	对刀方法恰当	10	对刀方法不当,酌情扣分		
5	车端面	10	车端面方法不当,酌情扣分		
6	车外圆	20	车外圆方法不当,酌情扣分		
7	质量检测	20	尺寸超差一处扣 5 分,表面结构超差一处扣 2 分		
8	安全文明操作		违规每次扣 2 分		

任务2　车端面

【任务说明】

全面掌握端面车削的工艺方法,学会车端面。

➢ 拟学习的知识
● 端面车削的工艺方法。
➢ 拟掌握的技能
● 分析零件图,根据零件的几何形状特征,学会正确选择刀具、量具及加工方法。
● 掌握车端面的加工技能。

一、任务描述

在车床上车削盘套类零件是车削加工的基本工艺方法之一。在车床上加工如图2-33所示的端盖(盘套类零件)的ϕ100 mm外圆及其左、右端面。材料为灰口铸铁,完成时间为60 min。

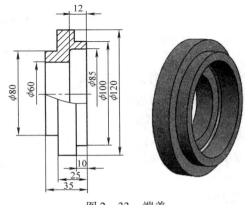

图2-33　端盖

二、任务分析

该零件的直径尺寸较大,轴向尺寸较小,加工时可采用三爪卡盘反夹(或正夹)ϕ80 mm外圆进行车削,主要保证ϕ100 mm外圆尺寸及车平其左、右端面。

三、相关知识

车端面的步骤与车外圆类似,只是车刀的运动方向不同。其操作要点主要有以下几项。

1. 车刀安装

刀尖必须与工件回转轴线等高,否则车至端面中心处时将留下切不去的凸台,并且极易崩刃打刀,如图2-34所示。

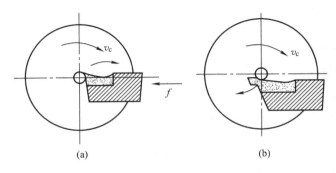

图2-34　车端面刀尖安装位置的影响

(a)刀尖装得过高产生凸台　(b)刀尖装得过低易崩刀

2. 车削方法

适合车削端面的车刀有多种,常用刀具和车削方法如图2-35所示。要特别注意的是,端面的切削速度由外到中心是逐渐减小的,故车刀接近中心时应放慢进给速度,否则易损坏车刀。

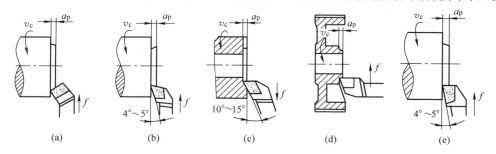

图2-35　车端面常用刀具和车削方法
(a)弯头刀车端面　(b)右偏刀从外向中心车端面　(c)右偏刀从中心向外车端面
(d)左偏刀车端面　(e)端面车刀车端面

3. 车削端面时的注意事项

1)车刀的刀尖应对准工件的中心(即与回转轴线等高),以免车出的端面中心留有凸台。

2)偏刀车端面,当切深较大时,易扎刀,而且在靠近工件中心时是将凸台一下子挤掉的,因此也容易损坏刀尖;弯头刀车端面,凸台是逐渐车掉的,所以车端面用弯头刀较为有利。

3)端面的直径从外向中心是变化的,切削速度在转速一定的前提下也是变化的,因此车出的端面质量(表面结构)必然不一致。为保证端面质量,可适当提高主轴转速(车端面时的转速比车外圆时的转速略高),还可由中心向外切削,如图2-35(c)所示。

4)车直径较大的端面时,若出现凹心或凸肚,应检查车刀和方刀架是否锁紧以及大拖板的松紧度。为使车刀准确地横向进给而无纵向松动,应将大拖板紧固于床身上面,此时可用小刀架调整切深。

四、任务实施

1. 刀具的选用

本任务零件的特点是带有内孔的端面,因此选用图2-35(c)所示的偏刀车端面,刀具材料为高速钢。

2. 切削用量的选择

本任务切削用量选用 $n = 100$ r/min,$a_p = 0.50$ mm,$f = 0.10$ mm/r。

3. 机床的调整

首先调整主轴箱手柄,选择主轴合适的主轴转速;然后调整进给箱手柄,选择正确的进给速度。

4. 装夹工件

采用三爪卡盘装夹零件左端 $\phi 80$ mm 外圆处。

5. 车削的工艺过程

车削端面的工艺过程见表2-6。

表 2-6　车削端面的工艺过程

序号	工序图	工序内容	注意事项
1	25	对刀及车端面	1. 必须开动机床进行对刀； 2. 加强试切法的训练； 3. 车 φ100 mm 端面时应将刀台转一定角度并将端面车平； 4. 按图 2-35(c) 所示方法车削
2	φ100.5 9.6	粗 车 φ100 mm 外圆至 φ100.5 mm × 9.6 mm	此时应将刀台复位，以保证车外圆的同时，将其左端面车平
3	φ100 10	精车 φ100 mm 外圆至 φ100 mm × 10 mm	在保证外圆直径和长度尺寸的同时，通过中拖板的退刀，将其左端面车平

五、评分标准

车端面的评分标准见表 2-7。

表 2-7　车端面的评分标准

序号	项目与技术要求	配分	检测标准	实测记录	得分
1	工件装夹及调整	10	装夹调整不正确扣 5 分		
2	刀具安装正确	10	准备工作不充分扣 2 分，刀具安装位置不合理扣 2 分，装刀不可靠不得分		
3	切削用量选择正确及机床调整正确	10	主轴转速调整不正确扣 5 分，进给调整不当扣 5 分		
4	对刀方法恰当	20	对刀方法不当，酌情扣分		
5	车端面	10	车端面方法不当，酌情扣分		
6	车外圆	20	车外圆方法不当，酌情扣分		
7	质量检测	20	尺寸超差一处扣 5 分，表面结构超差一处扣 2 分		
8	安全文明操作		违规每次扣 5 分		

课题三   滚花与钻中心孔

【任务说明】

掌握滚花和钻中心孔的要领及技能。

➤ 拟学习的知识

● 认识和选用滚花刀、中心钻。

● 滚花的目的。

● 中心孔的作用。

➤ 拟掌握的技能

● 掌握滚花刀的安装及滚花的操作技能。

● 掌握中心钻的安装及钻中心孔的操作技能。

任务1   滚花

用滚花刀在工件表面上滚压出花纹的加工称为滚花。它是一种装饰加工,使工件表面美观又具有防止打滑的功能,如刻度盘、操作手柄及量具的手握部分等,均有不同的花纹。

滚花刀花纹的样式及粗细由滚花轮的网纹决定。图2-36所示为常见滚花刀的基本样式。

图2-37所示为在车床上的滚花工艺示意图。滚花方法是滚花前先将滚花部分的外圆车小0.2~0.5 mm,随后即进行滚花。使滚轮圆周表面与工件平行接触,工件低速旋转,滚压轮径向挤压工件后,再作纵向进给。工件受到滚压时会产生塑性变形,往复滚压几次,直到花纹凸出高度符合要求。装滚花刀时务必使滚花刀圆柱面的母线与需要滚花部分的圆柱面平行。滚花开始时要略施加压力,同时采用低速并使用冷却润滑液,避免产生乱纹现象,以获得满意的滚花质量。

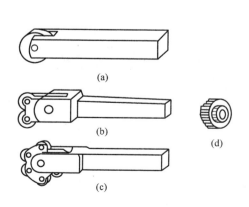

图2-36   常见滚花刀的基本样式

(a)单轮滚花刀 (b)双轮滚花刀

(c)六轮滚花刀 (d)轮滚

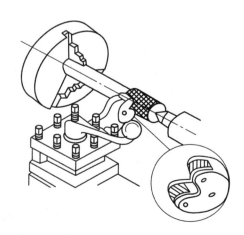

图2-37   在车床上滚花

任务 2　钻中心孔

对于较长的轴类零件的车削,通常是先车端面,然后在端面上钻出中心孔,以便用顶尖支撑后车外圆或继续加工。钻中心孔的刀具叫中心钻。

1. 中心孔的形式

中心孔的形状及钻中心孔的方法分别如图 2 – 38 和图 2 – 39 所示。中心孔的常用形式有:A 型(不带保护锥,图 2 – 38(a))、B 型(带保护锥,图 2 – 38(b))、C 型(带保护锥及螺纹,图 2 – 38(c))。

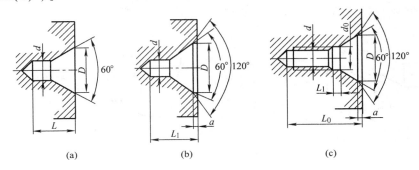

图 2 – 38　中心孔的形状
(a)A 型中心孔　(b)B 型中心孔　(c)C 型中心孔

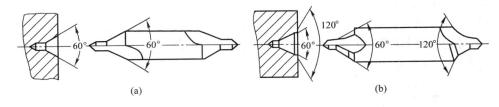

图 2 – 39　钻中心孔的方法
(a)A 型中心钻　(b)B 型中心钻

2. 钻中心孔的要领

中心孔的大小与工件直径大小和质量及工艺要求有关,国家标准规定了上述三种类型中心孔的具体尺寸及选择参考数据,其形式的选择主要是根据工艺要求确定。其锥面和锥尖顶角相等,一般为 60°。前面的小圆孔是为了保证顶尖与锥面的紧密接触,此外还可以存留少量的润滑油。双锥面的 120°锥面又叫护锥,其作用是保护 60°锥面,防止其被破坏而不能与顶尖紧密接触。另外,也便于在顶尖上加工轴的端面。

直径在 6 mm 以下的 A 型、B 型中心孔,通常用中心钻在车床或专用机床直接钻出。但钻中心孔前,一般应先将工件的前端面车平。钻中心孔的操作要领如下。

1)车床主轴选择较高的转速,通常在 800 r/min 以上(大直径轴除外)。

2)将中心钻通过钻夹头安装在尾座上。

3)尾座推到距工件适当的位置并紧固。

4)慢速、均匀地摇动尾座手轮,中心钻的轴向进给量应均匀,将中心钻钻入工件。注意应经常退出中心钻,以清除切屑,防止中心钻被卡断。

3. 中心钻折断的原因

1）端面没有车平有凸台,或中心钻没有能对准工件的旋转中心。

2）进给速度太快,用力过猛或主轴转速太低。

3）中心钻磨损严重或切屑堵塞。

4. 用双顶尖装夹轴类工件的步骤

（1）安装、校正顶尖

安装时,顶尖尾部锥面、主轴内锥孔和尾架套筒锥孔必须擦净,然后把顶尖用力推入锥孔内。校正时,可调整尾架横向位置,使前、后顶尖对准为止,如图2－40所示。如前、后顶尖不对准,轴将被车成锥体。

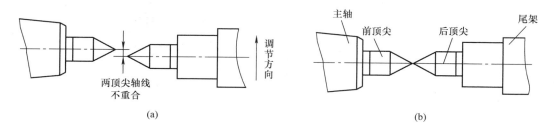

图2－40 校正顶尖
（a）调整两顶尖轴线 （b）调整后两顶尖轴线重合

（2）安装拨盘和工件

首先擦净拨盘的内螺纹和主轴的外螺纹,把拨盘拧在主轴上;再把轴的一端装上卡箍,拧紧卡箍螺钉;最后在双顶尖中安装工件,如图2－41所示。

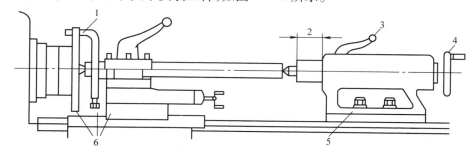

图2－41 用两顶尖安装工件
1—夹紧卡箍;2—调整套筒伸出长度;3—锁紧套筒;4—调节工件顶尖松紧;
5—将尾架固定;6—刀架移至车削行程左端,用手转动,检查是否会碰撞

5. 卡盘和顶尖配合装夹工件

由于双顶尖装夹刚性较差,因此车削轴类零件,尤其是较重的工件时,常采用"一夹一顶"装夹。为了防止工件轴向位移,须在卡盘内装一限位支撑（图2－42（a））或利用工件的台阶作限位（图2－42（b））。由于"一夹一顶"装夹刚性好,轴向定位准确,且比较安全,能承受较大的轴向切削力,因此应用广泛。

6. 心轴安装工件

盘套类零件的外圆相对孔的轴线常有径向跳动的公差要求,两个端面相对孔的轴线有

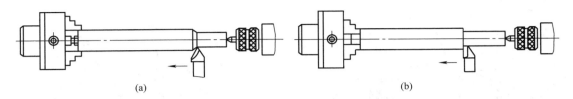

(a)   (b)

图 2 – 42 "一夹一顶"装夹工件

(a)采用限位支撑   (b)利用工件台阶限位

端面跳动的公差要求。如果有关表面无法在三爪卡盘的一次装夹中与孔一道精加工完成，则须在孔精加工后，再装到心轴上进行端面的精车或外圆的精车。作为定位面的孔，其尺寸精度不应低于 IT8 级，表面结构参数值不应大于 $Ra1.6\ \mu m$，心轴在前、后顶尖的安装方法与轴类零件相同。

心轴的种类很多，常用的有锥度心轴、圆柱心轴和可胀心轴，如图 2 – 43 所示。

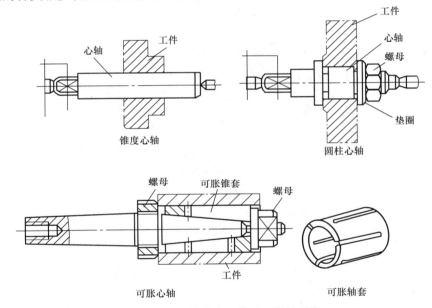

图 2 – 43 心轴装夹工件及心轴的种类

7. 中心架和跟刀架的应用

加工细长轴时，为了防止轴受切削力的作用而产生弯曲变形，往往需要用中心架或跟刀架。

中心架固定于床身上，其三个爪支撑于零件预先加工的外圆面上。图 2 – 44（a）所示是利用中心架车外圆，零件的右端加工完毕，掉头再加工另一端，一般多用于加工台阶轴。长轴加工端面和轴端的内孔时，往往用卡盘夹持轴的左端，用中心架支撑轴的右端来进行加工，如图 2 – 44（b）所示。

与中心架不同的是跟刀架固定于大刀架的左侧，可随大刀架一起移动，只有两个支撑爪。使用跟刀架需先在工件上靠后顶尖的一端车出一小段外圆，根据它来调节跟刀架的支撑，然后再车出零件的全长。跟刀架多用于加工细长的光轴。跟刀架的应用如图 2 – 45 所示。

应用跟刀架或中心架时，工件被支撑部分应是加工过的外圆表面，并要加机油润滑。工件的转速不能太高，以免因工件与支撑爪之间摩擦过热而烧坏或磨损支撑爪。

57

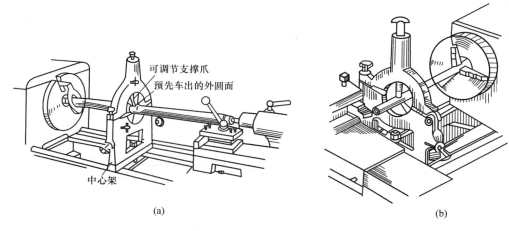

可调节支撑爪
预先车出的外圆面
中心架

(a)   (b)

图 2 - 44　中心架的应用
（a）用中心架车外圆　（b）用中心架车端面

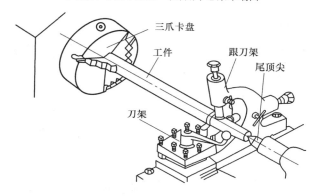

三爪卡盘
工件
跟刀架
尾顶尖
刀架

图 2 - 45　跟刀架的应用

课题四　　车成形面与锥面

【任务说明】

全面掌握成形面及锥面的车削方法。

➤拟学习的知识

- 了解成形面的车削方法。
- 锥度尺寸计算。
- 锥面的车削方法。

➤ 拟掌握的技能

- 掌握用普通外圆车刀车削成形面的操作技能。
- 掌握用小拖板转位法车锥面的操作技能。

一、任务描述

在车床上加工如图 2 - 46 所示的手柄。毛坯为 $\phi 22$ mm $\times 75$ mm 的 45 钢，完成时间为 90 min。

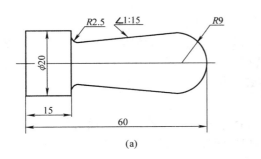
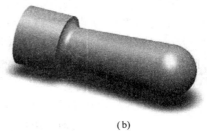

(a)   (b)

图 2 - 46   手柄

（a）零件图 （b）实物图

二、任务分析

图 2 - 46 所示手柄的右端为 $R9$ 的圆球,左端为 $\phi20$ mm 的圆柱,通过一段 1:15 的圆锥面及 $R2.5$ 的圆弧面连接。通过球面及圆弧面的车削训练,使学生全面掌握用双手同时操纵大拖板和中拖板的成形面切削进、退刀规律;通过圆锥面的车削训练,掌握锥度参数的计算方法及常用的车削方法及操作技能。

车削该零件的基本步骤:车外圆、端面→车球面→车锥面→车圆弧面。

三、相关知识

1. 车成形面的工艺方法

有些零件如手柄、手轮、圆球等,它们的表面不是平直的,而是由曲面组成,这类零件的表面叫做成形面(也叫特形面)。以下介绍 3 种成形面的加工方法。

（1）用普通外圆车刀车削成形面

首先用外圆车刀把工件粗车出几个台阶(图 2 - 47(a));然后根据成形表面的几何轮廓特征,用双手操作纵向、横向手柄,控制车刀作曲线(综合)进给,车掉台阶的峰部,再用精车刀按同样的方法进行该成形面的精加工(图 2 - 47(b));最后用样板检验其合格性(图 2 - 47(c))。一般需经多次反复测量修整,才能得到满意的质量。这种方法对操作技术要求较高,但不需要特殊的设备,生产中仍被普遍采用,但多用于单件、小批量生产。

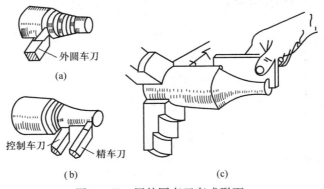

图 2 - 47   用外圆车刀车成形面

（a）粗车台阶 （b）车成形轮廓 （c）用样板检验

（2）用样板刀车成形面（成形法加工或宽刃加工）

车成形面用的样板刀的刀刃是曲线，该曲线完全模仿要加工的零件的表面轮廓，如图2-48所示。由于样板刀的刀刃不能太宽，且刃磨出的曲线形状也不十分准确，因此该法常用于加工形状比较简单、要求不高的成形面。

（3）用靠模法车成形面

图2-49所示为靠模法加工手柄的示意图。此时刀架的横向拖板与丝杠脱开，其前端的拉杆3上装有滚柱5。当大拖板纵向走刀时，滚柱5即在靠模4的曲线槽内移动，从而使车刀1随之作曲线移动，用小拖板控制切深，即可车出所需尺寸和形状的手柄2的成形面。该法操作简单、生产率高，因此多用于批量生产。

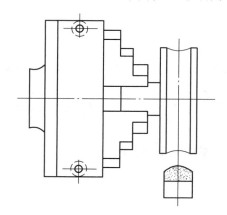

图2-48　用样板刀车成形面

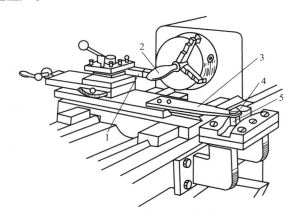

图2-49　用靠模法车成形面
1—车刀；2—手柄；3—拉杆；4—靠模；5—滚柱

同理，当靠模4为直槽时，将靠模4的槽扳转一定角度，即可用于车削锥面。

2. 车锥面的工艺方法

在现代工业生产中，除采用圆柱体与圆柱孔构成配合表面外，还广泛采用圆锥体与圆锥孔作为配合表面，如车床的主轴锥孔、顶尖、钻头和铰刀的锥柄等。这是因为圆锥孔的配合紧密、拆卸方便，且多次拆卸仍能保证良好的定心作用。

（1）圆锥各部分名称、代号及计算公式

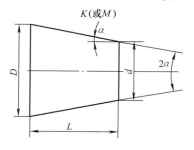

图2-50　圆锥体的主要尺寸

圆锥体和圆锥孔的各部分名称、代号及计算公式均相同，圆锥体的主要尺寸如图2-50所示。

大端直径　$D = d + 2L\tan\alpha$（L 为锥体长度）

小端直径　$d = D - 2L\tan\alpha$（L 为锥体长度）

锥度　$K = \dfrac{D-d}{L} = 2\tan\alpha$

斜度　$M = \dfrac{D-d}{2L} = \tan\alpha = K/2$

锥角为 2α，斜角为 α。

（2）车锥面的方法

车锥面的方法有4种，即小拖板转位法、偏移尾座法、宽刃加工法和靠模法。

Ⅰ. 小拖板转位法

如图 2 - 51 所示，根据零件的锥角 2α，将小拖板扳转 α 角并固定，通过操作小拖板手柄使车刀沿着该锥角的轨迹运动，即可车出锥度零件。

小拖板转位法的特点是操作简单、锥角调整范围大，特别适宜车削锥角很大的工件。但由于受小拖板行程短的限制，且不能自动走刀，所以只能加工长度不大的锥体零件，而且产品质量主要取决于工人的操作技能。

Ⅱ. 偏移尾座法

车削锥度不大且长度尺寸较大的工件时，多采用偏移尾座法。该法是将尾座偏移一个距离 S，使装夹的工件轴线与机床的主轴轴线相交的角度等于圆锥的斜角 α，如图 2 - 52 所示。

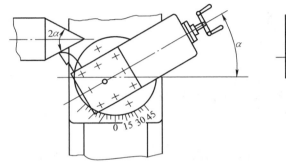

图 2 - 51　小拖板转位法

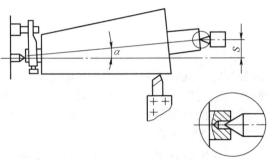

图 2 - 52　偏移尾座法

偏移尾座法的特点是能进行自动走刀，并适用于车削长度较大的外锥面，由于受到顶尖支撑的限制，不宜车削锥角大的工件和内锥面。

Ⅲ. 宽刃加工法

当圆锥面较短且精度要求不高时（无论内、外锥面），均可采用宽刃加工法直接车出锥度零件，如图 2 - 53 所示。

宽刃车刀的刀刃要平直，且与工件轴线相交一个夹角，其角度等于工件的斜角 α，由于参加切削的刀刃较长、切削力大，因此只能在机床和工件刚性较好的情况下才能使用。

Ⅳ. 靠模法

生产批量较大的圆锥面，可采用机械靠模法车锥面，靠模法车锥面（图2 - 54）与车成形面类似。靠模法加工质量好，生产率高，对操作技能要

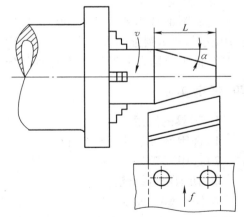

图 2 - 53　宽刃加工法

求不高，特别适合加工小锥角（$\alpha < 8°$）的长锥体，缺点就是需要专业用靠模板。

采用专用靠模工具进行锥体的车削加工，适用于成批量、小锥度、精度要求高的圆锥工件的加工。

（3）标准圆锥

在实际生产中，为了制造和使用的方便，把常用的刀具和工具的圆锥尺寸进行标准化。

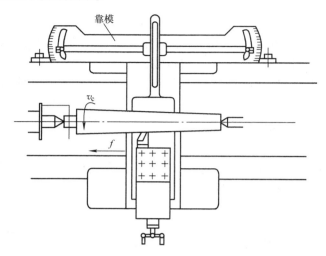

图 2 – 54　机械靠模法车圆锥

这种规定了几何参数的圆锥,叫做标准圆锥。标准圆锥的各部分尺寸可按照规定的几个号码来制造,使用时只要号码相同,就可以互换。标准圆锥已在国际上通用。

常用的标准圆锥有下列两种。

Ⅰ. 莫氏圆锥

莫氏圆锥在机械制造中应用较多,如车床主轴孔和尾座套筒锥孔以及各类钻头、铰刀、铣刀等刀具尾柄都广泛采用莫氏圆锥。莫氏圆锥按尺寸由小到大编号码,分为 0,1,2,3,4,5,6 共 7 个号码。莫氏圆锥的号码不同时,圆锥半角也不同。莫氏圆锥的各部分尺寸在一般机械工程手册上都可以查到。

Ⅱ. 公制圆锥

公制圆锥分为 4,6,80,100,120,140,160 和 200 号等 8 个号码,公制圆锥度固定为 1:20,号码表示圆锥的大端直径。如 80 号公制圆锥,它的大端直径即为 80 mm,便于记忆。公制圆锥半角均为 $1°25'56''$,其他各部分尺寸可查阅有关机械工程手册。

四、任务实施

1. 刀具的选用

1)选用偏刀车外圆及车锥面。

2)选用圆弧车刀车削球面及圆弧面。

2. 切削用量的选择

本任务车端面、外圆时选取切削用量为 $n = 450$ r/min, $a_p = 0.50$ mm, $f = 0.10$ mm/r。车圆弧面及球面时主轴转速不变,刀具的运动则由操作者两手分别控制大拖板、中拖板协调(独立)完成;车锥面时采用小拖板转位法(图 2 – 51),主轴转速不变。

3. 机床的调整

首先调整主轴箱手柄,选择主轴合适的主轴转速;然后调整进给箱手柄,选择正确的进给速度。

4. 装夹工件

本任务采用三爪卡盘装夹工件,右端外露足够长度(65 ~ 70 mm)。

5. 车削的工艺过程

车削成形面及锥面的工艺过程见表 2-8。

表 2-8　车削成形面及锥面的工艺过程

序号	工 序 图	工 序 内 容	注 意 事 项
1	65　φ20	车端面,车外圆至 φ20 mm×65 mm	1. 必须开动机床进行对刀; 2. 加强试切法的训练; 3. 车端面时应将刀台转一定角度并将端面车平
2	45　φ18	车外圆至 φ18 mm×45 mm	1. 车外圆时必须将刀台复位,以保证台阶面与外圆柱面的 90° 夹角; 2. 为达训练目的,取 $a_p = 0.5$ mm
3	R9	车球面至 R9 mm	1. 采用外圆偏刀并将刀尖磨成 R2.5 mm 的圆角,用该刀具不仅可以车球面,还可车削锥面; 2. 注意刀具的安装必须保证刀尖与机床轴线等高
4	∠1:15	车锥面(∠1:15)	1. 采用小拖板转位车锥面,小拖板角度转至 3.81°; 2. 注意刀具的装夹; 3. 注意锥度参数计算
5	R2.5	车圆弧面至 R2.5 mm 并与锥面相切	1. 采用圆弧车刀车削圆弧面; 2. 注意保证左端圆柱轴向尺寸

五、操作训练

1)工件的装夹训练。

2)外圆车刀的刃磨及安装训练。

3)车成形面训练。

4)车台阶面训练。

5)车外圆、车端面(注意加强开动机床进行对刀及试切法的训练)、钻中心孔训练。

6)车锥面训练。

六、评分标准

车成形面及锥面的评分标准见表 2 – 9。

表 2 – 9　车成形面及锥面的评分标准

序号	项目与技术要求	配分	检测标准	实测记录	得分
1	工件装夹及调整	10	装夹调整不正确扣 5 分		
2	刀具安装正确	10	准备工作不充分扣 2 分,刀具安装位置不合理扣 2 分,装刀不可靠不得分		
3	切削用量选择正确及机床调整正确	10	主轴转速调整不正确扣 5 分,进给调整不当扣 5 分		
4	对刀方法恰当	10	对刀方法不当,酌情扣分		
5	车端面	10	车端面方法不当,酌情扣分		
6	车外圆	10	车外圆方法不当,酌情扣分		
7	车圆球	20	车圆球面的方法不当不得分		
8	车锥面	10	车锥面的方法不当不得分		
9	质量检测	10	尺寸超差一处扣 2 分,球面与锥面过渡不佳扣 3 分,圆弧面 $R2.5$ 与锥面相切不佳扣 3 分,表面结构超差一处扣 2 分		
10	安全文明操作		违者每次扣 2 分		

课题五　切槽与切断

【任务说明】

掌握切槽与切断的基本方法。

➤ 拟学习的知识

● 切槽与切断的工艺方法。

➤ 拟掌握的技能

● 切断刀的刃磨与安装。

● 切槽与切断操作技能。

一、任务描述

在车床上加工如图 2 – 55 所示的带槽台阶轴。毛坯为 $\phi22$ mm × 50 mm 的 45 钢,完成时间为 60 min。

通过该零件的车削训练,重点掌握沟槽的车削工艺及操作方法。

二、任务分析

图 2 – 55 所示带槽台阶轴的结构特征是在一个台阶轴上切出 3 mm × 1.5 mm 的窄槽。为保证产品质量,该零件应在一次装夹中完成相关加工内容。

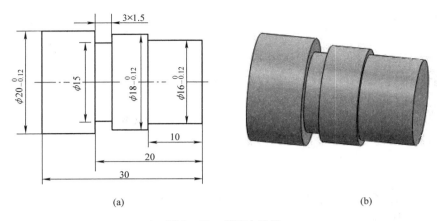

(a)　　　　　　　　　　　　　　(b)

图 2 - 55　带槽台阶轴

（a）零件图　（b）实物图

车削该零件的基本步骤:粗车阶梯轴→切槽→精车外圆。

三、相关知识

1. 切槽的工艺方法

切槽即用车削的方法在工件上加工沟槽的工艺过程,是车削加工的基本工艺方法之一,如图 2 - 56 所示。切槽用切槽刀进行,而槽的类型分为外槽、内槽和端面槽等。切外槽和端面槽的刀具与切断刀相似,一般可采用切断刀代替。而切内槽的刀具为专用刀具,可根据槽的宽度和深度来磨刀。

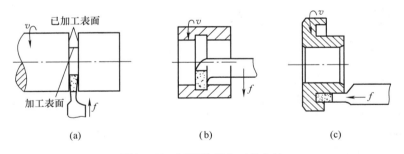

(a)　　　　　　　　　(b)　　　　　　　　　(c)

图 2 - 56　切槽的基本工艺方法

（a）切外槽　（b）切内槽　（c）切端面槽

65

根据槽的宽窄,切槽又可分为切窄槽和切宽槽两种。

（1）切窄槽

槽的宽度在 5 mm 以下的为窄槽。可以采用刀头宽度等于槽宽的切槽刀一次完成,采用直进法切槽,如图 2 - 57（a）所示(注意控制槽深)。

（2）切宽槽

槽的宽度在 5 mm 以上的为宽槽。可以采用左右借刀法（图 2 - 57（b））或采用分段多次切槽法（图 2 - 58）进行车削。一般采用先粗车后精车的方法进行车削,在精车时注意控制槽宽和槽深。

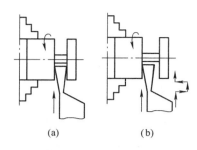

(a)　　　　(b)

图 2-57　切槽(断)方法

(a)直进法　(b)左右借刀法

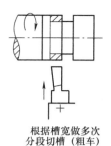

根据槽宽做多次
分段切槽(粗车)

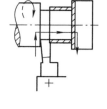

最后一刀横向进给
后再纵向进给(粗车)

图 2-58　切外宽槽的方法

外槽宽度和深度的测量方法如图 2-59 所示,即用游标卡尺测量槽宽,用外径千分尺测量槽深,也可采用卡钳与钢直尺配合测量。

2. 切断刀

高速钢切断刀的角度如图 2-60 所示。前刀面通常采用较大的圆弧面,以使排屑通畅。切钢件时前角为 20°～30°,切铸铁时前角为 5°～10°,副偏角为 1°～1.5°,副后角为 2°左右,主后角为 8°～12°,刃倾角为 3°,刀头宽度为 3～5 mm。如果刀头的宽度 a 过大易引起振动而且浪费材料,刀头的宽度 a 过小则刀头容易折断。

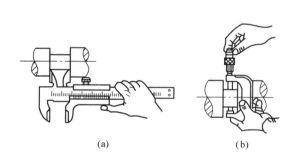

(a)　　　　　　(b)

图 2-59　外槽宽度和深度的测量

(a)用游标卡尺测量槽宽　(b)用外径千分尺测量槽深

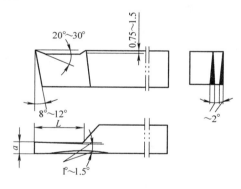

图 2-60　高速钢切断刀

3. 切断的工艺方法

切断就是把坯料(或工件)切成两段(或数段)的工艺过程,往往用于将长的棒料按尺寸要求进行下料,或是将已加工完毕的工件从材料上切下来。

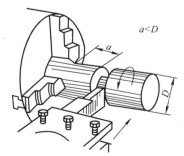

图 2-61　在车床上进行切断

切断方法可分为直进法和左右借刀法两种,如图 2-57 所示。直进法常用于切脆性材料,如铸铁件。左右借刀法则用于切塑性材料,如钢件。

切断操作如图 2-61 所示。工件的切断处应距卡盘近些,通常要求切断刀距离卡盘端面距离要小于切断处直径,以免刚性不够引发振动,要避免在顶尖附近进行切断。

4. 切断操作的注意事项

(1)正确安装切断刀

1)刀头部分不宜伸出过长,刀杆轴线必须与机床主轴轴线垂直(以保证两副偏角对称),且刀尖与机床主轴轴线等高(可略高),否则车刀切进后会由于偏斜而产生扎刀或折断车刀。

2)切断刀底部要垫平,以保证刀具工作角度的正确性,否则会产生角度的变化而影响切断工作,严重时也会折断车刀。

(2)选用合适的进给量

进给量的大小要根据工件材料和刀具材料来决定。例如,用高速钢切断刀切钢件时,选取 $f=0.05\sim0.1$ mm/r;用硬质合金切断刀切钢件时,则选取 $f=0.1\sim0.2$ mm/r。手动进给时一定要均匀,即将切断时,需放慢进给速度,以免扎刀或折断刀头。

四、任务实施

1. 刀具的选用

根据图 2-55 所示零件的结构特点,选用偏刀车端面及外圆,刀具材料为高速钢,刀具形状参数如图 2-60 所示。

2. 切削用量的选择

本任务车外圆时选用的切削用量为 $n=500$ r/min,$a_p=0.50$ mm,$f=0.10$ mm/r;切槽时转速不变,仍为 $n=500$ r/min,而进给量取 $f=0.05\sim0.10$ mm/r。

3. 机床的调整

首先调整主轴箱手柄,选择主轴合适的主轴转速;然后调整进给箱手柄,选择正确的进给速度。

4. 装夹工件

本任务采用三爪卡盘装夹外圆,并保证毛坯外露尺寸不少于 40 mm。

5. 工艺过程

切槽与切断的工艺过程见表 2-10。

表 2-10　切槽与切断的工艺过程

序号	工　序　图	工　序　内　容	注　意　事　项
1	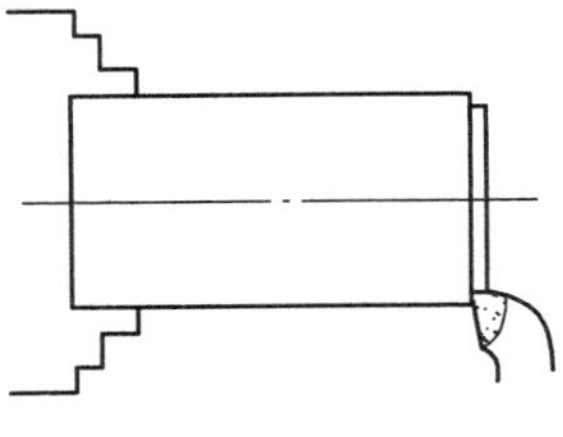	对刀及车端面	1. 必须开动机床进行对刀; 2. 加强试切法的训练; 3. 车端面时应将刀台转一定角度并将端面车平
2	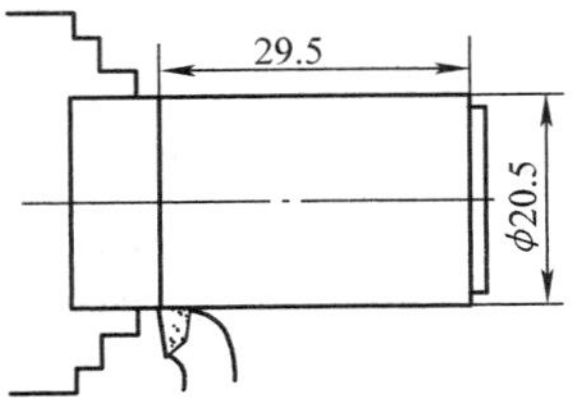 29.5　$\phi20.5$	粗车外圆至 $\phi20.5$ mm × 29.5 mm	1. 车外圆时必须将刀台复位,以保证端面与外圆柱面间的90°夹角; 2. 为达到练习目的,取 $a_p=0.5$ mm

序号	工 序 图	工 序 内 容	注 意 事 项
3	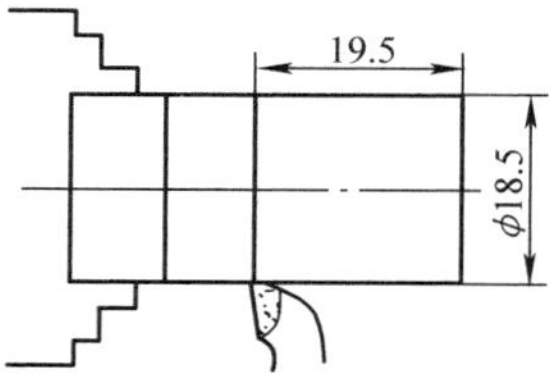	粗车外圆至 $\phi18.5$ mm × 19.5 mm	注意长度尺寸的测量及控制
4	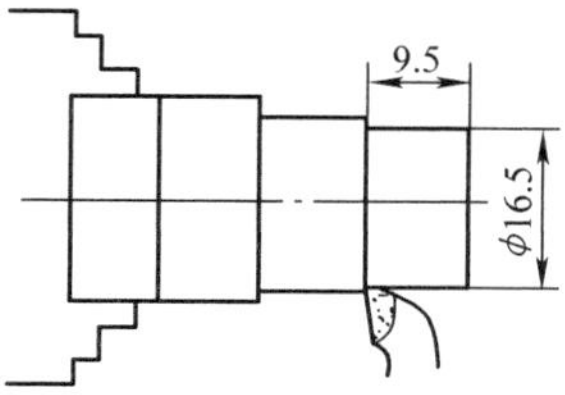	粗车外圆至 $\phi16.5$ mm × 9.5 mm	注意长度尺寸的测量及控制
5	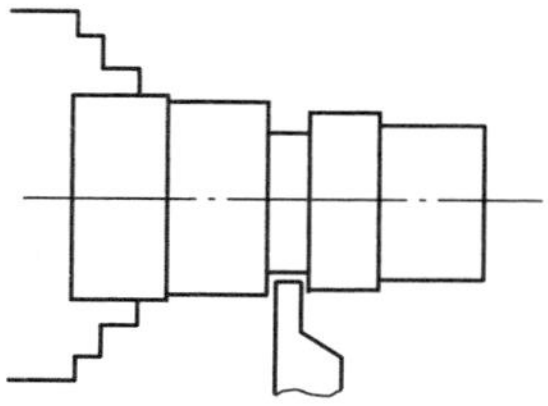	切槽	1. 槽宽由刀具保证,采用直进法切槽; 2. 槽深通过测量直径 $\phi15$ mm 保证; 3. 切槽刀的安装如图所示
6	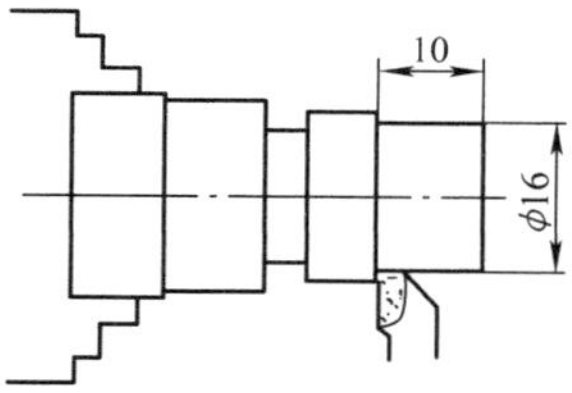	精车外圆至 $\phi16$ mm × 10 mm	精车外圆时,在保证直径及长度尺寸的前提下,应先退中拖板,再退大拖板,以保证台阶面与外圆柱面间的90°夹角
7	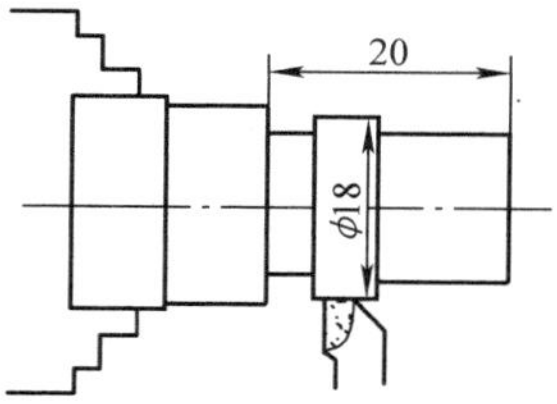	精车外圆至 $\phi18$ mm	精车外圆时,在保证直径及长度尺寸的前提下,应先退中拖板,再退大拖板,以保证台阶面与外圆柱面间的90°夹角
8	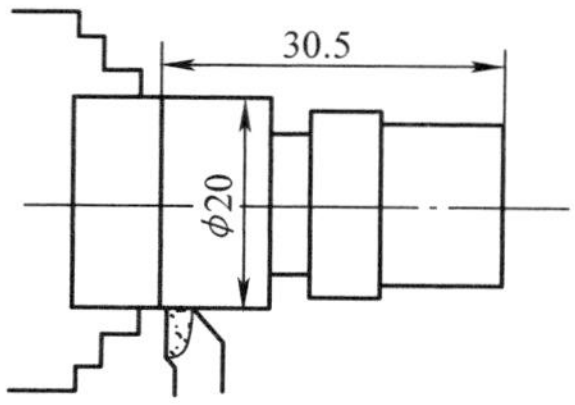	精车外圆至 $\phi20$ mm × 30.5 mm	精车外圆时,在保证直径及长度尺寸的前提下,应先退中拖板,再退大拖板,以保证台阶面与外圆柱面间的90°夹角

序号	工 序 图	工序内容	注意事项
9	30.5	切断	1. 控制总长不小于 30.5 mm； 2. 采用直进法切断； 3. 注意控制中拖板的进给量应适量及均匀，即将切断时，需放慢进给速度，以免扎刀或折断刀头
10		掉头车端面并控制总长	车端面时通过控制 $\phi 20$ mm 外圆的长度尺寸以保证总长

五、操作训练

1）切断刀的刃磨与安装。

2）切窄槽（外槽）训练，注意控制槽的位置和槽的尺寸（槽宽和槽深）。

3）切宽槽（外槽）训练，注意方法的训练，并控制槽的位置和槽的尺寸。

六、评分标准

切槽及切断的评分标准见表 2 – 11。

表 2 – 11　切槽及切断的评分标准

序号	项目与技术要求	配分	检测标准	实测记录	得分
1	工件装夹及调整	10	装夹调整不正确扣 5 分		
2	刀具安装正确	10	准备工作不充分扣 2 分，刀具安装位置不合理扣 2 分，装刀不可靠不得分（重点检查切断刀的安装）		
3	切削用量选择正确及机床调整正确	10	主轴转速调整不正确扣 5 分，进给调整不当扣 5 分		
4	对刀方法恰当	10	对刀方法不当，酌情扣分		
5	车端面	10	车端面方法不当，酌情扣分		
6	车外圆	10	车外圆方法不当，酌情扣分		
7	切槽	10	切槽方法不当不得分		
8	切断	10	切断方法不当不得分		
9	质量检测	20	尺寸超差一处扣 2 分，表面结构超差一处扣 2 分		
10	安全文明操作		违者每次扣 2 分		

69

课题六　车内孔(镗孔)

【任务说明】

全面掌握车削内孔(镗孔)的工艺方法,学会车内孔(镗孔)。

➤ 拟学习的知识

● 车削内孔(镗孔)的工艺方法。

➤ 拟掌握的技能

● 选用、安装镗孔刀。

● 车削内孔(镗孔)的操作技能。

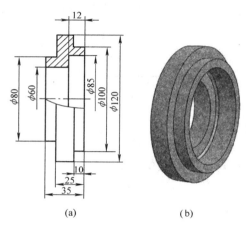

图 2 - 62　端盖
（a）零件图　（b）实物图

一、任务描述

在车床上加工图 2 - 62 所示端盖零件的 $\phi85$ mm、$\phi60$ mm 阶梯孔。材料为灰口铸铁,完成时间为 60 min。

二、任务分析

图 2 - 62 所示端盖的结构特征是内有阶梯孔。为保证产品质量,该零件应在一次装夹(采用反爪或正爪)中完成端面、外圆及阶梯孔的加工,首先粗车,然后精车。

三、相关知识

1. 孔的加工方法

用车削方法扩大工件的孔或加工空心工件的内表面的工艺过程称为车内孔,又称镗孔。通常是将锻造、铸造或钻出的孔做进一步的加工。在现代工业生产中,孔的加工方法很多,在车床上可进行钻孔、扩孔、铰孔和镗孔。

（1）钻孔

利用钻头将工件钻出孔的方法称为钻孔。通常在钻床或车床上钻孔。钻孔的精度较低,尺寸公差等级在 IT10 级以下,表面结构为 $Ra6.3$ μm。因此,钻孔往往是车孔(镗孔)、扩孔和铰孔的预备工序。

在车床上钻孔,不需划线,易保证孔与外圆的同轴度及孔与端面的垂直度。车床上钻孔的方法如图 2 - 63 所示,其操作步骤如下。

1)车端面。钻中心孔时便于钻头定心,可防止孔钻偏。

2)装夹钻头。锥柄钻头直接装在尾架套筒的锥孔内;直柄钻头装在钻夹头内,把钻夹头装在尾架套筒的锥孔内。钻头要擦净后再装入。

3)调整尾架位置。松开尾架与床身的紧固螺栓螺母,移动尾架,使钻头能进给至所需长度,固定尾架。

4)开车钻削。松开尾架套筒手柄(但不宜过松),开动车床,均匀地摇动尾架套筒手轮

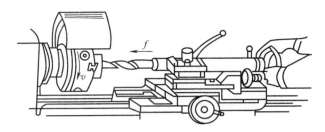

图 2 - 63　在车床上进行钻孔

钻削。刚接触工件时,进给要慢些;切削中要经常退回,以便排屑;将要钻透时,进给也要慢些,退出钻头后再停车。

一般直径在 30 mm 以下的孔可用麻花钻直接在实心的工件上钻出孔。若直径大于 30 mm,则先用 ϕ30 mm 以下的钻头钻孔后,再用所需尺寸钻头扩孔。

（2）扩孔

扩孔就是把已用麻花钻钻好的孔再扩大到所需尺寸的加工方法。一般单件、低精度的孔,可直接用麻花钻扩孔;精度要求高、成批加工的孔,可用扩孔钻扩孔。扩孔钻的刚度比麻花钻大,进给量可适当加大,生产率高。

（3）铰孔

铰孔是利用定尺寸多刃刀具,高效率、成批精加工孔的方法,"钻—扩—铰"联用是孔精加工的典型方法之一,多用于成批生产或单件、小批量生产中细长孔的加工。

（4）镗孔

镗孔时,要求保证工件的孔与外圆的同轴度、孔与端面的垂直度及两端面的平行度。在车削加工过程中,除保证尺寸公差和表面结构要求外,上述要求一般均需同时满足。因此,在镗孔加工中,能够一次装夹完成全部加工,就不要多次装夹。图 2 - 64 所示的套筒车削加工即具有这样的特点,俗称"一刀落"加工。如果确实需要两次或两次以上装夹才能完成加工,必须做好工件的校正工作,否则难以保证加工质量。

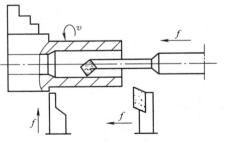

图 2 - 64　套筒的"一刀落"加工

镗孔的方法在操作上与车外圆基本相同,但横向进刀和退刀的方向相反,根据内孔的不同,镗孔又分为镗通孔和镗盲孔,如图 2 - 65 所示。由于镗孔时排屑困难,测量尺寸不方便,难度比外圆车削更大,特别是深孔加工。图 2 - 66 所示为镗孔时控制孔深的简单方法。

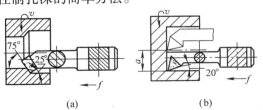

　　（a）　　　　　　（b）

图 2 - 65　在车床上进行镗孔
（a）镗通孔　（b）镗盲孔

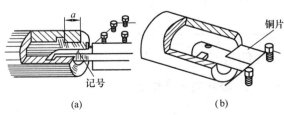

　　（a）　　　　　　（b）

图 2 - 66　控制镗孔深度的方法
（a）做长度记号　（b）放置铜片控制长度

在车床上镗孔时，一般尺寸公差等级为 IT8 ~ IT11 级，内孔表面结构为 $Ra1.6 ~ 6.3$ μm 的工件；精车时，公差等级可达 IT7 ~ IT8 级，表面结构可达 $Ra1.6 ~ 3.2$ μm。

2. 孔径的测量

精度较高的孔径，可用游标卡尺测量；高精度的孔径则用内径千分尺或内径百分表测量，如图 2 – 67(a)所示。对于大批量生产或标准孔径，可用塞规检验，如图 2 – 67(b)所示。光滑塞规是一种用来测量工件内尺寸的精密量具，光滑塞规做成最大极限尺寸和最小极限尺寸两种。它的最小极限尺寸一端叫做通端，最大极限尺寸一端叫做止端，在测量中通端塞规应通过小径，且止端塞规则不应通过小径，说明工件的孔径合格。这是内孔尺寸和形状的综合测量方法。

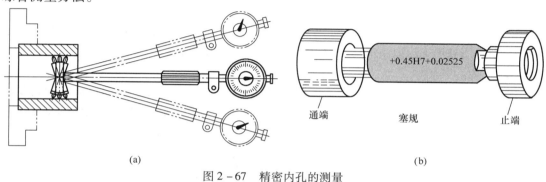

(a)   (b)

图 2 – 67　精密内孔的测量

(a)内径百分表测量　(b)塞规

3. 车内孔缺陷原因及预防措施

车内孔缺陷的原因及预防措施见表 2 – 12。

表 2 – 12　车内孔产生废品的原因和预防措施

废品种类	产 生 原 因	预 防 措 施
内孔不圆	1. 主轴轴承间隙过大； 2. 加工余量不均匀； 3. 夹紧力太大，工件变形	1. 调整机床的间隙； 2. 分粗车与精车； 3. 改变装夹方法
内孔有锥度	1. 工件没有找正中心； 2. 刀杆刚性差，加工时产生让刀； 3. 机床主轴轴线歪斜； 4. 刀具加工时磨损	1. 仔细找正工件； 2. 增加刀杆的刚性； 3. 校正； 4. 选择合适的刀具，减小切削速度
内孔表面粗糙	1. 切削用量选择不当； 2. 刀具几何角度不合理； 3. 刀具产生振动； 4. 刀尖低于工件中心线	1. 选择合理的切削用量； 2. 合理选择车刀的几何角度； 3. 加粗刀杆，降低切削速度； 4. 刀尖略高于工件中心线

四、任务实施

1. 镗孔刀的选用与安装

(1)镗孔刀的选用

常用的镗孔刀按加工性质分为通孔镗刀和盲孔镗刀两种。通孔镗刀主要用于加工通孔，其主偏角较大，一般为45° ~ 75°，副偏角为 20° ~ 45°。盲孔镗刀主要用于加工盲孔，也可用于加工通孔,其主偏角更大,通常大于90°,刀尖在刀杆的最前端,从刀尖到刀杆背面的距离只能小于孔径的一半,否则无法车平盲孔的底平面。

（2）镗孔刀的安装

镗孔刀的安装如图2-68所示,图2-69所示为镗孔刀在孔内的示意图。

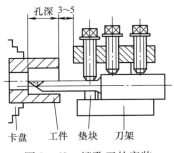

图2-68 镗孔刀的安装

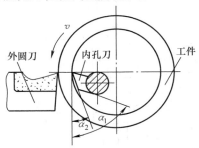

图2-69 镗孔刀在孔内

安装镗孔刀时,刀尖的高度应与工件中心(即机床主轴轴线)等高。由于镗孔时镗刀的吃刀方向与车外圆相反,所以粗车时刀具可以略装低些,使其前角增大便于切削,精车时刀具可以略装高些,使其后角增大而避免产生扎刀现象。

由于镗孔刀的刚性很差,容易产生变形与振动,所以镗孔刀伸出长度应尽可能短些,但不得小于工件孔深,保证镗孔刀伸出长度大于孔深3～5 mm。刀杆轴线应与机床轴线大致平行,刀头部分可略向操作者方向偏斜一些。在开车前先在毛坯孔内试走一遍(手动,不吃刀),进行调整后,确认不妨碍车刀工作,才能开车车削。

根据图2-62所示零件的结构特点,选用偏刀车端面及外圆;选用图2-65(b)所示盲孔镗刀进行镗孔加工,刀具材料为高速钢。

2. 切削用量的选择

本课题车外圆及镗孔时所选用的切削用量相同,即 $n = 100$ r/min,$a_p = 0.50$ mm,$f = 0.10$ mm/r。

3. 机床的调整

首先调整主轴箱手柄,选择主轴合适的主轴转速;然后调整进给箱手柄,选择正确的进给速度。

4. 装夹工件

本课题仍采用三爪卡盘装夹左端 $\phi 80$ mm 外圆。

5. 车削的工艺过程

车内孔的工艺过程见表2-13。

表2-13 车内孔的工艺过程

序号	工 序 图	工 序 内 容	注 意 事 项
1		对刀及车端面	1. 必须开动机床进行对刀; 2. 加强试切法的训练; 3. 车端面时应将刀台转一定角度并将端面车平(从中心向外车削端面)

序号	工 序 图	工 序 内 容	注 意 事 项
2	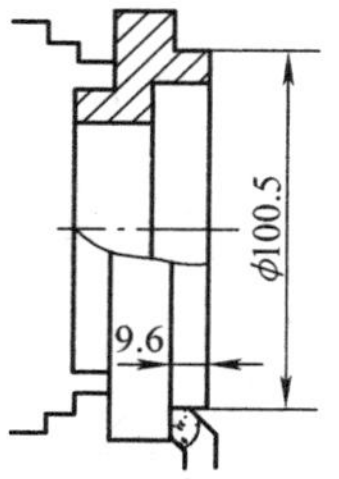	粗车 φ100 mm 外圆至 φ100.5 mm × 9.6 mm	此时应将刀台复位,以保证车外圆的同时,将其左端面车平
3	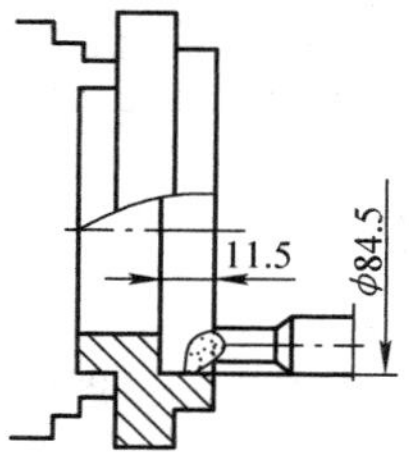	粗镗 φ85 mm 阶梯孔至 φ84.5 mm × 11.5 mm	1. 选用盲孔镗刀,按要求进行镗刀的安装(见图 2 - 68); 2. 镗阶梯孔时注意控制孔深及孔径; 3. 注意中拖板的退刀方向(以保证端面与孔的轴线的垂直度)
4	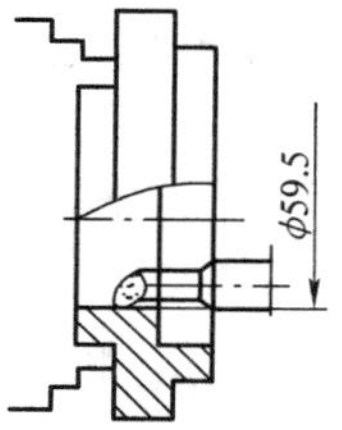	粗车 φ60 mm 通孔至 φ59.5 mm	注意孔径的测量及内径量表的调整与使用
5	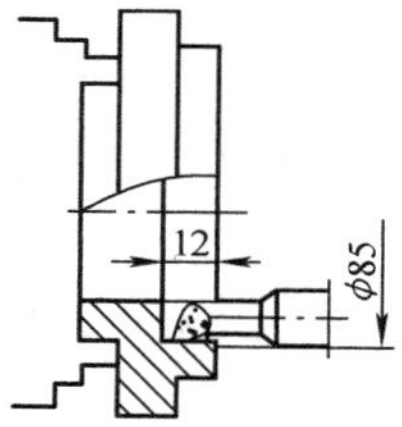	精镗 φ85 mm 阶梯孔至 φ85 mm × 12 mm	注意孔径的测量及内径量表的调整与使用
6	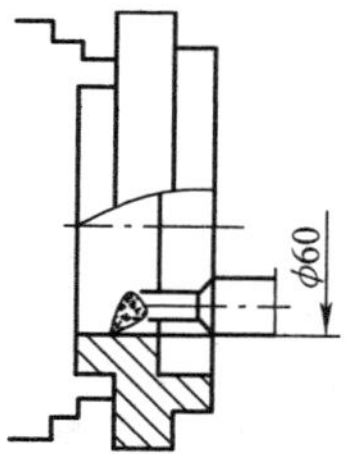	精镗 φ60 mm 通孔	注意孔径的测量及内径量表的调整与使用
7	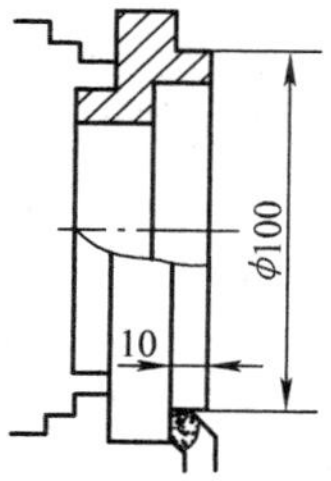	精车 φ100 mm 外圆至 φ100 mm × 10 mm	在保证外圆直径和长度尺寸的同时,通过中拖板的退刀,将其左端面车平

五、操作训练

1）镗孔刀的刃磨与安装。

2）孔尺寸的测量。

3）钻孔训练。

4）镗通孔加工训练。

5）镗盲孔加工训练。

六、评分标准

镗孔的评分标准见表 2 - 14。

表 2 - 14 镗孔的评分标准

序号	项目与技术要求	配分	检测标准	实测记录	得分
1	工件装夹及调整	10	装夹调整不正确扣 5 分		
2	刀具安装正确	10	准备工作不充分扣 2 分,刀具安装位置不合理扣 2 分,装刀不可靠不得分(重点检查镗刀的安装)		
3	切削用量选择正确及机床调整正确	10	主轴转速调整不正确扣 5 分,进给调整不当扣 5 分		
4	对刀方法恰当	10	对刀方法不当,酌情扣分		
5	车端面	10	车端面方法不当,酌情扣分		
6	车外圆	10	车外圆方法不当,酌情扣分		
7	镗孔	20	镗孔方法不当不得分		
8	质量检测	20	尺寸超差一处扣 2 分,表面结构超差一处扣 2 分		
9	安全文明操作		违规每次扣 2 分		

课题七 车螺纹

【任务说明】

全面掌握螺纹车削的工艺方法,学会车螺纹。

➢ 拟学习的知识

• 车削螺纹时机床的运动规律及调整方法。

• 普通螺纹几何参数的计算及质量控制。

➢ 拟掌握的技能

• 螺纹车刀的刃磨与安装。

• 螺纹车削的操作技能。

一、任务描述

在车床上加工如图 2 - 70 所示的螺纹轴。毛坯为 $\phi22$ mm × 55 mm 的 45 钢,完成时间为 120 min。

二、任务分析

图 2 - 70 所示螺纹轴的结构特征是在阶梯轴的一端加工 M16×1.5 的普通螺纹。为保证产品质量,该零件应在一次装夹中首先完成阶梯轴的加工(先粗车,后精车),然后车削螺纹(车削螺纹之前还应先切槽)。

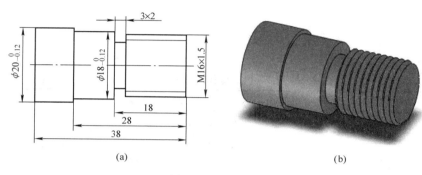

（a）   （b）

图 2 - 70 螺纹轴
（a）零件图   （b）实物图

三、相关知识

螺纹的种类很多,按制式可分为普通(米制)螺纹和英制螺纹,按牙型可分为三角形螺纹、矩形螺纹、梯形螺纹等数种,如图 2 - 71 所示。在车床上能车制各种螺纹。普通螺纹应用最广,其牙型为三角形,牙型角为 60°,用 D 和 d 分别代表内、外螺纹的公称直径,P 表示螺纹的螺距。车螺纹的基本技术要求是要保证螺纹的牙型和螺距的精度,并使相配合的螺纹具有相同的螺纹中径。

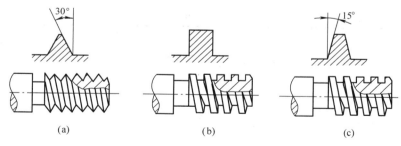

（a）   （b）   （c）

图 2 - 71 螺纹的种类
（a）三角形螺纹 （b）矩形螺纹 （c）梯形螺纹

1. 普通三角形螺纹的截面形状

普通三角形螺纹各部分名称及尺寸见表 2 - 15。

在车床上加工三角形螺纹是车削加工的主要工艺内容之一。当螺纹螺距、大径尺寸均较小时,可以用攻螺纹或套螺纹的方法加工螺纹零件。但在车床上加工螺纹仍是螺纹加工的主要方法,下面以车削三角形外螺纹为例,说明车削螺纹的操作要点。

表2-15　普通(米制)三角形螺纹的基本牙型、尺寸及车螺纹时主要尺寸的计算

示意图	相关尺寸及切削参数
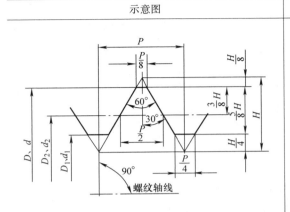	1. 牙型角:$\alpha = 60°$ 2. 原始三角形高度:$H = \dfrac{P}{2}\cot\dfrac{\alpha}{2} = 0.866P$ 3. 削平高度:外螺纹牙顶和内螺纹牙底均在$H/8$处削平,外螺纹牙底和内螺纹牙顶均在$H/4$处削平 4. 牙形高度:$h_1 = H - \dfrac{H}{8} - \dfrac{H}{4} = \dfrac{5}{8}H = 0.541\,3P$ 5. 大径:$d = D$(公称直径) 6. 中径:$d_2 = D_2 = d - 2 \times \dfrac{3}{8}H = d - 0.649\,5P$ 7. 小径:$d_1 = D_1 = d - 2 \times \dfrac{5}{8}H = d - 1.082\,5P$
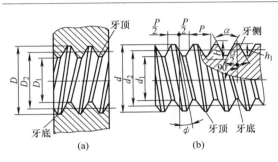 (a)　　　　(b)	1. 背吃刀量:$a_p = (0.54 \sim 0.65)P$ 2. 外螺纹大径:$d = D$ 3. 内螺纹小径:$D_1 = D - 1.08P$ 4. 螺纹升角ψ:$\tan\psi = L/\pi d_2$

2. 车螺纹时机床的调整

在车床上车削单头螺纹的实质就是使车刀的进给量等于工件的螺距,即工件转一周,车刀准确地移动一个工件的螺距(多头螺纹为一个导程)。这种关系是靠调整机床的传动关系来实现的,其传动过程如图2-72所示。即每当工件转动一周,车刀沿工件轴线方向往左(或往右)移动一个螺距的距离。实现这种传动要求的方法称为机床调整。车床上的进给箱和挂轮箱上都有铭牌指示,按照铭牌上所指示的手柄位置和齿轮组合,即可实现车螺纹的机床调整。

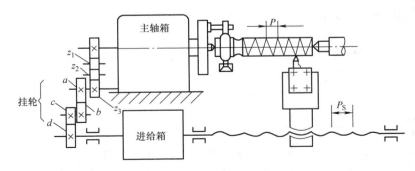

图2-72　车螺纹时机床的传动调整示意图

车削螺纹时要用车床的丝杠传动,调整时,首先通过手柄将丝杠接通,再根据工件的螺距或导程,按车床铭牌上所示的手柄位置变换挂轮箱中的挂轮(a、b、c、d)的齿数及进给箱

的各手柄的位置。调整三星齿轮(z_1、z_2、z_3)的啮合位置,可车削右旋或左旋螺纹。

3. 螺纹车刀的刃磨与安装

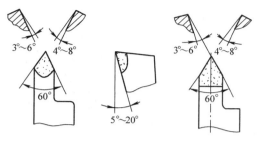

图 2 - 73 三角螺纹车刀的几何角度

图 2 - 73 所示为三角螺纹车刀的几何角度示意图。车刀刀头切削部分的形状必须与螺纹牙型一致,对于三角螺纹,其牙型角分公制和英制,公制为 60°,英制为 55°,这是刀具刃磨的主要角度。

螺纹车刀的刃磨,要根据加工性质选用合适的前角和后角。其原则是:粗加工时,前角取较大值,而后角取较小值;精加工时相反(常取前角 $\gamma_o = 0°$)。两条刀刃应磨成直线,刀尖角大小应与牙型角相等。

车刀刃磨好后,对刀也很重要,一般采用角度样板对刀,如图 2 - 74 所示。刀尖的高度应与工件轴线等高,刀尖角的角平分线应与工件轴线垂直,否则将产生"倒牙"现象(即牙型的左半角 ≠ 右半角),如图 2 - 75 所示。

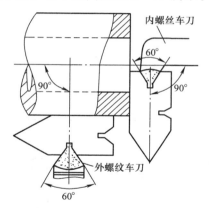

图 2 - 74 用角度样板对刀

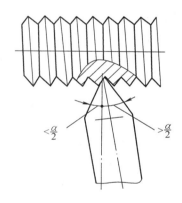

图 2 - 75 车刀歪斜产生"倒牙"

车刀伸出的长度约为刀杆厚度的 1.5 倍,一般为 20 ~ 25 mm。过短不易观察到车削情况,过长则会引起振动而影响切削质量。

4. 车削螺纹的工艺方法

(1)操作步骤

以车削右旋外螺纹为例,预先应将需车削螺纹的部位加工至外螺纹的大径尺寸,随后进行螺纹车削,操作步骤见表 2 - 16。

表 2 - 16 车螺纹的操作过程

序号	示 意 图	操作内容	序号	示 意 图	操作内容
1		对刀:开车,使车刀与工件轻微接触,记下刻度盘读数,向右移出车刀	2		试切:合上开合螺母,在工件表面上车出一条螺纹线,横向退出车刀,停车

序号	示　意　图	操作内容	序号	示　意　图	操作内容
3		检查:开反车使车刀退到工件右端,停车,用钢直尺检查螺距是否正确	5		快速退刀:车刀将至行程终了时,先快速退出车刀,然后停车,开反车退回车刀
4		车削螺纹:利用刻度盘调整背吃刀量,开车切削,车钢料时,加切削液	6		继续切深:再次横向送进,继续切削,其切削过程的路线如图所示,直至螺纹加工完成

　　若需车削左旋螺纹,只需改变进刀位置和方向即可。进刀位置由原来从尾座方向进刀向床头方向车削,改为由床头方向进刀向尾座方向车削即可,其操作方法与车削右旋螺纹相同。

　　车内螺纹的方法与车外螺纹相似。先车出内螺纹的毛坯孔,其尺寸等于该内螺纹的小径,再车内螺纹。但必须注意其进退刀的方向与车外螺纹时相反。

　　(2)螺纹车削中的进刀方法

　　螺纹车削是一种多刀切削的过程,恰当地选择进刀方法,可以减小切削力和走刀次数,达到提高工效和产品质量的目的。常用的螺纹车削中的进刀方法有直进法、斜进法和左右进刀法三种。

　　Ⅰ. 直进法

　　直进法(又称成形法,图2-76(a))中车刀作垂直进给切入工件,由中拖板的刻度盘控制切入深度,然后往返重复车削,直至螺纹加工完成。

　　直进法操作简单,牙型清晰,加工质量较高。但由于车削时两侧刀刃同时参加切削,切削力大,排屑困难,刀尖容易磨损,所以一般只用于加工螺距较小的螺纹或加工脆性材料的螺纹。

　　Ⅱ. 斜进法(图2-76(b))

　　当第一刀垂直进给切削后,随后就沿着牙型的左面或右面逐步切入。其切深由中拖板手柄控制横向切入量,小拖板手柄控制纵向进给量,使每次切削只有一侧刀刃参加切削,直至螺纹全部成形。

　　斜进法由于是单刀切削,车刀受力情况得到改善,排屑顺畅,切削表面光洁,刀尖不易损坏,但其操作复杂,牙型误差不易控制,所以适用于螺纹的粗车和大螺距螺纹的加工。

　　Ⅲ. 左右进刀法(图2-76(c))

　　在普通车床上,这种方法是用横拖板刻度控制螺纹车刀的垂直进给——用小拖板的刻度控制车刀左右的微量进刀。当螺纹接近切成时,要用螺母或螺纹量规检查螺纹尺寸和加工精度是否合格。这种方法操作方便,因为也是单刀切削,所以排屑顺畅,而且还不易扎刀,因此应用较广。

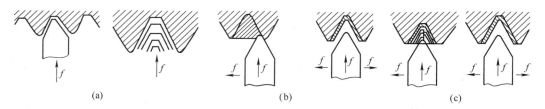

图 2-76　螺纹车削的进刀方法
(a)直进法车三角螺纹　(b)斜进法车三角螺纹　(c)左右进刀法车三角螺纹

当螺纹精度要求很高(或大螺距)时,可以首先采用斜进法或左右进刀法粗车,再用直进法精车1~2刀,这样加工既可保证产品质量,又可提高工效。

(3)三角螺纹的车削方法

Ⅰ.提开合螺母法

此法适用于螺距能被车床丝杠螺距整除的螺纹,否则会产生乱牙。

操作方法:启动车床,螺纹车刀在工件外圆表面对刀后,移动车刀至工件的起点位置,横向进给后(第一刀0.5 mm左右,以后随进给次数的增加逐渐减少),合上开合螺母纵向进给。在螺纹达到设计长度后迅速拉开开合螺母,使刀架与丝杠脱离,再纵向退刀至螺母起点。重复横向进刀,再合上开合螺母,继续第二次进给,如此往复车削至螺纹完成。

Ⅱ.开倒顺车法

在车削螺纹中,退刀时不打开开合螺母,采用开倒顺车机动退刀。采用此方法,车刀与工件的位置始终对应,不会发生乱牙。

操作方法:启动车床,螺纹车刀在工件外圆表面对刀后,移动车刀至工件的起点位置,横向进给后(第一刀0.5 mm左右,以后随进给次数的增加逐渐减少),合上开合螺母纵向进给。第一次进给结束后,不提开合螺母,而是摇中滑板使车刀径向退出离开工件表面,同时左手压下操纵杆使主轴反转。此时丝杠反转,开合螺母带动刀架纵向退回到第一刀开始起刀的位置,然后中滑板进给,再开顺车走第二刀,这样反复来回直至螺纹车削完成。

Ⅲ.中途对刀法

在车螺纹时,如果遇到中途换刀或刀具刃磨须重新对刀,首先选择低速,合上开合螺母,车刀不切入工件,主轴正转,待车刀移至工件表面,移动小滑板使车刀刀尖完全对准已加工的螺纹牙槽中间,记住中滑板的刻度值,退刀,再开始继续车削螺纹。

无论哪种方法,车螺纹时都需恰当地使用切削液,以降低切削温度,提高刀具耐用度。一般采用高浓度(10%以上)的乳化液和含油添加剂的切削液为宜,精度需求很高时,要采用菜籽油、豆油等作为润滑液才能达到高精度要求。

(4)切削用量的选择原则

车削螺纹时切削用量的选择,主要是指背吃刀量和切削速度的选择,应根据工件材料的螺距大小以及所处的加工位置等因素来决定。选择切削用量的原则如下。

1)根据车削要求选择。前几次的进给用量稍大些,以后每次进给切削用量应逐渐减小,精车时,背吃刀量应更小,切削速度应选低些。粗车时,$v_c = 10 \sim 15$ m/min,每次切深0.15 mm左右,最后留精车余量0.2 mm;精车时,$v_c = 6$ m/min,每次进刀0.02~0.05 mm,总切深为1.08P(P为螺距)。

2）根据切削状况选择。车外螺纹时切削用量可大些,车内螺纹时,由于刀杆刚性差,切削用量应小些。在细长轴上加工螺纹时,由于工件刚性差,切削用量应适当减小。车螺距较大的螺纹时,进给量较大,所以背吃刀量和切削速度应适当减小。

3）根据工件材料选择。加工脆性材料(铸铁、黄铜等),切削用量可小些;加工塑性材料(钢等),切削用量可大些。

4）根据进给方式选择。用直进法车削,由于切削面积大,刀具受力大,所以切削用量应小些;若用左右进刀法或斜进法,切削用量可大些。

（5）乱扣及其预防方法

无论车削哪一种螺纹,都要经过几次进给才能完成。车削时,车刀偏离了前一次行程车出的螺旋槽,而把螺纹车乱的现象称为乱扣。有下面的关系式:

$$i = \frac{n_{丝}}{n_{工}} = \frac{L_{工}}{P_{丝}}$$

式中　i——主轴到丝杠之间的传动比;

$n_{丝}$——丝杠的转速,r/min;

$n_{工}$——工件的转速,r/min;

$P_{丝}$——丝杠的螺距,mm;

$L_{工}$——工件的导程,mm。

由转速和螺距的关系可知,当丝杠螺距是工件导程的整数倍时,采用提开合螺母法车削就不会乱扣,否则会乱扣。但如果开合螺母手柄没有完全压合,则会导致开合螺母不能抱紧丝杠,也会产生乱扣。或因车刀重磨后重新安装,没有对刀,使车刀与工件的相对位置发生了变化,则也会乱扣。

通常预防乱扣的方法是开倒顺车法,即在一次行程结束时,不提起开合螺母,把车刀沿径向退出后,将主轴反转,使车刀沿纵向退回,再进行第二次行程,这样往复过程中,因主轴、丝杠和刀架之间的传动链始终没有脱开,车刀就不会偏离原来的螺旋槽而乱扣。

采用倒顺车法时,主轴换向不能太快,否则会使机床的传动件受冲击而损坏,在卡盘处应装有保险装置,以防主轴反转时卡盘脱落。

此外,还应注意以下几点。

1）调整中小刀架的间隙(调镶条),不要过紧或过松,以移动均匀、平稳为好。

2）如从顶尖上取下工件度量,不能松下卡箍。在重新安装工件时,要使卡箍与拨盘(或卡盘)的相对位置保持与原来一样。

3）在切削过程中,如果换刀,则应重新对刀。"对刀"是指闭合对开螺母,移动小刀架,使车刀落入原来的螺纹槽中。由于传动系统有间隙,所以对刀须在车刀沿切削方向走一段以后,停车后再进行。

（6）车螺纹时的缺陷及预防措施

车螺纹时的缺陷及预防措施见表2-17。

表 2 – 17　车螺纹时的缺陷及预防措施

废品种类	产 生 原 因	预 防 措 施
螺距不准	1. 在调整机床时,手柄位置放错了; 2. 反转退刀时,开合螺母被打开过; 3. 进给丝杠或主轴轴向窜动	1. 检查手柄位置是否正确,把放错的手柄改正过来; 2. 退刀时不能打开开合螺母; 3. 调整丝杠或主轴轴承轴向间隙,不能调间隙时换新的
中径不准	加工时切入深度不准	仔细调整切入深度
牙型不准	1. 车刀刀尖角刃磨不准; 2. 车刀安装时位置不正确; 3. 车刀磨损	1. 重新刃磨刀尖; 2. 重新装刀,并检查位置; 3. 重新磨刀或换新刀
螺纹表面不光洁	1. 刀杆刚性不够,切削时振动; 2. 高速切削时,精加工余量太少或排屑方向不正确,把已加工表面拉毛	1. 调整刀杆伸出长度,或换刀杆; 2. 留足够的精加工余量,改变刀具几何角度,使切屑不流向已加工表面
扎刀	1. 前角太大; 2. 横向进给丝杠的间隙太大	1. 减小前角; 2. 调整丝杠间隙

5. 三角螺纹的测量

对螺纹而言主要测量螺距、牙型角和螺纹中径。测量螺纹的基本方法有两种:一种是用通用量具进行分项测量;另一种是用螺纹环规进行综合测量,多用于批量生产。

(1)分项测量

1)大径测量:螺纹的大径一般公差较大,可用游标卡尺或者千分尺测量。

2)螺距测量:用钢直尺或用螺距规测量。用钢直尺测量 10 个螺距的长度,然后把长度除以 10,就得出一个螺距的数值。对于细牙螺纹,如果用钢直尺测量比较困难,可用螺距规检验,检验时将螺距规放于工件轴向平面内,若螺距规上牙型与工件牙型一致,工件螺距即为合格。

牙型角是由车刀的刀尖角以及正确安装来保证的,一般用样板测量。也可用螺距规同时测量螺距和牙型角,如图 2 – 77 所示。

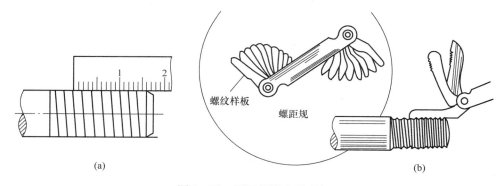

螺纹样板　螺距规

(a)　　　　　　　　　　　(b)

图 2 – 77　测量螺距和牙型角

(a)用钢直尺测量　(b)用螺距规测量

3)中径测量:螺纹中径是螺纹分项测量的主要项目。可用螺纹千分尺(图2-78)测量,所测得的千分尺读数就是该螺纹中径的实际尺寸。图2-79所示为螺纹中径的测量方法。

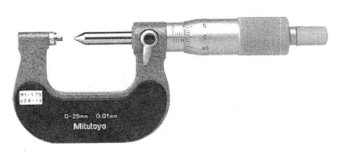

图2-78　螺纹千分尺

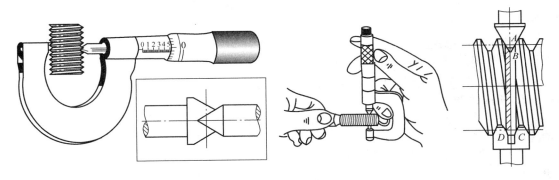

图2-79　螺纹中径的测量方法

(2)综合测量

在实际生产中,普通螺纹的现场测量一般用螺纹量规综合检查螺纹。螺纹量规有测量外螺纹用的环规(图2-80)和测量内螺纹用的塞规(图2-81)两种。在使用螺纹量规测量螺纹时,如果量规的通端拧进去,而止端拧不进去,则说明被测螺纹的精度合格。

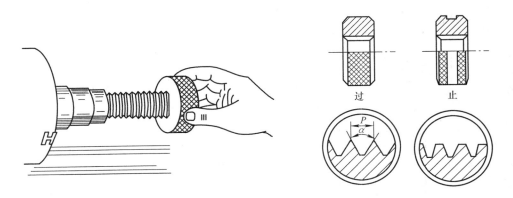

图2-80　螺纹环规

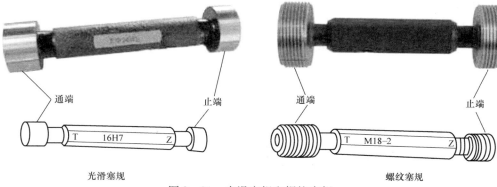

图 2-81　光滑塞规和螺纹塞规

四、任务实施

1. 刀具的选用

根据该任务零件的结构特点,选用偏刀车端面及外圆,选用切断刀进行切槽,选用螺纹车刀车外螺纹,刀具材料为高速钢。

2. 切削用量的选择

本任务车外圆、端面及切槽所选用的切削用量相同,即 $n = 500$ r/min, $a_p = 0.50$ mm, $f = 0.10$ mm/r。车螺纹时为保证安全和质量,应将转速调低至 100 r/min 左右。

3. 机床的调整

首先调整主轴箱手柄,选择主轴合适的主轴转速;然后调整进给箱手柄,选择正确的进给速度。

车螺纹时还需调整进给箱手柄(使丝杠转动),并使开合螺母闭合,在低速下开车观察机床运动情况。

4. 工件的装夹

本任务仍采用三爪卡盘装夹外圆,并保证毛坯外露长度不少于 45 mm。

5. 车削的工艺过程

车螺纹的工艺过程见表 2-18。

表 2-18　车螺纹的工艺过程

序号	工　序　图	工 序 内 容	注 意 事 项
1		对刀及车端面	1. 必须开动机床进行对刀; 2. 加强试切法的训练; 3. 车端面时应将刀台转一定角度并将端面车平
2		粗车外圆至 $\phi20.5$ mm × 38 mm	1. 此时应将刀台复位,以保证车外圆的同时,将其左端面车平; 2. 注意控制总长 38 mm

序号	工 序 图	工序内容	注 意 事 项
3		粗车外圆至 ϕ18.5 mm × 27.5 mm	1. 注意控制直径 ϕ18.5 mm； 2. 注意控制总长 27.5 mm
4		粗车外圆至 ϕ16.5 mm × 17.5 mm	1. 注意控制直径 ϕ16.5 mm； 2. 注意控制总长 17.5 mm
5		精车外圆至 ϕ15.8 mm × 18 mm	1. 注意控制直径 ϕ15.8 mm； 2. 注意控制总长 18 mm
6		精车外圆至 ϕ18 mm × 28 mm	1. 注意控制直径 ϕ18 mm； 2. 注意控制总长 28 mm
7		精车外圆至 ϕ20 mm × 38 mm	1. 注意控制直径 ϕ20 mm； 2. 注意控制总长 38 mm
8		切槽	1. 槽宽由刀宽保证，采用直进法； 2. 注意切槽刀的正确安装； 3. 注意控制槽深

序号	工 序 图	工 序 内 容	注 意 事 项
9	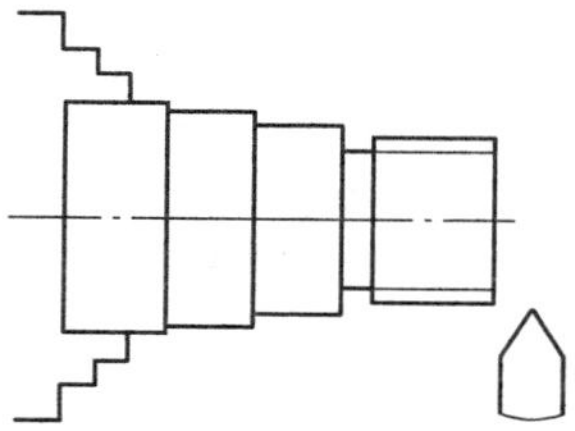	车削加工螺纹 M16 × 1.5 mm	1. 注意机床的调整； 2. 注意螺纹车刀的安装及对刀操作； 3. 注意控制螺纹车刀的切入深度,确保螺纹的加工质量
10	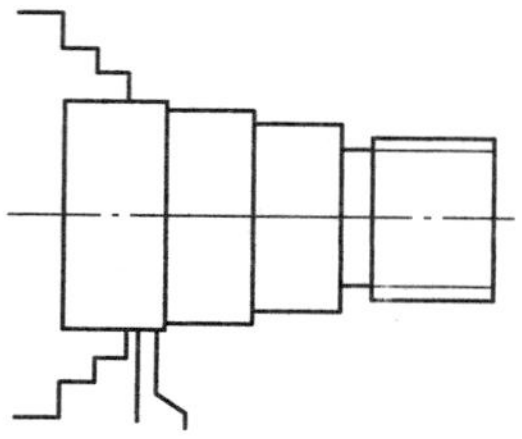	切断,保证总长为 38.5 mm 左右	1. 控制总长不小于 38 mm； 2. 采用直进法切断； 3. 即将切断时需放慢进给速度,以免发生扎刀或折断刀头等意外
11	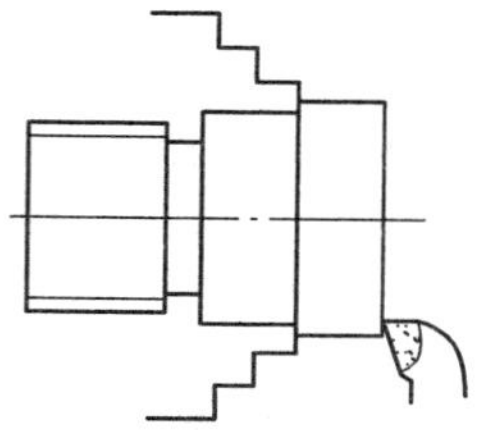	掉头车削端面并控制零件总长	1. 车端面时应将刀架转一定角度并将端面车平； 2. 车端面时通过控制 $\phi20$ mm 外圆的长度保证总长

五、操作训练

1) 螺纹车刀的刃磨与安装。

2) 车螺纹时的机床调整。

3) 车螺纹训练。

六、评分标准

车螺纹的评分标准见表 2 – 19。

表 2 – 19　车螺纹的评分标准

序号	项目与技术要求	配分	检 测 标 准	实测记录	得分
1	工件装夹及调整	10	装夹调整不正确扣 5 分		
2	刀具安装正确	10	准备工作不充分扣 2 分,刀具安装位置不合理扣 2 分,装刀不可靠不得分(重点检查螺纹刀的安装)		
3	切削用量选择正确及机床调整正确	10	主轴转速调整不正确扣 5 分,进给调整不当扣 5 分		
4	对刀方法恰当	10	对刀方法不当,酌情扣分		

序号	项目与技术要求	配分	检测标准	实测记录	得分
5	车端面	5	车端面方法不当,酌情扣分		
6	车外圆	10	车外圆方法不当,酌情扣分		
7	切槽	5	切槽方法不当不得分		
8	车螺纹	20	螺纹车削方法不当不得分		
9	质量检测	20	尺寸超差一处扣2分,表面结构超差一处扣2分		
10	安全文明操作		违规每次扣2分		

课题八 综合训练 I

【任务说明】

综合应用单项训练的基本技能,加工出合格的、具有中等难度的零件。本任务为车削传动轴训练。

➤ 拟掌握的技能

● 粗精车外圆、车端面、钻中心孔等综合操作技能。

一、任务描述

在车床上加工如图 2 – 82 所示的综合训练零件。材料为 45 钢,完成时间为 60 min。

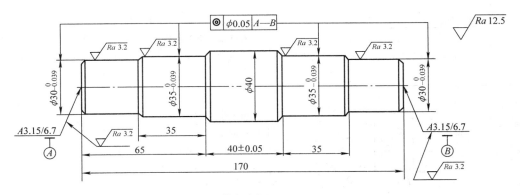

技术要求

未注倒角均为C1,过渡圆角为R1。

图 2 – 82 传动轴

二、任务分析

该零件的加工步骤:车端面→钻中心孔→粗车外圆→车端面→钻中心孔→精车外圆。

87

三、任务实施

1. 备料

毛坯为 $\phi45$ mm × 175 mm 的 45 钢。

2. 工、量、刀具的选用

根据图示零件的结构特点,选用 45°外圆车刀车削端面,90°偏刀车外圆,中心钻打中心孔。另外,用到的工量具为顶尖、鸡心夹头、游标卡尺、千分尺等。

3. 切削用量的选择

本任务车端面、钻中心孔所选用的切削用量相同,即 $n = 800$ r/min(车外圆时转速可调整为 $n = 500$ r/min), $a_p = 0.50$ mm, $f = 0.10$ mm/r。

4. 机床的调整

首先调整主轴箱手柄,选择主轴合适的主轴转速;然后调整进给箱手柄,选择正确的进给速度。

5. 工件的装夹

本任务工件的装夹应根据不同的工序采用不同的装夹方法,如车端面、打中心孔时采用三爪卡盘装夹工件,车外圆则采用"两顶尖"方式装夹工件。

6. 车削的工艺过程

车削综合训练零件的工艺过程见表 2 – 20。

表 2 – 20 车削综合训练零件的工艺过程

序号	工 序 图	工 序 内 容	注 意 事 项
1	—	下料	$\phi45$ mm × 175 mm 的 45 钢坯料
2	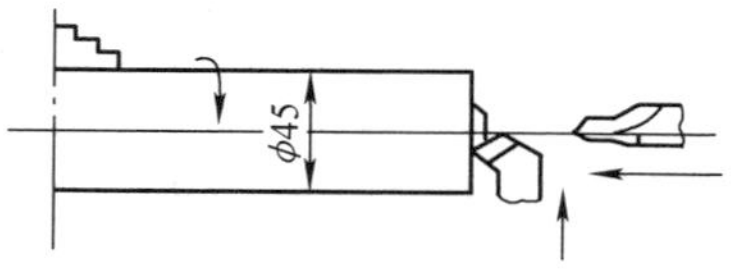	夹持坯料 $\phi45$ 外圆,车端面,钻中心孔	1. 车端面时应将刀台转一定角度并将端面车平; 2. 钻中心孔时应采用较高转速
3	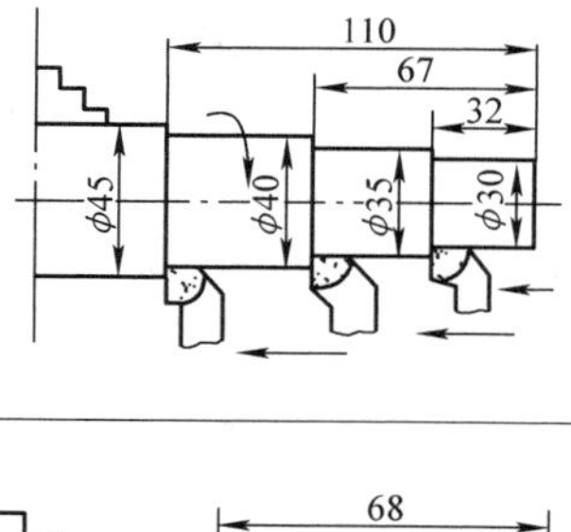	粗车外圆 $\phi40$ mm × 110 mm、$\phi35$ mm × 67 mm、$\phi30$ mm × 32 mm 三处外圆,此处均需保留 1 mm 余量	外圆车削方法同前
4	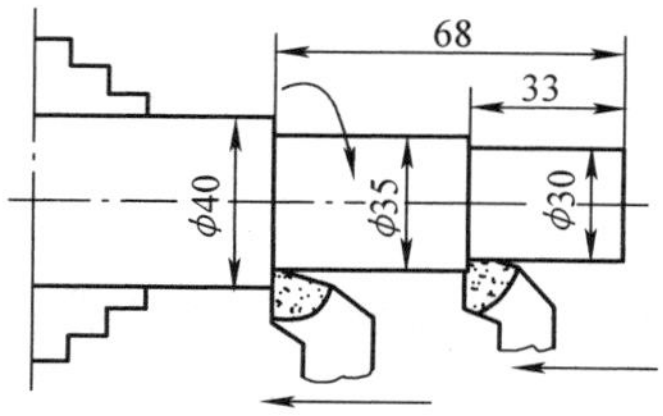	掉头,夹持 $\phi40$ mm 外圆,粗车外圆 $\phi35$ mm × 68 mm、$\phi30$ mm × 33 mm 两处外圆,此处均需保留 1 mm 余量	外圆车削方法同前

序号	工 序 图	工 序 内 容	注 意 事 项
5		车端面,钻中心孔	车端面和中心孔方法同前
6		用双顶尖装夹工件,然后精车各外圆到规定尺寸,再倒角 C1 三处	外圆车削方法同前,注意尺寸的控制
7	—	掉头精车外圆,方法同上	注意尺寸的控制

四、评分标准

车削综合训练零件的评分标准见表 2 – 21。

表 2 – 21　车削综合训练零件的评分标准

序号	项目与技术要求	配分	检 测 标 准	实测记录	得分
1	工件装夹及调整	5	装夹调整不正确扣 5 分		
2	刀具安装正确	6	准备工作不充分扣 2 分,刀具安装位置不合理扣 2 分,装刀不可靠不得分		
3	切削用量选择正确及机床调整正确	10	主轴转速调整不正确扣 5 分,进给调整不当扣 5 分		
4	车端面	5	车端面方法不当,酌情扣分		
5	车外圆	10	车外圆方法不当,酌情扣分		
6	同轴度	20	一处不合格扣 5 分		
7	过渡圆角	4	一处不合格扣 1 分		
8	倒角	6	一处不合格扣 1 分		
9	外圆表面结构	20	一处不合格扣 5 分		
10	中心孔	4	一处不合格扣 2 分		
11	质量检测	10	尺寸超差一处扣 2 分,表面结构超差一处扣 2 分		
12	安全文明操作		违规每次扣 2 分		

课题九 综合训练 Ⅱ

【任务说明】
综合应用单项训练的基本技能,加工出合格的、具有中等难度的零件。

➤ 拟掌握的技能

● 车外圆、车端面、车锥面、滚花、车螺纹、切槽、切断等综合操作技能。

一、任务描述

在车床上加工如图 2－83 所示的综合训练零件。零件材料为 45 钢,完成时间为 150 min。

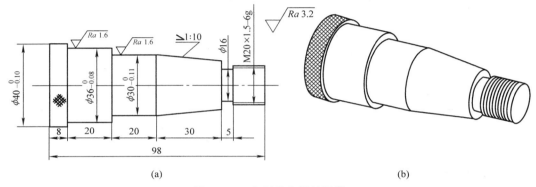

(a)   (b)

图 2－83 车削综合训练零件
(a)零件图 (b)实物图

二、任务分析

该零件的结构特征是在台阶轴的右端不仅有一段普通螺纹,在螺纹的左侧还有一段斜度为 1∶10 的锥面,而且左端圆柱面还需要进行滚花加工。

该零件的加工步骤:车端面→粗车外圆→切槽→精车外圆→车圆锥面→车螺纹→切断→滚花。

三、任务实施

1. 备料
毛坯为 $\phi42$mm × 115 mm 的 45 钢。

2. 刀具的选用
根据图示零件的结构特点,选用偏刀车端面、外圆及锥面,选用切断刀进行切槽,选用中心钻打中心孔,选用螺纹车刀车外螺纹,选用单轮滚花刀进行滚花。

刀具材料:偏刀为硬质合金刀具,其余均为高速钢刀具。

3. 切削用量的选择
本任务车端面、打中心孔及车锥度所选用的切削用量相同,即 $n = 800$ r/min(车外圆时转速可调整为 $n = 500$ r/min),$a_p = 0.50$ mm,$f = 0.10$ mm/r。车螺纹时为保证安全和质量,

应将转速调低至 $n = 100$ r/min 左右。滚花时转速应调至更低。

4. 机床的调整

首先调整主轴箱手柄,选择合适的主轴转速;然后调整进给箱手柄,选择正确的进给速度。

注意:车螺纹时还需调整进给箱手柄(使丝杠转动),并使开合螺母闭合,在低速下开车观察机床运动情况。

5. 工件的装夹

本任务工件的装夹应根据不同的工序采用不同的装夹方法,如车端面、打中心孔及滚花时采用三爪卡盘装夹工件;车外圆、车锥度、切槽、车螺纹等工序则采用"一夹一顶"方式装夹工件。

6. 车削的工艺过程

车削综合训练零件的工艺过程见表 2 - 22。

表 2 - 22 车削综合训练零件的工艺过程

序号	工序图	工序内容	注意事项
1	—	下料	$\phi42$mm × 115 mm 的 45 钢坯料
2	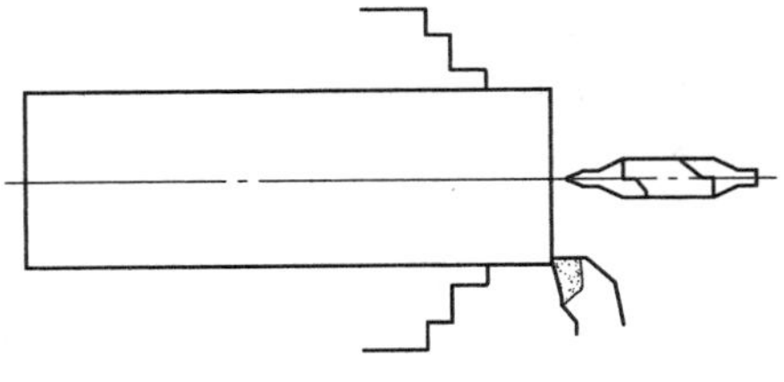	车端面,钻中心孔	1. 车端面时应将刀台转一定角度并将端面车平; 2. 钻中心孔时应采用较高转速
3	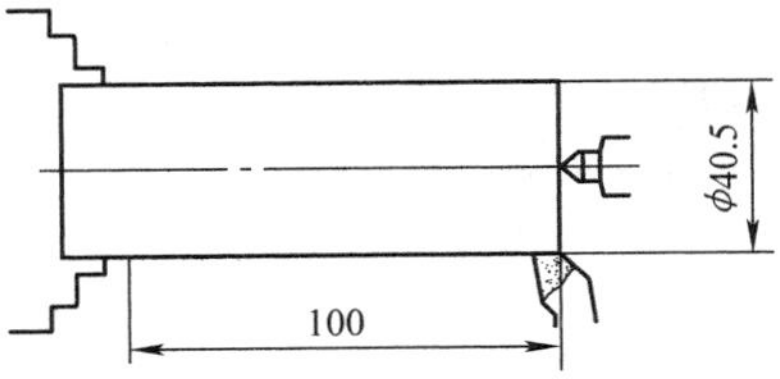	一夹一顶粗车外圆至 $\phi40.5$mm × 100 mm	1. 注意装夹方式并保证卡盘外工件总长为 105 mm 左右; 2. 注意控制顶尖的顶紧力度; 3. 外圆车削方法同前
4	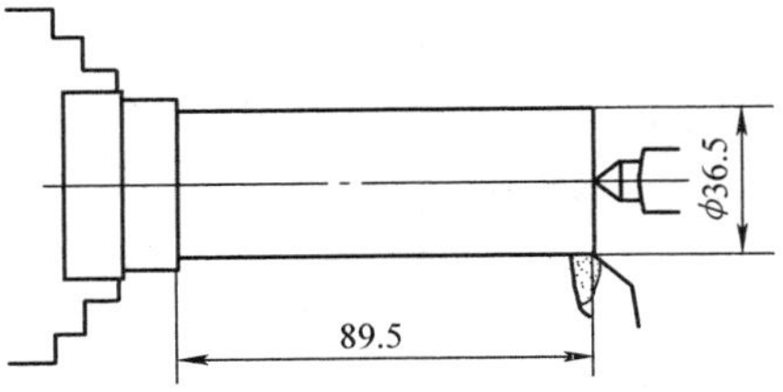	粗车外圆至 $\phi36.5$mm × 89.5 mm	外圆车削方法同前
5	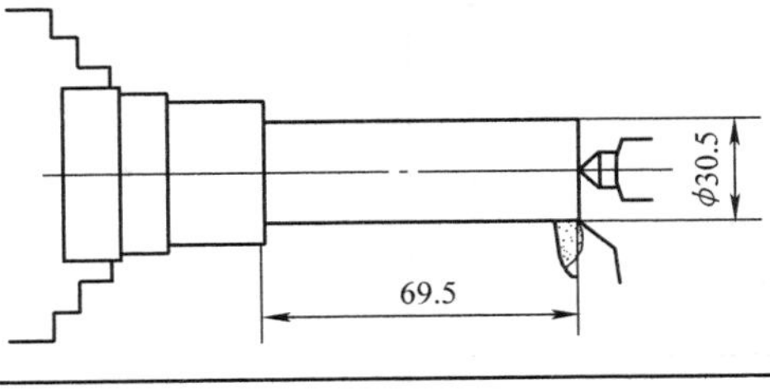	粗车外圆至 $\phi30.5$mm × 69.5 mm	外圆车削方法同前

续表

序号	工序图	工序内容	注意事项
6	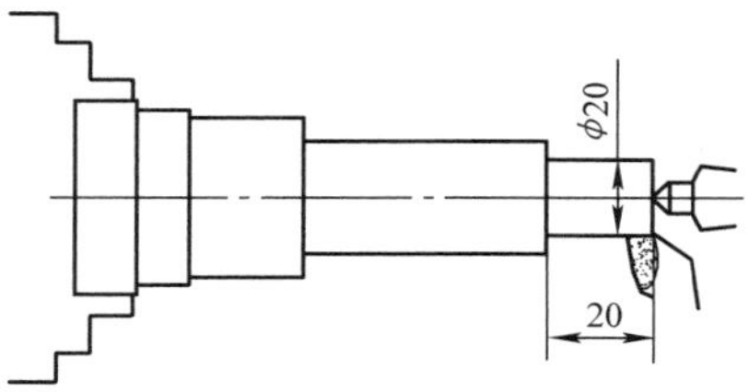	粗车外圆至 ϕ20 mm × 20 mm	外圆车削方法同前
7	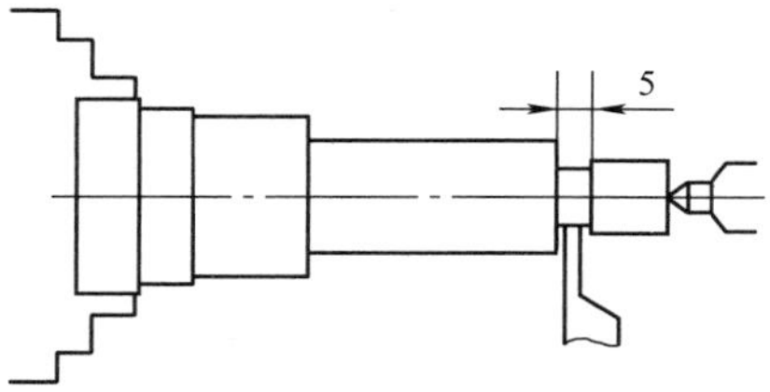	切槽	切槽方法同前
8		精车外圆至 ϕ19.8 mm × 15 mm	外圆车削方法同前
9		精车外圆至 ϕ30 mm × 70 mm	外圆车削方法同前
10		精车外圆至 ϕ36 mm × 90 mm	外圆车削方法同前
11		精车外圆至 ϕ40 mm × 100 mm	外圆车削方法同前

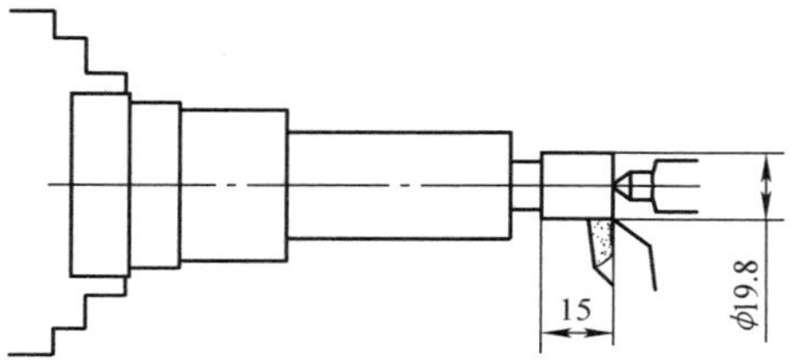

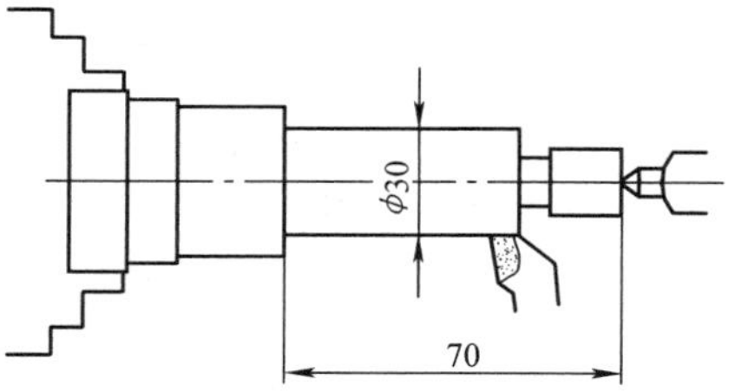

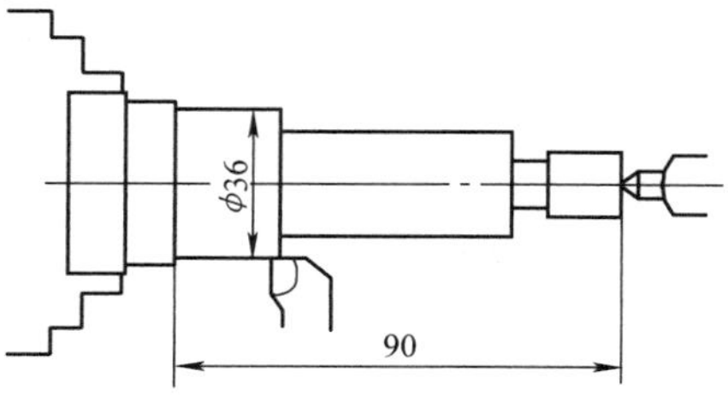

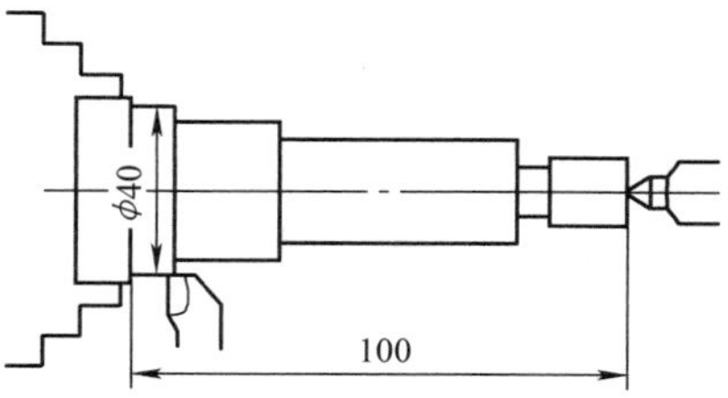

序号	工序图	工序内容	注意事项
12		车圆锥面	1. 采用小拖板转位法车削锥面; 2. 注意锥度尺寸的计算; 3. 注意刀具的安装,确保刀尖与主轴轴线等高
13		车削加工螺纹 M20×1.5 mm	1. 注意车床的调整; 2. 注意刀具的安装及对刀操作; 3. 注意控制螺纹的切入深度,保证螺纹加工质量
14		切断,保证总长为 98.5 mm 左右	切断方法同前
15		掉头车削端面 并控制零件总长	车端面并控制总长
16		滚花	注意滚花刀的选用与安装,应采用很低的主轴转速

四、评分标准

车削综合训练零件的评分标准见表 2-23。

表 2-23　车削综合训练零件的评分标准

序号	项目与技术要求	配分	检测标准	实测记录	得分
1	工件装夹及调整	5	装夹调整不正确扣5分		
2	刀具安装正确	10	准备工作不充分扣2分,刀具安装位置不合理扣2分,装刀不可靠不得分(重点检查螺纹刀的安装)		
3	切削用量选择正确及机床调整正确	10	主轴转速调整不正确扣5分,进给调整不当扣5分		
4	对刀方法恰当	5	对刀方法不当,酌情扣分		
5	车端面	5	车端面方法不当,酌情扣分		
6	车外圆	10	车外圆方法不当,酌情扣分		
7	切槽	10	切槽方法不当,酌情扣分		
8	车圆锥面	10	车圆锥面方法不当,酌情扣分		
9	车螺纹	10	螺纹车削方法不当不得分		
10	切断	5	切断方法不当不得分		
11	滚花	5	滚花方法不当,酌情扣分		
12	质量检测	15	尺寸超差一处扣2分,表面结构超差一处扣2分		
13	安全文明操作		违规每次扣2分		

课题十　综合训练 Ⅲ

【任务说明】

综合应用单项训练的基本技能,加工出合格的、具有中等难度的零件。

➤ 拟掌握的技能

● 车外圆、车端面、车锥面、镗孔、车螺纹、切槽、切断等综合操作技能。

一、任务描述

在车床上加工如图 2-84 所示的综合训练零件。零件材料为 45 钢,完成时间为 150 min。

二、任务分析

该零件的结构特征是不仅在轴的右端有一段普通螺纹和锥面加工,在左端还有内孔需要加工(镗孔)。

该零件的加工步骤:车端面→粗、精车外圆→钻孔→镗孔→掉头钻中心孔→粗、精车外圆→切槽→车螺纹→车圆锥面。

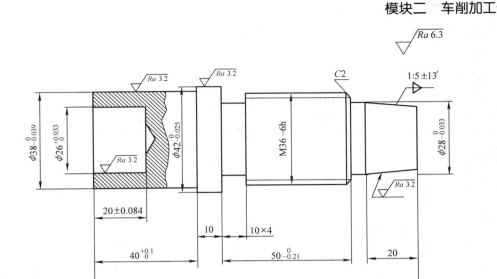

技术要求：

1. 未注公差尺寸直径按GB/T 1804-f加工，长度
按GB/T 1804-m加工；

2. 未注倒角为C1；

3. 锐角倒钝；

4. 锥度若用环规检验，接触面积达到50%以上。

图 2 – 84　圆锥螺杆轴

三、任务实施

1. 备料

毛坯为 $\phi45\text{mm} \times 130\ \text{mm}$ 的 45 钢。

2. 刀具的选用

根据图示零件的结构特点，选用偏刀车端面、外圆及锥面，选用切断刀进行切槽，选用中心钻打中心孔，选用螺纹车刀车外螺纹，选用镗刀车削内孔。

刀具材料：偏刀为硬质合金刀具，其余均为高速钢刀具。

3. 切削用量的选择

本任务车端面、打中心孔及车锥度所选用的切削用量相同，即 $n = 800\ \text{r/min}$（车外圆时转速可调整为 $n = 500\ \text{r/min}$），$a_\text{p} = 0.50\ \text{mm}$，$f = 0.10\ \text{mm/r}$；车螺纹时为保证安全和质量，应将转速调低至 $100\ \text{r/min}$ 左右。

4. 机床的调整

首先调整主轴箱手柄，选择合适的主轴转速；然后调整进给箱手柄，选择正确的进给速度。

注意：车螺纹时还需调整进给箱手柄（丝杠转动），并使开合螺母闭合，在低速下开车观察机床运动情况。

5. 工件的装夹

本任务工件的装夹应根据不同的工序采用不同的装夹方法，如车端面、打中心孔、车锥面及镗孔时采用三爪卡盘装夹工件,车外圆、切槽、车螺纹等工序则采用"一夹一顶"方式装夹工件。

6. 车削的工艺过程

车削圆锥螺杆轴的工艺过程见表2-24。

表2-24 车削圆锥螺杆轴的工艺过程

序号	工序图	工序内容	注意事项
1	—	熟悉圆锥螺杆轴加工图	读懂图纸
2	—	检查材料尺寸 $\phi45$ mm × 130 mm,材料45钢	使用钢直尺检查
3	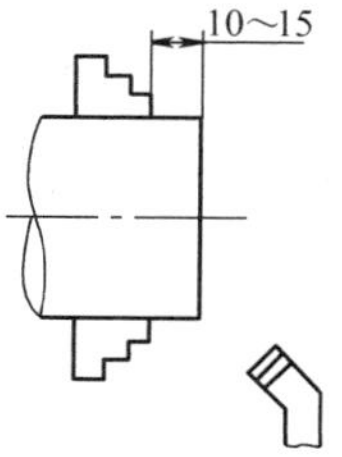	用三爪自定心卡盘夹住工件,伸出长度10~15 mm,车平端面,背吃刀量1~3 mm	使用45°弯头车刀
4		工件掉头,用三爪自定心卡盘夹住工件,伸出长度55~60 mm	
(1)	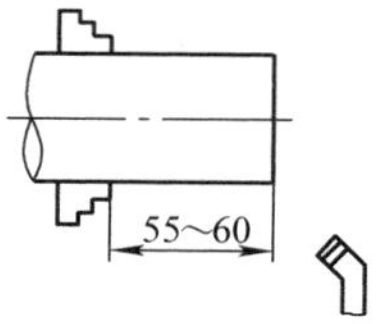	车端面,保证总长 125 ± 0.16 mm	使用0.02/0~150游标卡尺测量,控制总长
(2)	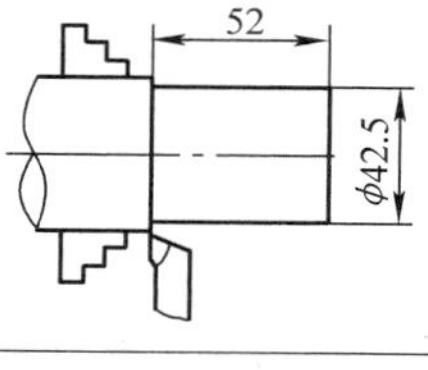	粗车外圆 $\phi42.5$ mm,长为52 mm	使用右偏刀车削外圆
(3)	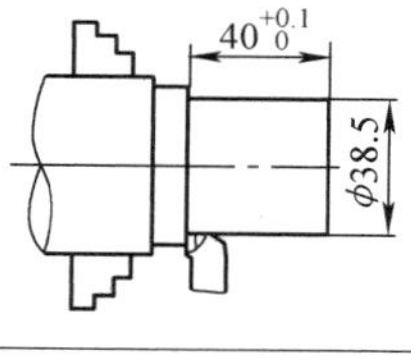	粗车外圆 $\phi38.5$ mm,长为 $40^{+0.1}_{0}$ mm	控制 $\phi38.5$ mm 外圆长度,使用0.02/0~150游标卡尺测量
(4)	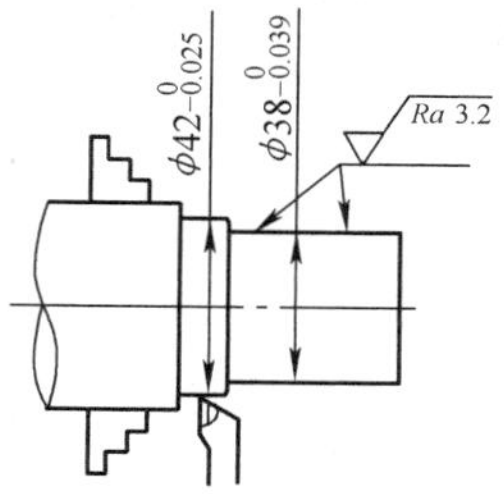	依次精车外圆 $\phi42^{0}_{-0.025}$ mm 和 $\phi38^{0}_{-0.039}$ mm,Ra 为 3.2 μm	控制外圆直径,使用0.01/25~50外径千分尺测量
(5)		倒角 C1	按技术要求未注的部分进行 C1 倒角的加工

序号	工序图	工序内容	注意事项
4	（6）	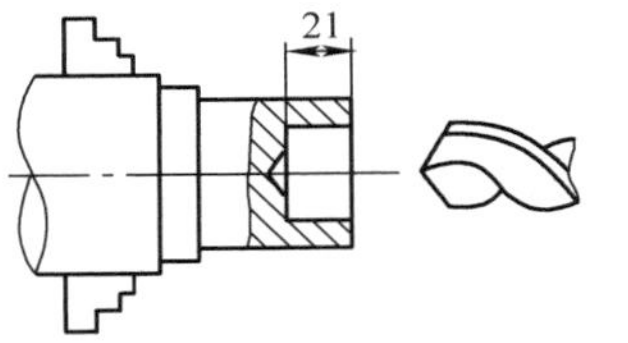 钻孔、深 21 mm	用 ϕ24 麻花钻钻削加工,控制深度,使用 0.02/0～150 深度尺测量
	（7）	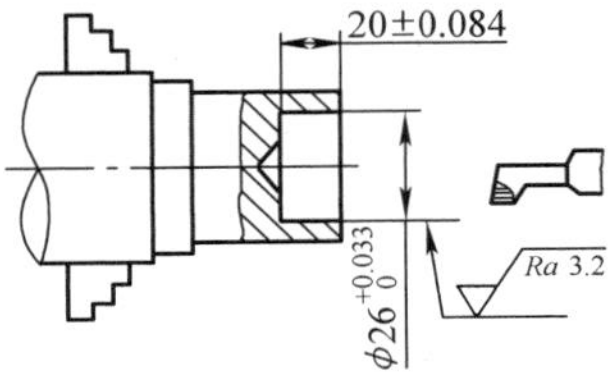 镗孔,孔径 $\phi26^{+0.033}_{0}$ mm	采用盲孔镗刀镗孔,同时控制直径和深度、使用 0.02/0～150 游标卡尺和 0.02/0～150 深度尺进行测量
5		工件掉头,用铜皮包裹 ϕ38mm 外圆,三爪自定心卡盘夹装,伸出长度 85 mm	
	（1）	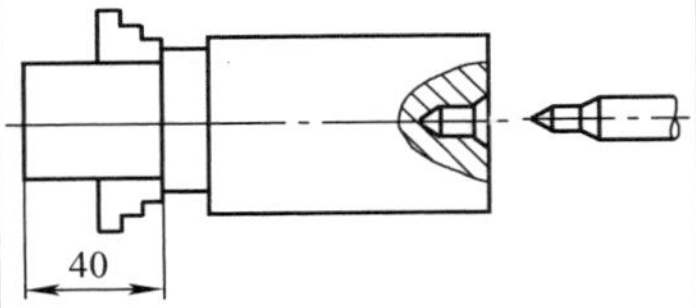 钻中心孔	使用钻夹头及中心钻加工中心孔
	（2）	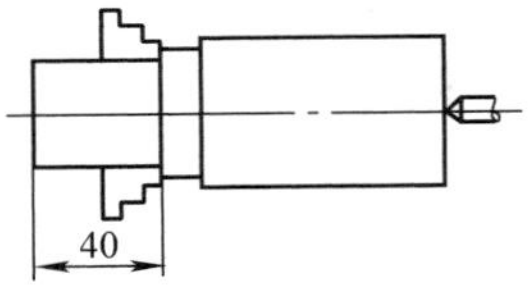 工件伸出端用活顶尖顶住	
	（3）	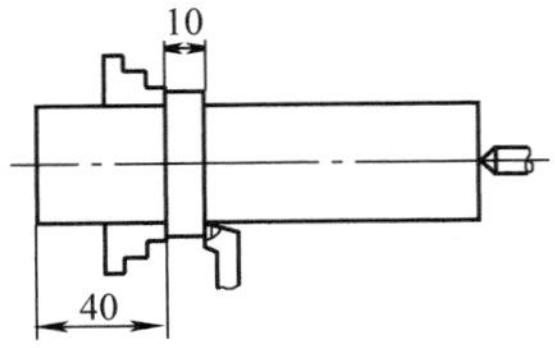 粗车外圆 ϕ36.5 mm,保证长度 10 mm	
	（4）	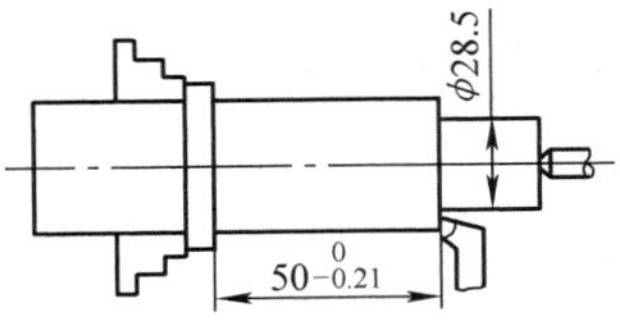 粗车外圆 ϕ28.5 mm,保证图中要求的长度 $50^{0}_{-0.21}$ mm	通 过 控 制 外 圆 ϕ28.5mm 段的长度来保证 中 间 段 长 度 为 $50^{0}_{-0.21}$ mm
	（5）	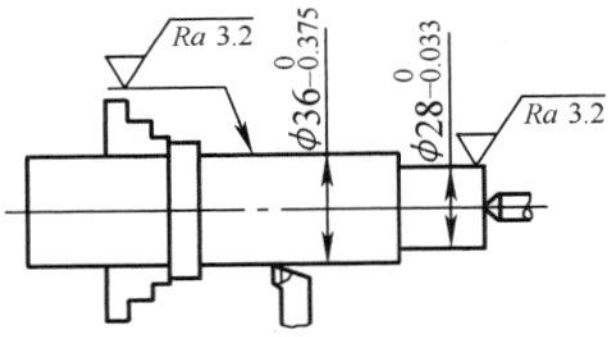 依次精车 $\phi36^{0}_{-0.375}$ mm、$\phi28^{0}_{-0.033}$ mm,Ra 为 3.2 μm	使用 0.01/25～50 外径千分尺测量,以保证尺寸

97

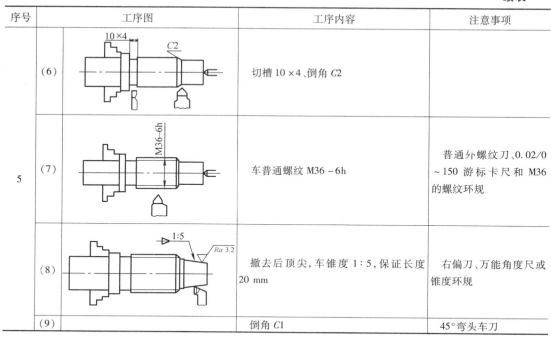

序号	工序图	工序内容	注意事项
5	（6）	切槽 10×4、倒角 C2	
	（7）	车普通螺纹 M36 − 6h	普通外螺纹刀、0.02/0 ~ 150 游标卡尺和 M36 的螺纹环规
	（8）	撤去后顶尖，车锥度 1:5，保证长度 20 mm	右偏刀、万能角度尺或锥度环规
	（9）	倒角 C1	45°弯头车刀

四、评分标准

车削圆锥螺杆轴的评分标准见表 2 − 25。

表 2 − 25　车削圆锥螺杆轴的评分标准

序号	项目与技术要求	配分	检测标准	实测记录	得分
1	工件装夹及调整	5	装夹调整不正确扣5分		
2	刀具安装正确	5	刀具安装位置不合理扣2分，装刀不可靠不得分（重点检查螺纹刀的安装）		
3	切削用量选择正确及机床调整正确	10	主轴转速调整不正确扣5分，进给调整不当扣5分		
4	对刀方法恰当	5	对刀方法不当，酌情扣分		
5	车端面	5	车端面方法不当，酌情扣分		
6	车外圆	10	车外圆方法不当，酌情扣分；重点检测 $\phi 42^{+0.1}_{0}$ mm 和 $\phi 38^{0}_{-0.039}$ mm 两处和表面结构值		
7	切槽	5	切槽方法不当，酌情扣分		
8	车圆锥面	15	车圆锥面方法不当，酌情扣分；重点检测锥面接触面积，要求不小于 50%，同时兼顾小端直径和表面结构值要求		
9	车螺纹	15	螺纹车削方法不当不得分，重点检测螺纹的大径和牙型角及表面结构值		
10	镗孔	10	重点检查孔径和长度		
11	长度尺寸	10	重点检查 $40^{+0.1}_{0}$ mm 和 $50^{0}_{-0.21}$ mm 两处		
12	切断	5	切断方法不当不得分		
13	安全文明操作		违者每次扣2分		

【知识链接】

早在古埃及时代,人类就已经发明了将木材绕着它的中心轴旋转时用刀具进行车削的技术。起初,人们是用两根立木作为支架,架起要车削的木材,利用树枝的弹力把绳索卷到木材上,靠手拉或脚踏拉动绳子转动木材,并手持刀具进行切削。

这种古老的方法逐渐演化,发展成了在滑轮上绕两三圈绳子,绳子架在弯成弓形的弹性杆上,来回推拉弓使加工物体旋转从而进行车削,这便是"弓车床"。

到了中世纪,有人设计出了用脚踏板旋转曲轴并带动飞轮,再传动到主轴使其旋转的"脚踏车床"。16世纪中叶,法国有一个叫贝松的设计师设计了一种用螺丝杠使刀具滑动的车螺丝用的车床,可惜的是这种车床并没有推广使用。

18世纪诞生了床头箱、卡盘,又有人设计了一种用脚踏板和连杆旋转曲轴,可以把转动动能储存在飞轮上的车床上,并从直接旋转工件发展到了旋转床头箱,床头箱是一个用于夹持工件的卡盘。

在发明车床的故事中,最引人注目的是一个名叫莫兹利的英国人,因为他于1797年发明了划时代的刀架车床,这种车床带有精密的导螺杆和可互换的齿轮。

莫兹利生于1771年,18岁的时候,他是发明家布拉默的得力助手。据说,布拉默原先一直是干农活的,16岁那年因一次事故致使右踝伤残,才不得不改行从事机动性不强的木工活。他的第一项发明便是1778年的抽水马桶,莫兹利开始一直帮助布拉默设计水压机和其他机械,直到26岁才离开布拉默,因为布拉默粗暴地拒绝了莫利兹提出的把工资增加到每周30先令以上的请求。

就在莫兹利离开布拉默的那一年,他制成了第一台螺纹车床,这是一台全金属的车床,有能够沿着两根平行导轨移动的刀具座和尾座。导轨的导向面是三角形的,在主轴旋转时带动丝杠使刀具架横向移动。这是近代车床所具有的主要机构,用这种车床可以车制任意节距的精密金属螺丝。

3年以后,莫兹利在他自己的车间里制造了一台更加完善的车床,上面的齿轮可以互相更换,可改变进给速度和被加工螺纹的螺距。1817年,另一位英国人罗伯茨采用了四级带轮和背轮机构来改变主轴转速。不久,更大型的车床也问世了,为蒸汽机和其他机械的发明奠定了坚实的基础。

为了提高机械自动化程度,1845年,美国的菲奇发明转塔车床;1848年,美国又出现回轮车床;1873年,美国的斯潘塞制成一台单轴自动车床,不久他又制成三轴自动车床;20世纪初出现了由单独电机驱动的带有齿轮变速箱的车床。由于高速工具钢的发明和电动机的应用,车床不断完善,终于达到了高速度和高精度的现代水平。

第一次世界大战后,由于军火、汽车和其他机械工业的需要,各种高效自动车床和专门化车床迅速发展。为了提高小批量工件的生产率,20世纪40年代末,带液压仿形装置的车床得到推广,与此同时,多刀具车床也得到发展。20世纪50年代中期,发展了带穿孔卡、插销板和拨码盘等的程序控制车床。数控技术于20世纪60年代开始用于车床,20世纪70年代后得到迅速发展。

思考与练习

1. 车工操作不安全的因素有哪些?在实习中采用哪些措施能防止事故的发生?

2.阐述车削加工的工艺特点,分析其主运动和进给运动的方式及特点。

3.光杠、丝杠各有什么用途?为何它们不能同时使用?

4.当横向进给调整手柄时,手柄摇过头后应怎样纠正?

5.车削锥面时,为何(安装车刀)必须使刀尖与车床主轴轴线等高?

6.为什么要正确选用切削用量?在车削加工中,是否选用的转速越高,生产率越高,工件的质量也越高?

7.车削加工综合训练:要求按照下述要求完成该零件的加工,材料为45钢。

(1)零件图如图2-85所示。

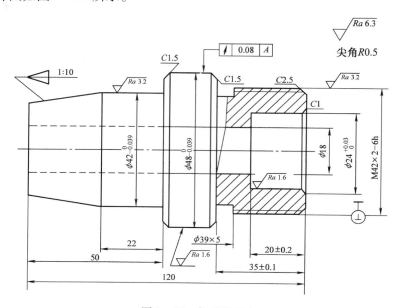

图 2-85　螺纹锥度套

(2)该零件车削加工工艺见表2-26。

表 2-26　螺纹锥度套车削加工工艺

序号	加工简图	加工内容	刀具、量具
1	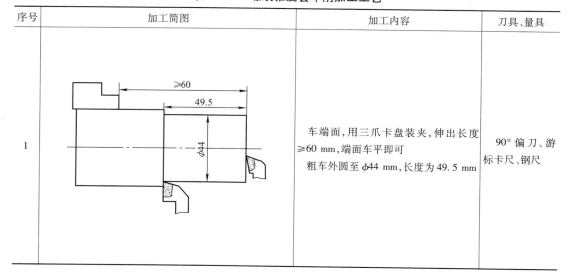	车端面,用三爪卡盘装夹,伸出长度≥60 mm,端面车平即可 粗车外圆至 ϕ44 mm,长度为49.5 mm	90°偏刀、游标卡尺、钢尺

序号	加工简图	加工内容	刀具、量具
2	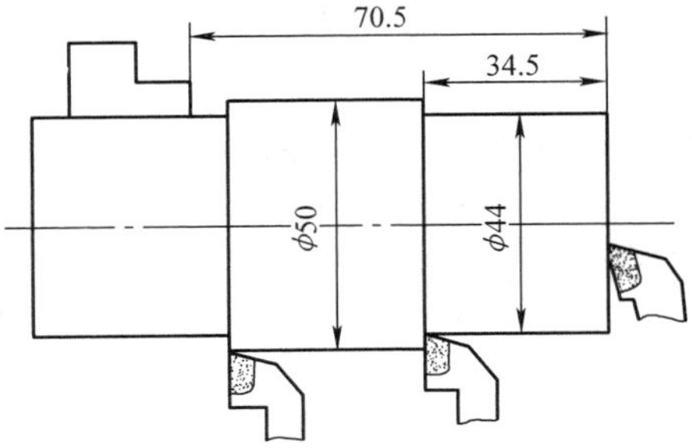	掉头装夹 ϕ44 mm,伸出长度70.5 mm,车端面,保证总长120 mm,粗车外圆 ϕ50 mm至 ϕ48 mm 　粗车台阶面 M42×2 至 ϕ44 mm,长度34.5 mm	同上
3	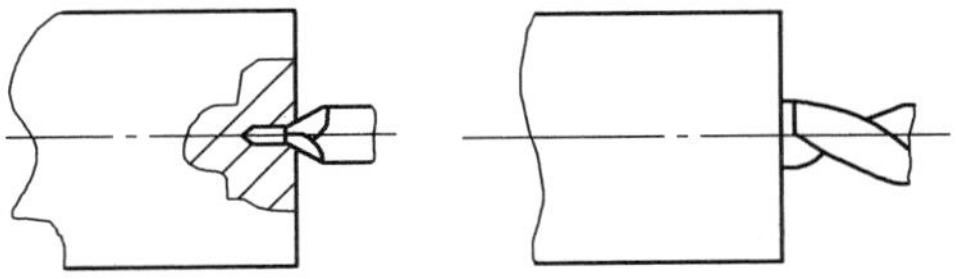 (1)　　　　　(2)	钻中心孔 ϕ3 mm 钻通孔 ϕ18 mm	中心钻 麻花钻
4	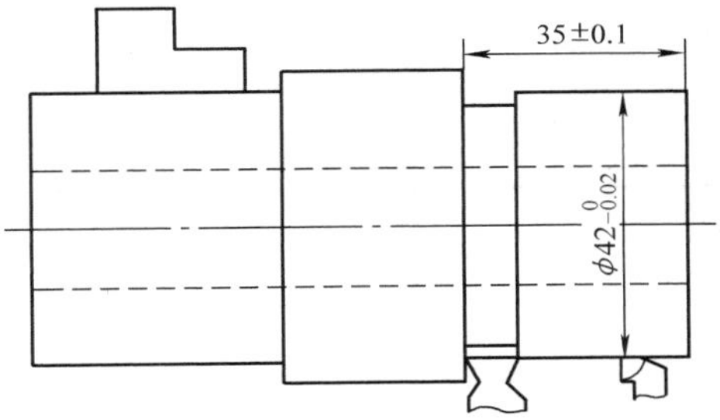	车槽 5 mm× ϕ39 mm 精车 M42×2 外圆至 ϕ42 mm	车槽刀 90°偏刀、游标卡尺
5	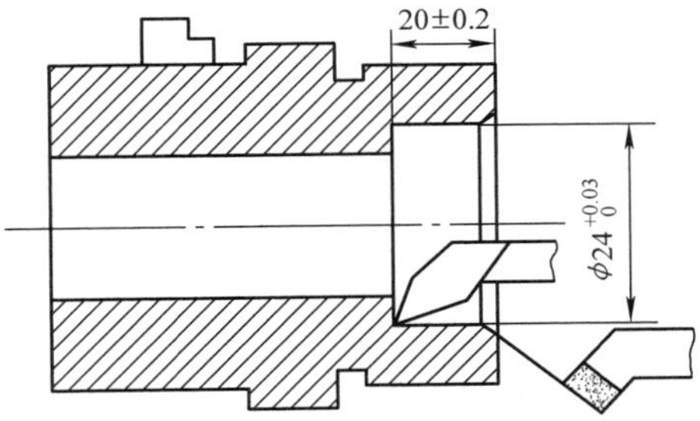	车内孔 ϕ24 mm,孔深 20±0.2 mm 倒内孔角 1×45°	不通孔车刀、 ϕ24 塞规、游标卡尺、45° 弯头车刀
6	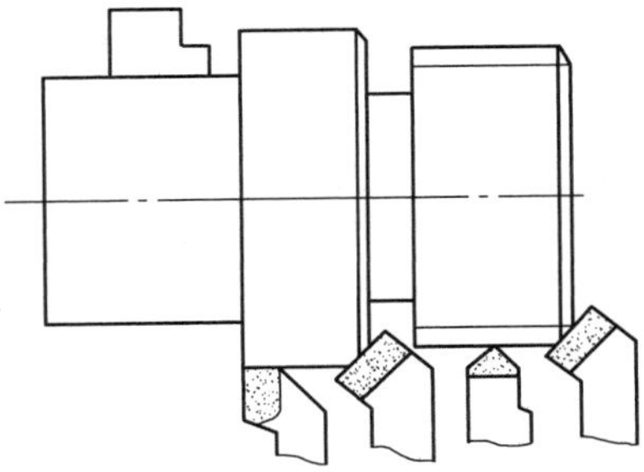	倒角两处 车螺纹 M42×2 精车 ϕ48 mm 外圆	弯头车刀 90°偏刀、螺纹车刀、钢尺、螺纹千分尺或螺纹环规、螺距规、外径百分尺 90°偏刀

101

序号	加工简图	加工内容	刀具、量具
7	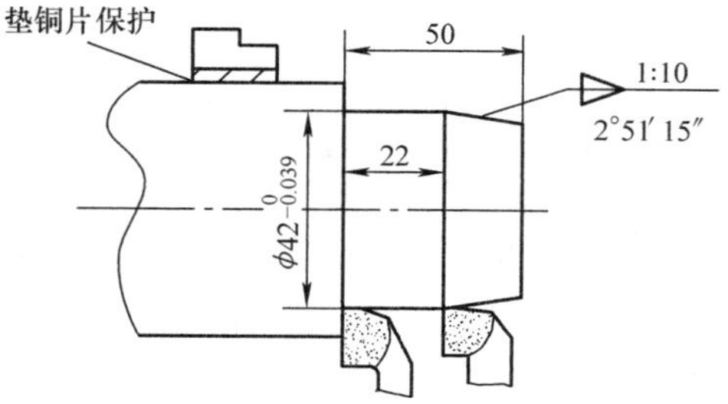	工件掉头校正,精车 $\phi 42$ mm 外圆,长度为 50 mm 车锥面,锥度 1:10,斜角2°51′15″,控制 $\phi 42$ mm 外圆长度为 22 mm	外径百分尺、游标卡尺、量角器 90°偏刀
8	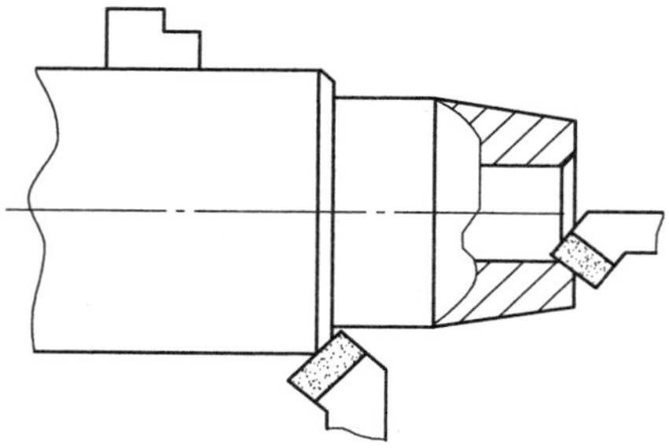	倒外角 $1.5 \times 45°$ 倒内角 $1 \times 45°$	弯头车刀
9		检验	

模块三 铣削加工

▷ 教学要求
- 通过铣削加工实习,使学生全面了解铣削加工中的安全生产知识。
- 熟悉常用铣床的结构、加工特点、工艺范围及应用。
- 学会铣削加工的基本操作方法。
- 通过铣削加工实习,使学生全面了解常用零件的铣削工艺过程,并能加工中等难度的零件。

▷ 教学方法
- 将各教学班级根据具体人数分为若干小组,分别进行现场的理论分析、讲解及操作示范,随后进行操作训练。

课题一 铣工入门指导

【项目描述】

铣削加工就是根据设计零件图纸用铣床进行加工的一种机械加工方法,在铣床上以铣刀旋转作主运动,工件(或铣刀)作进给运动而进行的切削加工,可用于加工各种平面、沟槽及成形面等。

▷ 拟学习的知识
- 铣工安全生产知识。
- 常用铣床的加工特点及其加工范围。
- 铣床的分类及各部件的作用。
- 铣床附件及功用。
- 常用铣刀及铣刀材料知识。

▷ 拟掌握的技能
- 安全地开动铣床,正确使用常用工具。
- 熟练操作及调整铣床,如主轴转速的调整及自动进给速度的调整等。

一、安全生产知识

1)工作时要穿工作服和戴套袖,女同志应将长发压入工作帽中,不得穿拖鞋操作铣床,在铣床上工作时不能戴手套。

2)工作时,头不能靠近正在切削的部位,以防切屑飞入眼睛。如果是飞溅切屑,就应戴护目镜,铣削铸铁工件时最好戴口罩。

3)手和身体不能靠近正在旋转的刀具和其他转动的机件,如带轮、齿轮等,不要用手去触摸正在切削的工件表面。

4)不可用手去直接清除切屑,更不可用嘴吹,应用刷子或专用工具清除。

5）刀具未完全停止转动前不得用手去触摸、制动,装拆铣刀要用抹布垫衬,不要用手直接握住铣刀,要仔细检查刀具是否夹持牢固,同时注意不要被铣刀刃口割伤。

6）不准随便扳弄不熟悉的电气装置,如遇故障应请电工处理。

7）工件、刀具和夹具都应当正确安装和牢固夹紧,不得有松动和变形现象。

8）用扳手紧固刀杆及拉杆螺钉上的锁紧螺母后,应立即取下扳手,防止开车时甩出伤人。

二、铣床的基本知识

铣床(milling machine)是指主要用铣刀在工件上加工各种表面的机床。铣床是机械制造行业的重要设备,是一种应用广、类型多的金属切削机床。

1. 铣床的加工内容

铣削加工的主要特点是用多刃刀具来进行切削,故效率较高、加工范围广,可以加工各种形状较复杂的零件,其基本加工内容如图 3－1 所示。另外,铣削的加工精度也较高,其经济加工精度一般为 IT8 ~ IT9 级、表面结构为 $Ra1.6 ~ 12.5~\mu m$,高精度铣床加工精度可达 IT5 级,表面结构可达 $Ra0.8~\mu m$。

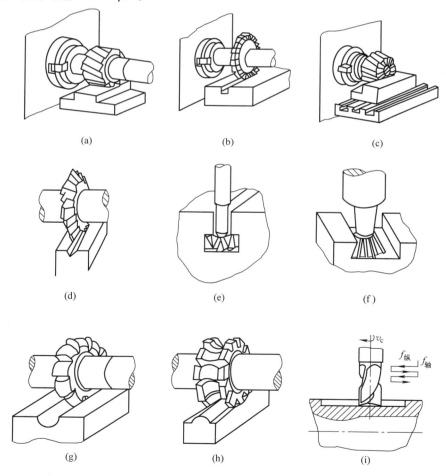

(a)　　　　　(b)　　　　　(c)

(d)　　　　　(e)　　　　　(f)

(g)　　　　　(h)　　　　　(i)

图 3－1　铣削加工举例

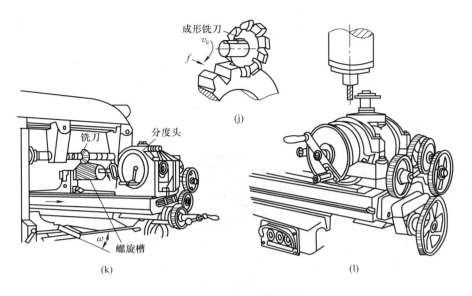

图 3-1 铣削加工举例(续)

(a)铣平面 (b)铣直槽 (c)铣台阶 (d)铣 V 形槽 (e)铣 T 形槽 (f)铣燕尾槽 (g)铣凹圆弧
(h)铣凸圆弧 (i)铣键槽 (j)铣齿轮 (k)铣螺旋槽 (l)铣凸轮

2. 铣床的分类

铣床的种类很多,常用的有升降台式铣床、万能工具铣床、龙门铣床等。

(1)升降台式铣床

升降台式铣床的主要特征是有沿床身垂直导轨运动的升降台。工作台可随着升降台作上下(垂直)运动。工作台本身在升降台上面又可作纵向和横向运动,使用方便,适用于加工中、小型零件。升降台式铣床是用得最多和最普遍的铣床,这类铣床按主轴与工作台的相互位置可分为卧式和立式两种。

Ⅰ.卧式铣床

卧式铣床如图 3-2 所示,其主要特征是主轴与工作台台面平行,成水平位置。铣削时,铣刀和刀轴安装在主轴上,绕主轴轴线作旋转运动;工件和夹具装夹在工作台台面上作进给运动。X6132 型卧式万能铣床是国产万能铣床中较为典型的一种,该机床纵向工作台可按工作需要在水平面上作 ±45°范围内的转动。

Ⅱ.立式铣床

立式铣床如图 3-3 所示,其主要特征是主轴与工作台台面垂直,主轴成垂直位置。

(2)万能工具铣床

万能工具铣床能完成多种铣削工作,工作台可以作两个方向的移动,立铣头可以在垂直平面上左右扳转一定的角度。卸掉立铣头,摇出横梁后还可以当卧式铣床用,特别适合加工刀具、样板和其他工具、量具类较复杂的小型零件。

(3)龙门铣床

龙门铣床如图 3-4 所示,属于大型铣床,铣削头安装在龙门导轨上,可作横向和升降运动,工作台固定安装在床身上,只能作纵向移动,适宜加工大型工件。

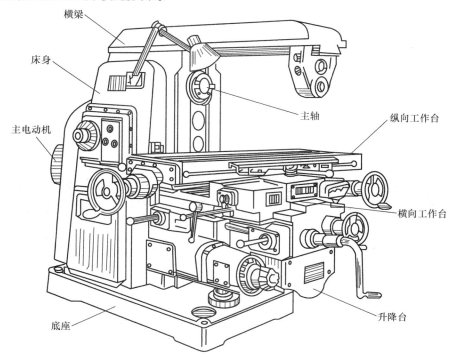

图 3 - 2　卧式铣床

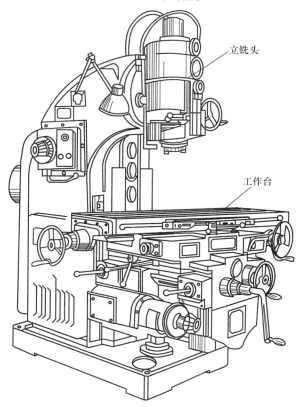

图 3 - 3　立式铣床

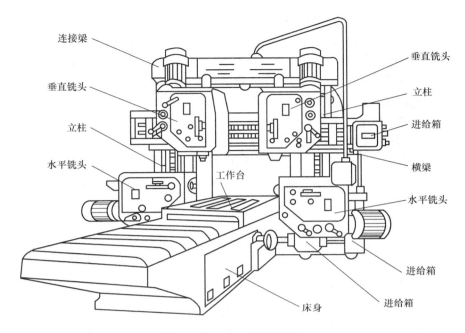

连接梁
垂直铣头
立柱
水平铣头
工作台
垂直铣头
立柱
进给箱
横梁
水平铣头
进给箱
进给箱
床身

图 3 - 4 X2010 型龙门铣床

除以上三类常用铣床外,使用较广泛的还有仿形铣床和数控铣床等。仿形铣床适宜加工各种较复杂的曲线轮廓零件,调整主轴头的不同高度,可以加工平面台阶轮廓。数控铣床是一种自动化程度较高的机床,一般具有按编制的程序自动加工立体曲面、自动换刀、自动补偿等功能,通常用于加工形状复杂、精度要求较高的零件。

3. 铣床各部件的作用

下面结合图 3 - 2 讲解铣床各部件的作用。

(1)床身

床身是机床的主体,是用来安装和连接机床其他部件的基础部件。床身一般用优质灰铸铁铸成,内部用筋条连接,以增加强度和刚性。床身的前壁有燕尾形的垂直导轨,供升降台上下移动用。床身的上面有水平导轨,横梁可在上面移动。床身的后部装有电动机。

(2)横梁

横梁是用来支撑铣刀心轴外端的。拧紧床身侧面的两个螺母,可以把横梁固定在床身上;放松螺母,可以调整横梁使其伸出所需要的长度。横梁的一端与支架相连,在铣床上加工大型工件时,可以用特种支架来支持横梁,以减少切削时的振动。

(3)升降台

升降台用来支撑工作台,并带着工作台上下移动。升降台下有一垂直丝杠,它不仅可以使工作台升降,而且还支持着升降台的重量。机床的进给传动系统中的电动机、变速机构和部分传动件都安装在升降台内。升降台上还有两个螺钉,用来紧固连接工作台和横梁的特种支架。

(4)纵向工作台

纵向工作台用来安装分度头、夹具和工件,并带着这些部件作纵向运动。

（5）横向工作台

横向工作台在纵向工作台下面，用来带动纵向工作台横向移动。万能铣床的横向工作台与纵向工作台之间设有回转盘，可使纵向工作台在±45°范围内扳转所需要的角度。

（6）进给变速机构

该机构安装在升降台内，其作用是将进给电动机的额定转速通过齿轮变速变换成18种转速传递给进给机构，实现工作台按各种不同速度移动，以适应铣削加工的需要。

（7）主轴及主轴变速机构

主轴是前端带锥孔的空心轴，锥孔的锥度一般是7:24，铣刀刀轴就安装在锥孔内。主轴是铣床的主要部件，要求旋转时平稳、无跳动和刚性好。主轴变速机构安装在床身内，其作用是将主电动机的额定转速通过齿轮变换成18种不同转速传递给主轴，以适应铣削加工的需要。

X6132型铣床的主要技术规格见表3-1。

表3-1　X6132型铣床的主要技术规格

项　　目	技术规格
工作台工作面积（宽×长）	320 mm×125 mm
工作台最大行程	
纵向（手动/机动）	700 mm/680 mm
横向（手动/机动）	260 mm/240 mm
升降（垂直）（手动/机动）	320 mm/300 mm
工作台最大回转角度	±45°
主轴锥孔锥度	7:24
主轴中心线至工作台面间的距离	
最大	350 mm
最小	30 mm
主轴中心线至横梁的距离	155 mm
床身垂直导轨至工作台中心的距离	
最大	470 mm
最小	215 mm
主轴转速（18级）	30～1 500 r/min
工作台纵向、横向进给量（18级）	23.5～1 180 mm/min
工作台升降进给量（18级）	8～400 mm/min
工作台纵向、横向快速移动速度	2 300 mm/min
工作台升降快速移动速度	770 mm/min
主电动机功率×转速	7.5 kW×1 450 r/min
进给电动机功率×转速	1.5 kW×1 410 r/min
最大载重量	500 kg

4. 常用铣刀

（1）铣刀的常用材料

铣刀的常用材料与常用切削刀具的材料一致，具体内容可参考模块一课题二"常用切削刀具"部分。

（2）常用铣刀

常用铣刀见表3-2。

表 3 - 2　常用铣刀

名称	图示	用途	名称	图示	用途
三面刃铣刀		铣沟槽、台阶面	单角铣刀		加工各种角度的沟槽与斜面
组合三面刃铣刀		铣沟槽	镶齿端铣刀	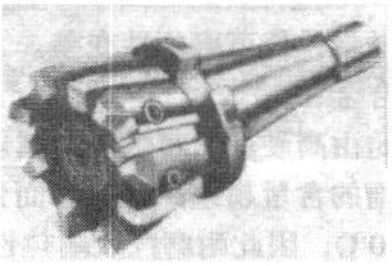	铣平面（用于立铣）
错齿三面刃铣刀		铣直槽	立铣刀	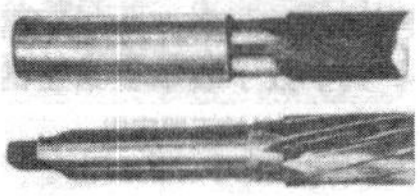	铣平面、凹槽、阶台面（用于立铣）
锯片铣刀		切断、切深窄槽	键槽铣刀		铣键槽（圆头封闭键槽,用于立铣）
对称双角铣刀		切断薄壁工件、加工窄深 V 形槽	粗齿圆柱铣刀		铣平面（用于卧铣）
不对称双角铣刀		切断、加工窄深槽、薄壁工件	中齿圆柱铣刀		铣平面（用于卧铣）
套式立铣刀		铣台阶面	细齿圆柱铣刀		铣平面（用于卧铣）

109

5. 铣床附件

（1）平口虎钳

机用平口虎钳俗称机用虎钳，一般对于中小尺寸、形状规则的工件，宜采用机用虎钳装夹。常用的平口虎钳有回转式和非回转式两种，如图3-5所示。回转式平口虎钳，主要是由固定钳口、活动钳口、底座等组成，钳体能在底座上任意扳转角度。铣削长方体零件的平面、台阶面、斜面及轴类零件的沟槽时，都可以用平口虎钳装夹。平口虎钳的规格是以钳口的宽度而定的，如4 in（101.6 mm）、5 in（127.0 mm）、6 in（152.4 mm）等。

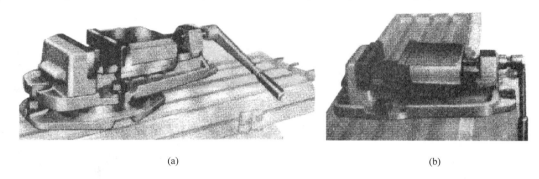

(a)　　　　　　　　　　　　　　　　(b)

图3-5　平口虎钳
（a）回转式　（b）非回转式

平口虎钳的校正方法如下。

1）用划针校正固定钳口与铣床主轴轴心线垂直，如图3-6（a）所示。利用固定于主轴上的划针或将一大头针用黄油粘在刀具上代替划针校正。校正时，将针尖靠近固定钳口，移动工作台，观察针尖与钳口的距离在钳口全长上是否相等，若不等则应调整。此方法校正精度低，一般只作粗校正。

2）用角尺校正固定钳口与铣床主轴轴心线平行，如图3-6（b）所示。

3）用百分表校正固定钳口与铣床主轴轴心线垂直或平行，如图3-6（c）所示。此方法校正精度高，一般用于精校正。

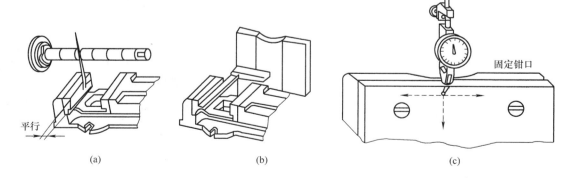

平行

固定钳口

(a)　　　　　　　　　(b)　　　　　　　　　(c)

图3-6　平口虎钳的校正
（a）用划针校正虎钳　（b）用宽度角尺校正虎钳　（c）用百分表校正虎钳

（2）回转工作台

回转工作台的主要作用是分度及铣圆弧曲线工件。铣床上常用的是立轴式手动回转工作台(图3－7)和机动回转工作台(图3－8)。

（3）万能铣头

万能铣头(图3－9)是万能铣床的主要附件之一,其主轴可以在相互垂直的两个平面内旋转,不但能完成立铣、卧铣的工作,还可在工件一次装夹中完成各种角度的加工。

图3－7　手动回转工作台

图3－8　机动回转工作台

图3－9　万能铣头

6. 工件的安装

在铣床上安装工件常用的方法如下。

（1）直接在工作台上安装

用螺栓、压板直接在工作台上安装工件,适用于尺寸较大或形状特殊的工件安装。安装工件时要注意:垫铁高度要适当;压紧力作用点要靠近工件切削部位,粗铣时压紧力要大些;压紧软材料的工件时应垫入铜皮;旋紧螺母时应轮流且逐渐地对称拧紧。为确定加工面与铣刀的相对位置,一般需要用百分表找正工件(图3－10)。压板的正确使用方法如图3－11所示。

（2）用平口虎钳安装工件

为了保证虎钳在工作台上有正确的位置,应把虎钳底面的定位键靠紧台面中间的T形槽的一个侧面。没有定位键的虎钳可用直角尺或百分表校正固定钳口与垂直导轨的垂

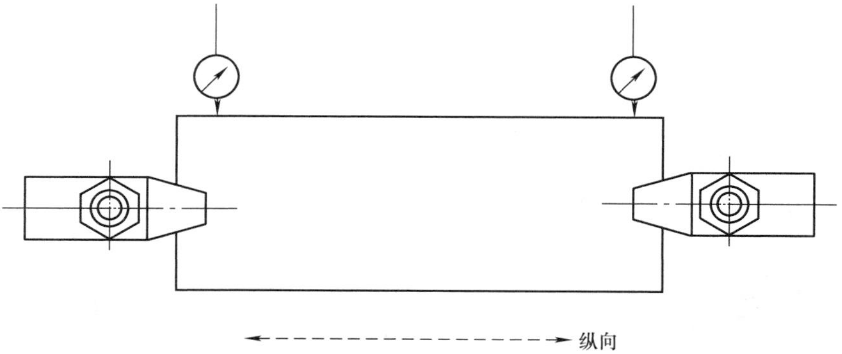

图 3－10　用百分表找正工件

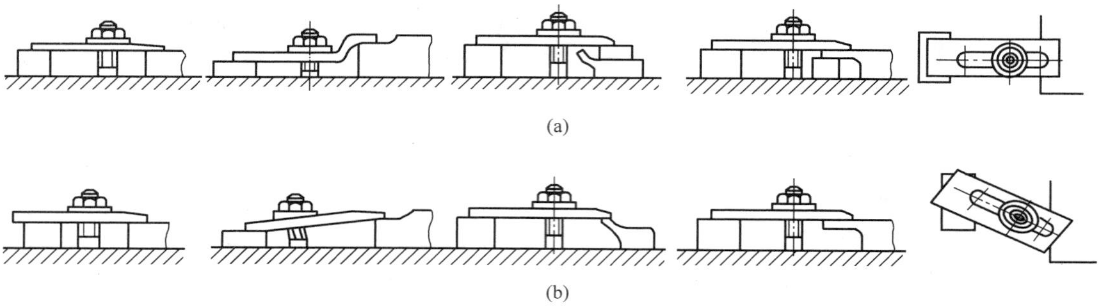

图 3－11　压板的正确使用方法

(a)正确装夹工件　(b)不正确装夹工件

直度。

将工件安装在虎钳上，应保证定位准确、夹紧可靠，工件不易变形和在切削过程中保持稳定，较薄的工件下面应垫适当高度的平行垫铁。

工件的安装要领如下。

1）应将工件的基准面紧贴在固定钳口或钳体的导轨面上，并使固定钳口承受铣削力，如图 3－12 所示。

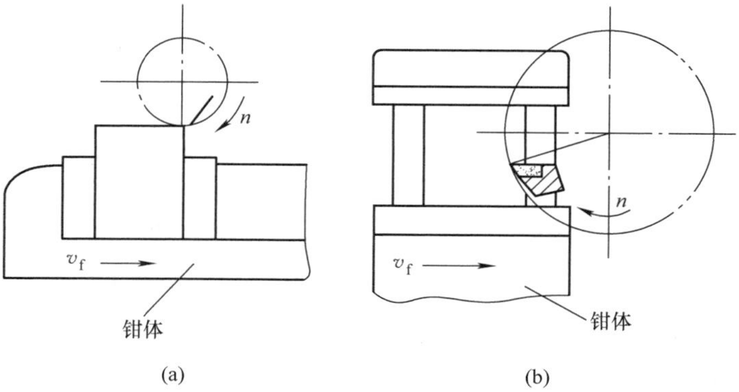

图 3－12　使固定钳口承受铣削力

(a)钳体与工作台平行安装　(b)钳体与工作台垂直安装

2)工件的装夹高度以铣削尺寸高出钳口平面 3～5 mm 为宜,如装夹位置不合适,应在工件下面垫上适当厚度的平行垫铁。垫铁应具有合适的尺寸、表面结构及平行度。

3)为使工件基准面紧贴固定钳口,可在活动钳口与工件之间垫一圆棒,如图 3 – 13 所示。

4)为保护钳口与避免夹伤工件已加工表面,应在工件与钳口间垫一块钳口铁(如铜皮)。

5)夹紧工件时,应将工件向固定钳口方向轻轻推压,工件轻轻夹紧后可用铜锤等轻轻敲击工件,以使工件紧贴于底部垫铁上,最后再将工件夹紧。图 3 – 14 所示为使用机用平口虎钳装夹工件情况。

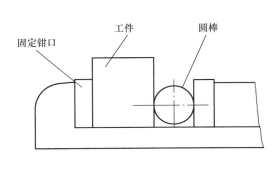

图 3 – 13　在活动钳口与工件之间垫一圆棒

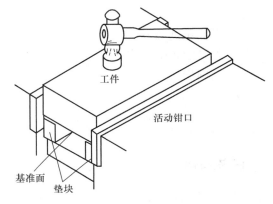

图 3 – 14　使用机用平口虎钳装夹工件

(3)用角铁、V 形铁安装工件

角铁又叫弯板,是用来加工工件上垂直面的一种通用夹具,适用于长、宽、薄工件的安装。因角铁的两个面是相互垂直的,所以一个面与台面贴紧后,另一个面就与台面垂直,相当于虎钳的固定钳口。安装时用两个弓形夹将工件固定在角铁上,如图 3 – 15 所示。

圆柱形工件常用 V 形铁安装,再用压板夹紧,如图 3 – 16 所示。这种安装方法能保证工件中心线与 V 形槽中心线重合。

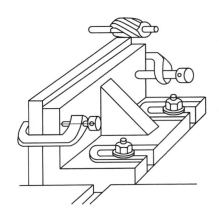

图 3 – 15　用角铁安装工件

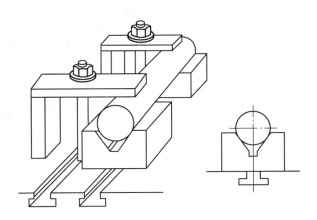

图 3 – 16　用 V 形铁安装工件

三、操作训练

1）熟悉铣床结构及附件。

2）熟练操控铣床各手柄。

课题二　铣平面

【任务说明】

掌握平面铣削的工艺方法,学会铣平面。

➤ 拟学习的知识

● 平面铣削的方法。

● 刀具的正确选用。

● 切削用量及其选择。

➤ 拟掌握的技能

● 正确选用刀具和加工方法。

● 刀具及工件的装夹方法。

一、任务描述

在铣床上加工如图 3 – 17 所示的矩形垫铁。毛坯为 45 钢锻坯,完成时间为 60 min。

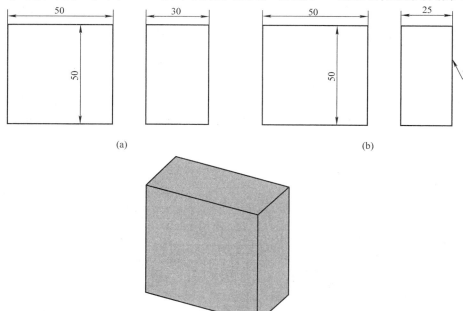

图 3 – 17　矩形垫铁

(a)毛坯图　(b)零件图　(c)实物图

二、任务分析

本任务为一典型平面铣削加工实例。

其操作步骤:确定平面铣削工艺→选择铣削刀具→安装刀具和工件→铣削加工。

三、相关知识

1. 平面铣削方法

在铣床上铣削平面的方法有两种,即周铣和端铣。

（1）周铣法

周铣法即圆周铣法,是用铣刀圆周上的刀刃进行切削加工。一般在卧铣上用圆柱铣刀,在立铣上用立铣刀。周铣法分顺铣和逆铣两种。铣刀刀刃的转向与工件的进给运动方向一致,叫顺铣,如图 3 - 18 所示;铣刀刀刃的转向与工件的进给运动方向相反,叫逆铣,如图 3 - 19所示。

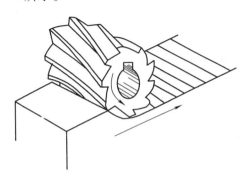
图 3 - 18　顺铣

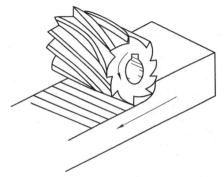
图 3 - 19　逆铣

顺铣和逆铣的主要区别见表 3 - 3。

表 3 - 3　周铣法的顺铣和逆铣的比较

内容	顺　铣	逆　铣
刀具寿命	切屑厚度由最厚逐步减到最薄,开始切削时刀齿不会滑动,易切削金属,刀具寿命较长	切屑厚度由零逐渐增至最厚,刀齿必须在加工表面滑动一小段距离才能切入工件,产生强烈摩擦,加工表面硬化,切削温度升高,加快铣刀磨损
夹紧力	加工时工件受到的垂直分力指向工作台,有稳定工件的作用,夹紧力可用得较小	加工时工件受到的垂直分力指向上方,使工件掀起,所用的夹紧力较大
动力消耗	动力消耗较小	动力消耗较大
加工表面结构	刀齿和工件没有滑动摩擦,亦没有向上切削分力引起的振动,表面结构参数值较小	刀齿和工件有滑动摩擦,加工面形成硬化层,工件受向上分力引起周期性振动,表面结构参数值较大
对机床要求	切削时受水平方向切削分力影响,升降台丝杠会产生窜动,造成加工表面深啃、打刀,甚至损害机床,对机床特别是配合间隙要求较高	铣削中不会改变丝杠间隙方向,铣削平稳

（2）端铣法

端铣法是利用端铣刀的端面刀齿来加工工件上的平面的铣削方法，如图 3-20 所示。

端铣法加工平面，由于铣刀刚性高，平均切削厚度较大，同时工作的刀齿较多，所以铣削速度较高。而且，端铣刀易于实现机械夹固和采用可转位刀片结构，因此端铣刀的耐用度和生产率都比周铣法高。端铣平面时，还可利用改变铣刀位置的办法控制切入、切出时的切削厚度以改善铣削过程，若采用修光刀齿还可以进一步减小工件表面结构参数值，因而在平面铣削加工中，将逐渐采用端铣法来代替周铣法。在生产实践中，端铣法有 3 种切削方式，即对称铣削、不对称逆铣和不对称顺铣。

Ⅰ. 对称铣削

对称铣削是指工件安装在端铣刀的对称位置上，切入与切出时的切削厚度相等，如图 3-21 所示。对称铣削方式具有最大的平均铣削厚度，保证了刀齿在切削表面的冷硬层下铣削，端铣刀耐用度较高，并能获得表面结构较均匀的加工表面。生产实践表明，铣削淬硬钢（53HRC）时采用对称铣削法，其刀具耐用度比其他铣削方式可提高 1 倍左右。

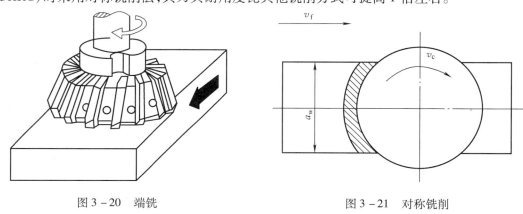

图 3-20　端铣　　　　　　　　　　　　图 3-21　对称铣削

Ⅱ. 不对称逆铣

不对称逆铣是指端铣刀以最小的切削厚度切入工件金属层，而以较大的切削厚度切出，如图 3-22 所示。由于不对称逆铣方式切入工件时切削厚度小，从而减小了铣刀刀齿的冲击负荷，改善了铣削状况。当铣削低合金钢（GCr2 等）和高强度低合金钢（16Mn 等）时，铣刀耐用度可提高 1 倍左右。

Ⅲ. 不对称顺铣

不对称顺铣是指端铣刀以较大的切削厚度切入工件金属层，而以较小的切削厚度切出，如图 3-23 所示。实验表明，铣削 2Cr13、1Cr18N19Ti 及 4Cr14N14W2Mo 不锈钢与耐热钢等加工硬化严重的材料时，应尽量减小切出时的切削厚度。因为切出时切屑与被切削层分离，剪切面突然变化，剪切角大幅度减小，甚至呈负值，切出时产生很大的冲击负荷，致使刀具耐用度降低或不正常破损。而采用不对称顺铣方法，端铣不锈钢和耐热钢等金属材料时，刀具耐用度可提高 3 倍以上。

综上所述，3 种不同的端铣方式，由于切削层形状和切削力的不同，从而对刀具耐用度、加工表面质量和生产效率有不同的影响。因此，生产实践中，根据具体加工条件，合理地选择铣削方式是获得良好经济效益的有效措施。

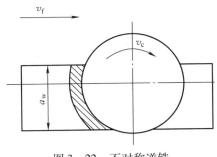

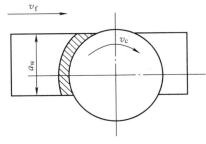

图 3-22 不对称逆铣　　　　　　图 3-23 不对称顺铣

2. 平面铣削工艺

矩形垫铁零件在 X6132W 铣床上采用卧铣（周铣）加工,平面铣削一般分粗铣和精铣多次铣削。

（1）用圆柱铣刀铣平面

用圆柱铣刀进行加工,一般选用螺旋齿圆柱铣刀,刀具的长度要大于零件的宽度,此种刀具适用于卧铣加工。

Ⅰ. 粗铣加工的步骤

1）选择、安装铣刀。一般背吃刀量小于 5 mm 时,选用 ϕ60～80 mm 的铣刀;背吃刀量在 5～8 mm 时,选用 ϕ90～100 mm 的铣刀;背吃刀量在 8～10 mm 时,选用 ϕ110～160 mm 的铣刀。铣刀选好后,穿入刀轴进行安装（要注意刀齿方向与旋转方向一致）。

2）选择夹具装夹零件。根据零件的大小,决定用机用平口虎钳或压板装夹。

3）选择铣削深度（包括次数）。零件的背吃刀量为 5 mm 则用 ϕ80 mm 的铣刀,粗铣深度 4 mm、精铣深度 1 mm,各进行一次。

4）选择铣削速度。铣削速度应根据刀具材料和零件材料以及机床和夹具的刚性决定。具体数值可查表 3-4。例如,铣刀材料为高速钢、零件材料是 45 钢,查表选取铣削速度为 25 m/min,则主轴（铣刀）的转速

$$n = \frac{1\,000 v_c}{\pi D} = \frac{1\,000 \times 25}{3.14 \times 80} = 100 \text{ r/min}$$

式中　n——铣刀转速,r/min;

　　　v_c——切削速度（由查表选定）,m/min;

　　　D——铣刀直径,mm。

将上例计算结果在铣床上对照选用,一般选用较小挡的转速。

表 3-4　铣削加工的切削速度参考值

工件材料	硬度（HBS）	$v_c / (\text{m/min})$	
		高速钢铣刀	硬质合金铣刀
钢	<225	18～42	66～150
	225～325	12～36	54～120
	325～425	6～21	36～75
铸铁	<190	21～36	66～150
	190～260	9～18	45～90
	260～320	4.5～10	—

5)选择进给速度。工作台的进给速度,应根据零件表面的质量要求和材料硬度视情况决定。在刀具性能允许的情况下可以选择较大的每齿进给量进行切削,具体数值可查表3-5。例如,铣刀为圆柱铣刀,铣刀材料为高速钢,零件材料是45钢,可选每齿进给速度为0.15 mm/z,如铣刀有8个齿,则进给速度

$$v_f = nzf_z = 100 \times 8 \times 0.15 = 120 \ mm/min$$

表3-5 铣刀每齿进给量参考值

工件材料	f_z/mm			
	粗铣		精铣	
	高速钢铣刀	硬质合金铣刀	高速钢铣刀	硬质合金铣刀
钢	0.10 ~ 0.15	0.10 ~ 0.25	0.02 ~ 0.10	0.10 ~ 0.15
铸铁	0.12 ~ 0.20	0.15 ~ 0.30		

6)调整行程挡铁,开车对刀。上述工作完成后,将工作台正面两挡铁的间隔调至大于零件的加工长度,注意刀刃的旋向和工作台前进方向(用逆铣法),一切正确后开动铣床。采用试切法进行平面铣削加工(图3-24),开始时使刀刃轻轻接触零件上表面。退出铣刀后,使工作台上升4 mm,摇动手轮使工作台移动铣削一小段距离后,再挂自动进给,进行铣削。

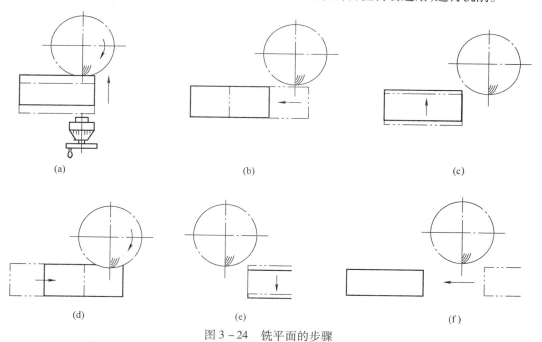

图3-24 铣平面的步骤

(a)开动机床,升高工作台使工件与铣刀相搽 (b)水平退出工作台 (c)升高工作台
(d)铣削 (e)往下退刀 (f)水平退刀

Ⅱ. 精铣加工的步骤

1)选择、安装铣刀。在单件(或小批量)加工时,仍然可用粗铣时的铣刀。在大批量加

工时,则应先对零件进行粗铣,再集中精铣。精铣时,应选用密齿铣刀。选用和安装铣刀的方法与粗铣相同。

2)选择铣削速度和深度。精铣时,一般选择较高的铣削速度、较低的进给速度、较小的铣削深度,以确保零件的表面质量。上例中,精铣深度为 1 mm,精铣的每齿进给量选用 0. 08 mm/z。铣削速度比粗铣提高 40% ,即将所选的 25 m/min 折算为 35 m/min,再确定主轴的转速为

$$n = \frac{1\ 000v_c}{\pi D} = \frac{1\ 000 \times 35}{3.\ 14 \times 80} = 140\ \text{r/min}$$

在实际操作中,可采用 150 r/min 这一挡转速,已知铣刀齿数 $z = 8$,则进给速度
$$v_f = nzf_z = 0.\ 08 \times 8 \times 150 = 96\ \text{mm/min}$$
该挡速度可在进给手柄处选定,其他操作步骤与粗铣相同。

(2)用端铣刀铣平面

在卧铣上,可以用端铣刀铣削与工作台表面垂直的零件平面;在立铣上,可以用端铣刀铣削与工作台表面平行的零件平面。其铣削步骤与方法,与用圆柱铣刀铣法基本相同。但由于它刀轴短,刀体结实,铣削时比圆柱铣刀产生的振动小,所以适于高速铣削。在铣削加工中,端铣法已被广泛采用。它的优点是:铣削力变化小,铣削加工时平稳,铣削后的表面质量好,宽度大的零件表面可以不接刀、没有接刀痕、平面度误差小。

3. 斜面铣削工艺

斜面是指零件上与基准面成一定倾斜角的平面。斜度大的斜面一般用度数表示,斜度小的斜面一般用比值表示。在铣床上铣削斜面,通常有以下三种方法。

(1)按工件倾斜所需角度铣削斜面

Ⅰ. 按划线铣斜面

如图 3 - 25 所示,铣削斜面之前,在毛坯上按照图样尺寸划出斜面的位置线,根据划好的线,将工件装在平口虎钳上并找正与工作台台面平行。装夹时最好使钳口与进给方向垂直,避免由于铣削力的作用使工件松动。

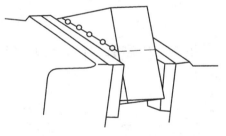

图 3 - 25 按划线加工斜面

Ⅱ. 在万能转台上铣斜面

如图 3 - 26 所示,工件夹紧在万能转台上。万能转台除了能够绕垂直轴旋转外还能绕水平轴旋转,转动的角度大小可从刻度盘上读出。只要将万能转台调整到所需角度后,便可铣削斜面。

Ⅲ. 用倾斜垫铁和专用夹具铣斜面

如图 3 - 27(a)所示,在工件的基准面下垫垫铁,则斜面与基准面之间的夹角就是倾斜垫铁的斜角,$\theta = \alpha$。用这种方法加工斜面,装夹便捷,适合小批量生产。在大批量生产时,通常采用专用夹具来铣斜面,如图 3 - 27(b)所示。

(2)转动立铣头铣斜面

在立铣头可回转的立式铣床或装有立铣头的卧式铣床上,把立铣头连同铣刀转成所需要的角度来铣斜面。图 3 - 28 所示为用立铣头上的圆柱面刀刃铣削斜面的情况。立铣头主轴应转动的角度 $\alpha = 90° - \theta$。

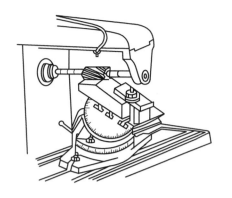

图 3 - 26　在万能转台上铣斜面

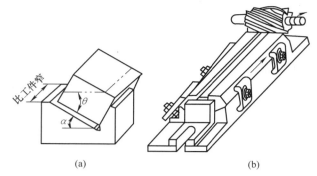

图 3 - 27　用倾斜垫铁和专用夹具铣斜面
（a）用倾斜垫铁铣斜面　（b）用专用夹具铣斜面

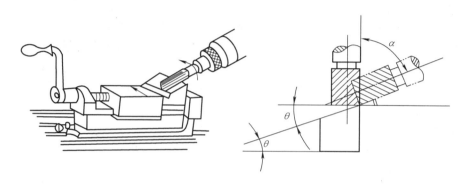

图 3 - 28　用立铣头上圆柱面刀刃铣斜面

用端铣刀铣斜面时,立铣头转动的角度等于工件斜面的角度,即 $\alpha = \theta$,如图 3 - 29 所示。

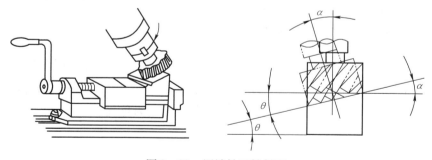

图 3 - 29　用端铣刀铣斜面

（3）用角度铣刀铣斜面

较小的斜面可用角度铣刀直接铣出,所铣斜面的角度由铣刀的角度来保证,如图 3 - 30 所示。当工件数量较多时,为了保证质量和提高生产效率,也可以将多把铣刀组合起来进行铣削,如图 3 - 31 所示。

4. 工件的装夹

在铣床上加工零件时,作用在零件上的切削力是很大的。如未将零件紧固在机床上,则会损坏刀具、夹具以及被加工零件和机床,甚至发生工伤事故。所以,应将零件牢固、可靠地装夹在机床上。另外,还要求零件装夹的位置正确。铣削平面的零件,一般用机用平口虎钳夹紧;但零件形状复杂、尺寸较大时,常采用压板、螺钉、靠(挡)铁;大批或成批加工时,通常采用专用夹具。用机用虎钳装夹时,根据零件的长度决定钳口与刀轴(或工作台)的方向,一定要记住固定钳口应在零件接近加工完成的一面。

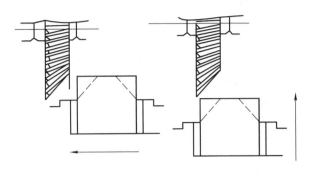

图 3-30　用一把单角铣刀铣斜面

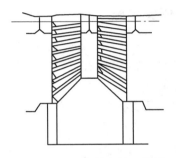

图 3-31　用两把单角铣刀铣斜面

在机用平口虎钳内装夹零件时,必须注意夹紧面的状况。若是已经加工的表面,应垫上铜皮后夹紧。零件的底面不论是否加工过,都应贴紧钳体的导轨面(或垫铁),在保证其加工表面高出钳口的情况下,拧紧活动钳口的丝杠紧固零件。但此时还应切记:要用锤子轻轻敲打零件,听声音(保证垫铁不松动)、观察,确认零件已被夹紧,才能进行加工。

5. 铣刀的安装

安装铣刀是加工前一项必要的准备工作,在铣削前必须根据加工性质选择好铣刀。由于铣刀的结构形式较多,铣刀的安装方法也有多种。铣刀的安装方法将影响铣刀的回转精度,并将影响到铣削加工的质量和铣刀的使用寿命。因此,安装铣刀时必须细心操作,否则容易弄弯铣刀刀轴、折断刀齿。

(1)圆柱铣刀的安装步骤

1)根据所需要的铣刀孔径选择相应的刀轴和拉紧螺杆。这时应检查刀轴是否弯曲、螺纹是否完好,还要检查垫圈端面的表面结构和两端面的平行度等项目,检查无误后擦拭干净。

2)检查铣床主轴内锥孔表面有无毛刺杂物,如有毛刺杂物,应予清整,然后擦净。

3)将擦净的刀杆柄部装入主轴锥孔内,用拉紧螺杆紧固。拉紧螺杆拧入刀杆柄部内螺纹 5~6 圈为宜。

4)调整横梁伸出长度,使其与刀轴相适应。

5)铣刀通过垫圈和螺母紧固于轴上,安装铣刀时应使其旋转方向与螺母的旋紧方向相反;否则铣削时,在切削力的作用下,螺母会松动、脱落;直径较大的铣刀应用平键来连接并借以传递扭矩。铣刀在刀轴上的位置由垫圈来调整,应尽量使铣刀靠近主轴。

6)安装、调整挂架,使挂架上的轴承孔套入刀轴轴颈,调整后紧固螺钉,将挂架固定在横梁上。

7)紧固刀轴上的螺母,通过垫圈将铣刀紧固在刀轴上。

（2）安装铣刀的注意事项

1）在卧式铣床上装夹铣刀时，在不影响加工的情况下，尽量使铣刀靠近主轴，支架靠近铣刀。若需铣刀离主轴较远时，应在主轴与铣刀间装一个辅助支架。

2）在立式铣床上装夹铣刀时，在不影响铣削的情况下，尽量选用短刀杆。

3）铣刀装夹好后，必要时应用百分表检查铣刀的径向跳动和端面跳动。

4）若同时用两把圆柱形铣刀铣宽平面，应选螺旋方向相反的两把铣刀。

四、任务实施

图 3－17 所示零件的主要特征为矩形平面，其尺寸要求不高，主要是上下平面的平行度和平面度。因此，在铣削加工中应以底平面作为装夹基准，在一次装夹中加工完成，且按粗、精加工分步进行。

1. 刀具的选用

根据图示零件的结构特点，确定选用粗齿圆柱铣刀 $\phi80$ mm $\times 63$ mm，$z=8$，刀具材料为高速钢。

2. 切削用量的选择

本任务采用粗、精两次铣削。

粗铣：

$$n = \frac{1\ 000v_c}{\pi D} = \frac{1\ 000 \times 25}{3.14 \times 80} = 100 \text{ r/min}$$

$$a_p = 4 \text{ mm}$$

$$f_z = 0.15 \text{ mm/z}$$

精铣：

$$n = \frac{1\ 000v_c}{\pi D} = \frac{1\ 000 \times 35}{3.14 \times 80} = 140 \text{ r/min}$$

$$a_p = 1 \text{ mm}$$

$$f_z = 0.08 \text{ mm/z}$$

3. 机床的调整

首先调整主轴转速；然后调整进给箱手柄，设定所需的进给速度。

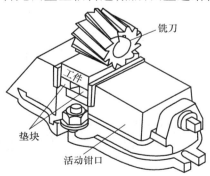

铣刀

工件

垫块

活动钳口

图 3－32　平口虎钳装夹工件

4. 装夹工件及刀具

（1）工件的装夹

本任务工件的装夹方法如图 3－32 所示。

（2）铣刀的安装

本任务圆柱铣刀的安装方法如图 3－33 所示。

5. 铣削的工艺过程

（1）对刀

开车，使铣刀旋转，工作台上升，使工件和铣刀接触，纵向退出工作台，将垂直进给刻度盘的零线对准。

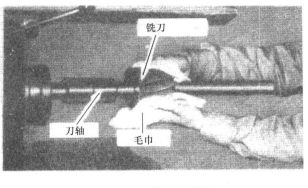

图 3-33 铣刀的安装

（2）粗铣平面

调整铣削深度，利用刻度盘的标志，将工作台升高 4 mm，然后将升降台和横向工作台紧固。先用手动使工作台纵向进给，当切入工件后，改为自动进给，直至铣完整个平面。

（3）精铣平面

调整切削用量，利用刻度盘的标志，将工作台升高 1 mm，然后将升降台和横向工作台紧固。先用手动使工作台纵向进给，当切入工件后，改为自动进给，直至铣完整个平面。

五、操作训练

训练铣平面，铣出一个平面或斜面。

六、评分标准

铣平面的评分标准见表 3-6。

表 3-6 铣平面的评分标准

序号	项目与技术要求	配分	检测标准	实测记录	得分
1	平口虎钳安装正确	10	平口虎钳安装不正确不得分，钳口方向不正确扣 5 分		
2	工件装夹正确	10	装夹不平不得分，装夹不可靠扣 5 分		
3	刀具安装正确	10	准备工作不充分扣 2 分，刀具安装位置不合理扣 2 分，装刀不可靠不得分		
4	切削用量选择正确及机床调整正确	20	主轴转速调整不正确扣 10 分，进给速度调整不当扣 10 分		
5	对刀方法恰当	10	对刀方法不当，酌情扣分		
6	粗铣尺寸控制准确	20	尺寸超差，酌情扣分		
7	精铣质量检测	20	尺寸超差扣 10 分，表面结构超差扣 5 分		
8	安全文明操作		违规每次扣 2 分		

课题三　铣槽与切断

任务1　铣键槽

【任务说明】

了解铣槽的工艺方法。

➢ 拟学习的知识

● 键槽铣削的工艺特点。

● 立铣刀的选择。

● 对刀方法。

● 键槽工件的装夹与校正。

➢ 拟掌握的技能

● 掌握键槽铣削的工艺及方法。

一、任务描述

在铣床上加工图 3 - 34 所示短轴上的键槽。材料为 45 钢,完成时间为 60 min。

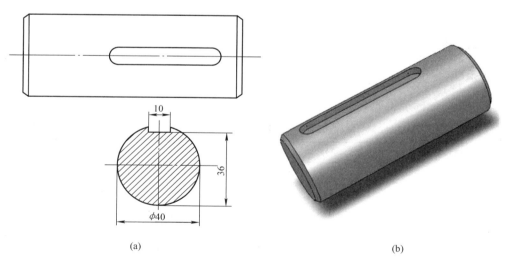

(a)   (b)

图 3 - 34　短轴

(a)零件图　(b)实物图

二、任务分析

要完成短轴上键槽的加工,其步骤:确定键槽铣削工艺→选择铣削刀具→安装刀具和工件→对刀→铣削加工。

本任务主要学习键槽铣刀的选择、铣键槽时工件的装夹方法以及对刀方法等知识。

三、相关知识

1. 选择铣削键槽的刀具

（1）铣削敞开式键槽

铣削敞开式键槽，选用盘形槽铣刀、三面刃铣刀、键槽铣刀。

铣削直角沟槽，可以在卧式铣床上用盘形铣刀加工，如图 3-35(a)所示；也可以在立式铣床上用立铣刀加工，如图 3-35(b)所示。铣削时应注意以下事项。

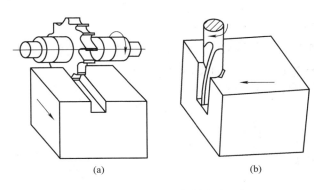

图 3-35　铣削直角沟槽
(a)用盘形铣刀铣削　(b)用立铣刀铣削

1）要注意铣刀的轴向摆差（盘形槽铣刀、三面刃铣刀受旋转中轴向跳动量影响而引起的加工误差），以免造成沟槽宽度尺寸超差。

2）在槽宽需分几刀铣至尺寸时，要注意铣刀单面切削时的让刀现象。

3）在铣削过程中，不能中途停止进给，也不能退回工件。因为在铣削中，整个工艺系统的受力是有规律和方向的，一旦停止进给，铣刀原来受到的铣削力发生变化，必然使铣刀在槽中位置发生变化，使沟槽的尺寸发生变化。

4）铣削与基准面呈倾斜角度的直角沟槽时，应将沟槽校正到与进给方向平行的位置再加工。

（2）铣削封闭式键槽

铣削封闭式键槽，选用键槽立铣刀。

铣削封闭式直角沟槽一般都采用键槽铣刀来加工。铣削时应注意：

1）要校正沟槽方向与进给方向一致；

2）槽宽尺寸较小、铣刀的强度和刚性都较差时，应分层铣削；

3）用自动进给铣削时，不能铣到头，要预先停止，改用手动进给，以免铣过尺寸。

键槽立铣刀的优点：

1）在铣削键槽时，不易产生上宽下窄的现象；

2）铣削的键槽宽度精度好，尺寸稳定；

3）键槽铣刀能水平进刀，也能垂直进刀，便于铣键槽；

4）由于键槽铣刀有双刃特点，所以键槽侧面直线度精度高；

5）磨刀容易（只磨端刃）。

2. 工件装夹与校正

（1）工件装夹

装夹工件时，不但要保证工件稳定可靠，还要保证工件的中心位置不变，即保证键槽中心线与轴心线重合。铣键槽时工件的装夹方法，一般有以下几种。

Ⅰ. 平口虎钳安装（图3-36）

当工件直径有变化时，工件中心在钳口内也随之变动，影响键槽的对称度和深度尺寸。其装夹简便、稳固，适用于单件生产。若轴的外圆已精加工过，也可用此装夹方法进行批量生产。

Ⅱ. 用V形架装夹（图3-37）

其特点是工件轴线只在V形槽的角平分线上，随直径的变化而上下变动。因此，当铣刀的中心对准V形架的角平分线时，能保证键槽的对称度。在铣削一批直径有偏差的工件时，虽对铣削深度有影响，但变化量一般不会超过槽深的尺寸公差。

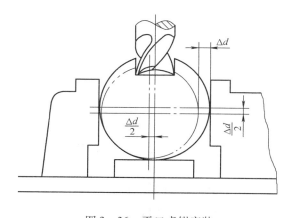

图3-36　平口虎钳安装

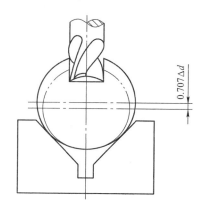

图3-37　用V形架装夹

Ⅲ. 用分度头装夹

用分度头主轴和尾架两顶尖装夹或一夹一顶方式装夹工件，工件轴线位置不会因直径变化而变化，因此轴上键槽的对称性不会受工件直径变化的影响。

（2）工件校正

要保证键槽两侧面和底面平行于工件轴线，就必须使工件轴线既平行于工作台的纵向进给方向，又平行于工作台台面。用平口虎钳装夹工件时，要用百分表校正固定钳口与纵向进给方向平行，还要校正工件上母线与纵向工作台台面平行。用V形架和分度头装夹工件时，要校正侧母线与纵向进给方向平行，还要校正工件上母线与纵向工作台台面平行。

3. 对刀

铣键槽时，调整铣刀与工件相对位置，即使铣刀旋转轴线对准工件轴线，这是保证键槽对称度的关键。常用的对刀方法有以下几种。

（1）擦边对中心

擦边对中心的方法是先在工件或钳口侧面贴一张薄纸，开动机床，当铣刀擦到薄纸后，向下退出工件，再横向移动，如图3-38所示。用键槽铣刀或立铣刀时移动距离为

$$A = \frac{D + d(\text{或}L)}{2} + \delta\ (\text{mm})$$

式中　　D——工件直径,mm;

　　　　d——铣刀直径,mm;

　　　　L——铣刀宽度,mm;

　　　　δ——纸厚,mm。

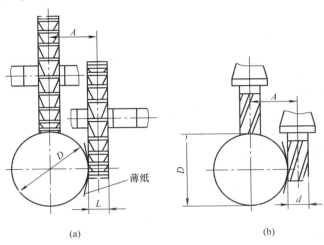

图 3 – 38　擦边对中心

（a）盘形槽铣刀对刀　（b）键槽铣刀对刀

（2）切痕对中心

切痕对中心方法使用简便,但对刀精度不高,是最常用的对刀方法。

Ⅰ.盘形铣刀、三面刃铣刀切痕对刀法

先把工件大致调整到铣刀的中心位置上,开动机床,在工件表面上切出一个接近铣刀宽度的椭圆形切痕,然后移动横向工作台,使铣刀落在椭圆的中间位置,如图 3 – 39 所示。

Ⅱ.键槽铣刀切痕对刀法

其原理和盘形铣刀的切痕对刀法相同,只是键槽铣刀的切痕是一个边长等于铣刀直径的四方形小平面,如图 3 – 40 所示。对刀时,使铣刀在旋转时落在小平面的中间位置。

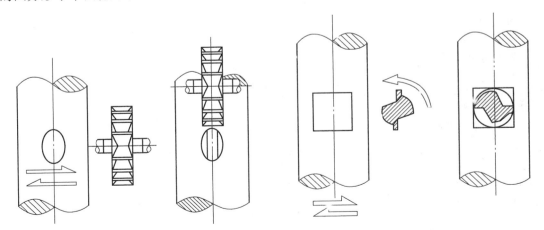

图 3 – 39　盘形及三面刃铣刀的切痕对刀法　　　　图 3 – 40　键槽铣刀的切痕对刀法

四、任务实施

本任务要求在短轴上加工封闭式键槽,主要要求为键槽对轴线的对称度及槽底对轴线的平行度。因此,在铣削加工中必须注意工件的装夹及对刀。

1. 工件的装夹

本任务采用平口虎钳装夹。

2. 刀具的选择

采用高速钢键槽铣刀(直径为 10 mm)。

3. 铣削用量选择

铣削键槽时,一般采用一次切削即达深度要求。

查表后,选用铣削速度 $v_c = 20$ m/min;

主轴转速 $n = \dfrac{1\ 000 v_c}{\pi D} = \dfrac{1\ 000 \times 20}{3.\ 14 \times 10} = 637$ r/min(采用 600 r/min);

进给量 $f = 0.\ 1$ mm/r,则 $v_f = nf = 0.\ 1 \times 600 = 60$ mm/min。

按选定的转速、进给速度,分别调整机床的各手柄,再检查夹具、零件,准确无误后便可开启机床进行铣削加工。

4. 对刀

采用如图 3 - 38 所示的擦边对中心方式。

5. 铣削加工

在开机铣削时,一般先进行试铣。在试铣时,可以发现并调整对刀的准确性以及键槽的宽度和深度等是否能确保图样要求的尺寸和精度,为了不损伤零件,通常利用废零件或料头进行此项工作。在试铣时不要加切削液,以便观察;在正式铣削时,一定要加切削液,并注意观察铣削状况。

五、操作训练

训练铣键槽。

六、评分标准

铣键槽的评分标准见表 3 - 7。

表 3 - 7　铣键槽的评分标准

序号	项目与技术要求	配分	检测标准	实测记录	得分
1	工件装夹正确	15	装夹不平不得分,装夹不可靠扣 5 分		
2	刀具安装正确	10	准备工作不充分扣 2 分,刀具安装位置不合理扣 2 分,装刀不可靠不得分		
3	切削用量选择正确及机床调整正确	20	主轴转速调整不正确扣 10 分,进给速度调整不当扣 10 分		
4	对刀方法恰当	25	对刀方法不当,酌情扣分		

序号	项目与技术要求	配分	检测标准	实测记录	得分
5	铣削质量检测	30	槽深尺寸超差扣10分,表面结构超差扣10分		
6	安全文明操作		违规每次扣2分		

任务2 切断

【任务说明】

了解切断的工艺方法。

➢ 拟学习的知识

● 切断的工艺特点。

● 切断刀的选择。

➢ 拟掌握的技能

● 切断的工艺及方法。

一、任务描述

在铣床上用锯片铣刀切断图3-41所示的短轴头。材料为45钢,坯料长度为120 mm。

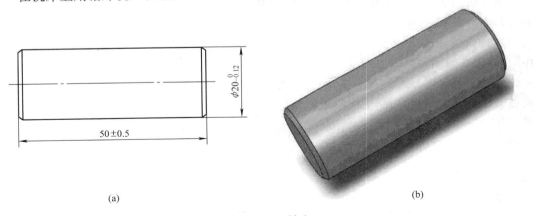

$\phi20_{-0.12}^{0}$

50±0.5

(a)   (b)

图3-41 短轴头
(a)零件图 (b)实物图

二、任务分析

要完成铣削切断加工,其步骤:选择铣削刀具→安装刀具和工件→对刀测量→铣削加工。

本任务主要学习锯片铣刀的选择、装夹方法以及切断加工等知识。

三、相关知识

1. 切断的工艺特点

为了节省材料,切断时所用的铣刀一般都采用薄片圆盘形的锯片铣刀或开缝铣刀(又

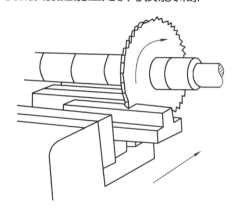

图 3 - 42　用锯片铣刀切断工件

称切口铣刀）两种。锯片铣刀直径较大，一般都用来切断工件，如图 3 - 42 所示。开缝铣刀的直径较小，齿也较密，用来铣切口和零件上的窄缝以及切断细小或薄的工件。

2. 切断的工艺方法

（1）铣刀的选择

选择锯片铣刀，主要考虑直径和厚度。不宜选取过大的外径，否则加工时锯片刚性不好；但其直径应大于垫圈直径加两倍的切削厚度。为保证刀具的刚性，锯片厚度可取较大值，但不宜过厚，以免浪费金属材料和能源。

锯片铣刀直径的计算公式为

$$D > d + 2t$$

式中　D——铣刀直径，mm；

　　　d——刀轴垫圈直径，mm；

　　　t——工件切断厚度，mm。

（2）铣刀的安装

锯片铣刀装夹十分重要。铣刀刀轴直线度要好，不能有弯曲和跳动；刀轴垫圈两端面应平行，如有问题应先修正或调换。安装薄锯片铣刀时，应尽量将铣刀靠近铣床床身，一般不用键，而依靠刀轴垫圈和铣刀两端面间的摩擦力进行铣削切断，利用摩擦力还有过载保护的作用，如果在刀柄和铣刀之间放了键，反而容易使锯片铣刀碎裂，故夹紧螺母应旋得很紧；螺母旋紧方向应与铣刀旋转方向相反；在铣削过程中，为了防止刀柄螺母受铣削力作用而旋松或越旋越紧，从而影响切断工作的平稳，可在铣刀与刀柄螺母之间的任一垫圈内，安装一段键，如图 3 - 43 所示。

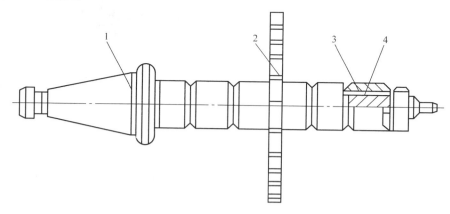

图 3 - 43　刀柄螺母的防松措施
1—刀轴；2—铣刀；3—垫圈；4—防松键

安装锯片铣刀时，铣刀尽量靠近铣床主轴端部。安装挂架时，挂架尽量靠近铣刀，以增加刀轴刚度，减少切断中的振动。

铣刀直径和厚度在许可时要考虑增强刚性;加工过程中要注意铣刀刀刃的变化,如有磨损应该及时修磨或调换。

(3)刀具的夹紧和维护

安装大直径的锯片铣刀时,应在铣刀两侧增设夹板(图3-44),以增加安装刚度和摩擦力,使切断工作平稳。

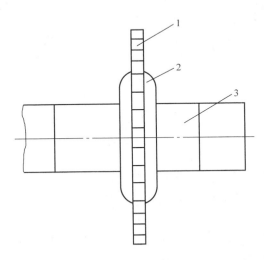

图3-44 用夹板增强锯片铣刀的强度
1—铣刀;2—夹板;3—刀轴

(4)机床零位的校正

切断开始前,机床要先校正零位(使工作台的纵向移动方向与锯片铣刀端面平行),以使锯片铣刀两侧不致受到扭力而碎裂。

(5)工件的装夹

Ⅰ.压板装夹

用压板装夹工件时,压板的夹紧点尽量靠近铣刀,工件侧面和端面可安装定位靠铁,用来定位和承受一定切削力,防止切断中工件位置移动而损坏刀具,工件切缝应处于工作台T形槽上方,防止切断中铣伤工作台台面,如图3-45(a)所示。

Ⅱ.机用虎钳装夹

用机用虎钳装夹工件时,固定钳口一般应与铣床主轴轴心线平行安装,铣削力应与固定钳口成法向,工件伸出钳口一端的长度应尽量短些,以铣不到钳口端为宜,如图3-45(b)所示。这样可减少切断中的振动,增加工件刚度。

Ⅲ.夹具装夹

用夹具装夹工件时,夹具的定位面应与主轴轴心线平行,铣削力应朝向夹具的定位支承部位。

装夹工件时,要使切断处尽量靠近夹紧点。工件大小不一或者刚性较差时,应加垫垫块或钢皮,保证夹紧。为使切断时铣削平稳,要使工件底面略低于锯片铣刀外圆母线0.2~0.3 mm,或者与铣刀外圆母线相切。

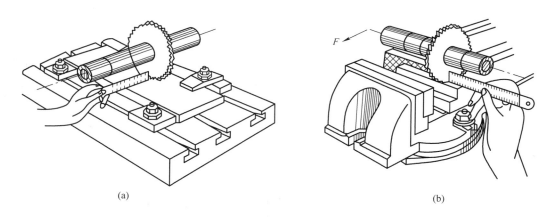

图 3 - 45　铣削切断时工件的装夹
（a）采用压板装夹　（b）采用机用虎钳装夹

　　工件切到最后，长度变短，装夹好后进行切断时，会使钳口两端受力不均匀，活动钳口出现歪斜（又称为喇叭口），如图 3 - 46（a）所示，切断中工件容易被铣刀抬挤出钳口，损坏铣刀，啃伤工件。因此，工件切到最后，应在钳口的另一端垫上已切好的工件或同等厚度的垫块，使钳口两端受力均匀，从而使最后的工件切断过程顺利进行，如图 3 - 46（b）所示。工件切到最后剩下 20 ~ 30 mm 时，就不要再切了。

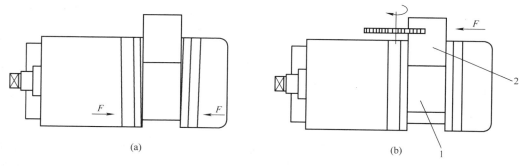

图 3 - 46　切断较短工件
（a）未加垫块时　（b）加垫块后
1—垫块；2—待加工坯料

　　（6）切断时铣刀的位置
　　切断过程中，为了使铣刀工作平衡和安全，防止铣刀将工件抬挤出钳台，铣刀的圆周刃以刚好与条料工件的底面相切为宜，即刚刚切透工件，如图 3 - 47 所示。
　　（7）为防止锯片铣刀折断，可采取的措施
　　1）要校正工作台"零位"的正确性，否则容易将锯片铣刀扭断。
　　2）要正确装夹工件，伸出长度尽可能短。
　　3）合理选择锯片铣刀的直径，尽可能选择小一点。
　　4）应保持铣刀切削刃口锋利，不要使用刀齿两端磨损不均匀的铣刀。

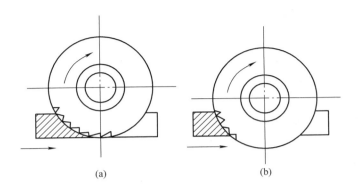

图 3 – 47　切断时铣刀的位置

(a)正确　(b)错误

5)应使铣刀逐渐切入工件,一般可先采用手动进给。铣削过程中发现异常现象,应先停止工作台进给,然后再停止主轴转动。

6)在切削较薄的工件时,最好使锯片铣刀的外圆恰好与工件底面相切,或稍高于工件底面(小于 0.5 mm)。

7)切断钢件时要充分浇注冷却液。

四、任务实施

本任务要求在 120 mm 长的钢料上进行 50 mm 长短轴头的铣削切断,主要要求为保证短轴头的长度尺寸。因此,在铣削加工中必须注意工件的装夹及对刀。

1. 工件的装夹

本任务采用平口虎钳装夹。因工件较短,所以采用如图 3 – 46 所示的安装方法。

2. 刀具的选择

采用高速钢锯片铣刀,根据短轴头直径选择锯片铣刀直径为 120 mm。

3. 铣削用量选择

采用一次切削即达深度要求。

选用铣削速度 $v_c = 20$ m/min;

主轴转速 $n = \dfrac{1\ 000 v_c}{\pi D} = \dfrac{1\ 000 \times 20}{3.14 \times 120} = 53.08$ r/min(采用 60 r/min);

进给量 $f = 12$ mm/r(考虑到锯片铣刀齿多),则 $v_f = nf = 12 \times 60 = 720$ mm/min。

按选定的转速、进给速度,分别调整机床的各手柄,再检查夹具、零件,准确无误后便可开启机床进行铣削加工。

4. 铣削加工

采用如图 3 – 45 所示的方法控制铣削长度。在试铣时不要加切削液,以便观察;在正式铣削时,一定要充分加注切削液,并注意观察铣削状况

课题四　铣等分零件

【任务说明】

掌握等分零件铣削的工艺方法,学会等分零件的铣削。

➤ 拟学习的知识

● 万能分度头的分度原理及使用方法。

● 回转工作台的使用方法。

➤ 拟掌握的技能

● 正确使用万能分度头及回转工作台进行等分零件的铣削。

一、任务描述

在铣床上加工图 3-48 所示圆柱端面的十字槽。毛坯材料为 45 钢,完成时间为 60 min。

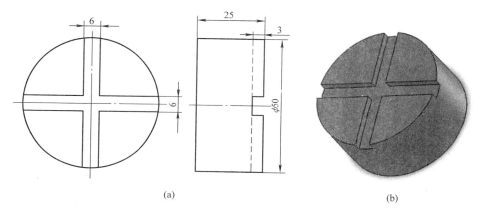

(a)　　　　　　　　　　　　　　(b)

图 3-48　十字槽圆柱
(a)零件图　(b)实物图

二、任务分析

铣等分零件的步骤:确定铣削工艺→选择分度方法→选择铣削刀具→安装刀具和工件→铣削加工。

本课题主要学习万能分度头的分度原理、使用方法及回转工作台的使用方法。

三、相关知识

在铣削加工中,分度头是铣床上等分圆周用的附件,等分零件的铣削常用万能分度头或回转工作台进行分度,其优点是使用方便、精确度较高。

1. 万能分度头的结构

分度头型号是以主轴中心到底面的高度(mm)表示。例如,FW125 型万能分度头表示主轴中心到底面的高度为 125 mm。常用万能分度头的型号有 FW100、FW125 和

FW160 等几种。

万能分度头主要由底座、转动体、主轴、分度盘等组成,如图 3 - 49 所示。分度头主轴前端锥孔内可安装顶尖,用来支撑工件;主轴外部有螺纹以便旋装卡盘、拨盘来装夹工件,如图 3 - 50 所示。分度头转动体可使主轴在垂直平面内转动一定角度,即分度头可随回转体在垂直平面内作向上 90°和向下 10°范围内的转动,以便铣斜面或垂直面。分度头侧面有分度盘。工作时,将分度头的底座用螺栓紧固在铣床工作台上,并利用导向键与工作台中间的 T 形槽相配合,使分度头主轴与工作台纵向进给方向平行。

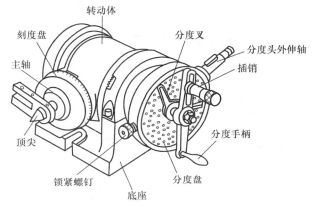

图 3 - 49　万能分度头外形

2. 万能分度头的主要作用

1)能够将工件做任意的圆周等分或直线移距分度。

2)可把工件轴线放置成水平、垂直或倾斜的位置。

3)通过配换齿轮,可使分度头主轴随纵向工作台的进给运动作连续旋转,以便铣削螺旋面或等速凸轮的型面。

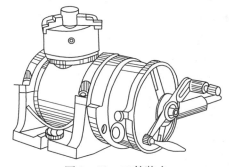

图 3 - 50　工件装夹

3. 简单分度法

分度头的分度法有简单分度法、角度分度法和差动分度法三种。此处主要介绍简单分度法。

简单分度法又叫单式分度法,是最常用的分度方法。用简单分度法分度时,分度前将蜗轮和蜗杆啮合,用紧固螺钉将分度盘固定,拔出定位销,然后旋转手柄,通过一对直齿圆柱齿轮和蜗杆、蜗轮使分度头主轴带动工件转动一定角度。

(1)分度原理

如图 3 - 51 所示,两个直齿圆柱齿轮的齿数相同,传动比为 1,对分度头传动比没有影响。蜗杆是单线的,蜗轮齿数为 40,手柄转一圈,主轴带动工件转 1/40 转,"40"叫做分度头的定数。如果要将工件的圆周等分为 z 等份,则每等份工件应转 1/z 转,设每等份工件对应的手柄转数为 n,则手柄转数 n 与工件等分数 z 之间具有以下关系:

$$\frac{1}{1/40} = \frac{n}{1/z}$$

即 $n = 40/z$。

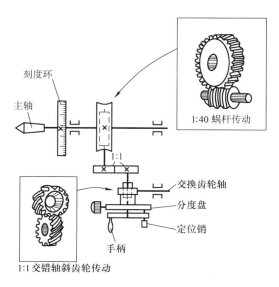

图 3 – 51　分度头传动系统

当算得的 n 不是整数而是分数时,可用分度盘上的孔数来进行分度(把分子和分母根据分度盘上的孔圈数,同时扩大或缩小)。根据传动关系知道,要使主轴(或工件)转一圈,手柄相对于分度盘(简单分度时,分度盘不动)必须转 40 转。那么,当工件的等分数为 z,即要求主轴每转 $1/z$ 转(即作一次分度)时,手柄的转数

$$n = 40/z$$

例如,若在铣床上铣 $z = 25$ 的齿轮,那么每铣完一个齿,分度盘的手柄转数

$$n = 40/z = 40/25 = 1^3/_5 = 1^{18}/_{30}$$

即手柄转过一转后,再沿着孔数为 30 的孔圈转过 18 个孔。这样连续下去,就可以把工件的全部齿铣完。

(2)分度盘和分度叉的使用

分度盘是解决分度手柄不是整数转数的分度。常用分度头备有两块分度盘,正、反面都有数圈均布的孔圈。常用分度盘的孔数见表 3 – 8。

表 3 – 8　常用分度盘的孔数

分度头形式		分度盘的孔数
带一块分度盘		正面:24、25、28、30、34、37、38、39、41、42、43
		反面:46、47、49、51、53、54、57、58、59、62、66
带两块分度盘	第一块	正面:24、25、28、30、34、37
		反面:38、39、41、42、43
	第二块	正面:46、47、49、51、53、54
		反面:57、58、59、62、66

为了避免每次分度要数一次孔数的麻烦,并且为了防止转错,在分度盘上附设一对分度叉(也称扇形股),如图 3-52 所示。分度叉两叉间的夹角,可以通过松开螺钉进行调节,使分度叉两叉间的孔数比需要转的孔数多一孔,因为第一个孔是用做零来计数的。

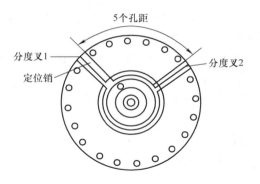

图 3-52 分度叉

图 3-52 是每次分度转 5 个孔距的情况,而分度叉两叉间的孔数是 6。分度叉受到弹簧的压力,可紧贴在分度盘上而不会走动。在第二次转分度手柄前,拔出定位销转动分度手柄,并使定位销落入紧靠分度叉 2 一侧的孔内,然后将分度叉 1 的一侧拨到紧靠定位销处,为下次分度做准备。

(3)分度时的注意事项

1)在摇分度手柄的过程中,速度要尽可能均匀。如果摇过了头,则应将分度手柄退回半圈以上,然后再按原来方向摇到规定的位置,以消除传动间隙。

2)事先要松开主轴锁紧手柄,分度结束后再重新锁紧,但在加工螺旋面工件时,由于分度头主轴要在加工过程中连续旋转,所以不能锁紧。

3)定位销应缓慢地插入分度盘的孔内,切勿突然撒手而使定位销自动弹入,以免损坏分度盘的孔眼精度。

4. 回转工作台的使用方法

回转工作台又称为圆转台,是铣床常用的附件之一。它的主要作用是分度及铣圆弧曲线外形工件。它的规格是以转台的直径来定的,有 200 mm、320 mm、400 mm、500 mm 等规格。圆转台分手动和机动两种。

手动进给圆转台如图 3-53 所示。底座上的缺口与机床工作台上的 T 形槽对齐后,可用螺栓把圆转台固定在工作台上。圆转台的转动由蜗杆副传动,手轮装在蜗杆轴上,蜗轮与转台紧固在一起,所以转动手轮时蜗杆就带动转台上的蜗轮转动,从而使转台围绕本身的轴

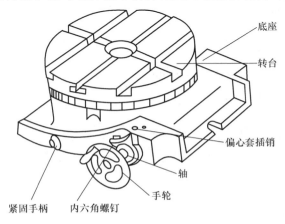

图 3-53 手动进给圆转台

线旋转。蜗杆为单头,手轮转一圈,蜗轮就转一齿。转台的蜗轮齿数一般有 60、90 和 120 等,即它们的定数分别为 60、90 和 120。其分度计算方法与分度头基本相同。圆转台的外圆表面上刻有每格为 1°的刻线,铣削时用来观察转台转过的角度。如进行直线铣削时,可将紧固手柄扳紧,使转换锁紧。此外,如松开内六角螺钉,拔出偏心套插销,插入另一条槽内,则可使蜗轮蜗杆脱开。此时可直接用手推动转台旋转,便于进行工件对转台的同轴度的校正工作。

转台台面上的 T 形槽可用来固定工件、夹具及其他铣床附件。转台中心有一个和转台旋转轴线同轴的带台阶的锥孔,用以校正转台位置及工件定位。

四、任务实施

本任务零件的主要特征为圆柱端面有一个等分十字槽,其尺寸要求不高,主要要求为十字槽的垂直度及与槽底的平行度。因此,在铣削加工中必须注意在一次装夹中加工完成,且注意分度的准确性。

本零件在 X6132 型铣床上采用立铣的方式进行铣削十字槽,用分度头做简单分度,其过程如下。

1. 工件的装夹

如图 3-50 所示,用三爪卡盘装夹工件。工件被切削部分应高出卡爪 5~10 mm。

2. 铣刀的选择

选用 $\phi6$ mm 的高速钢立铣刀。

3. 调整铣刀切削位置

(1)对中

其方法与铣键槽的对中方法相同。

(2)控制切削深度

其方法与铣键槽的控制方法相同。

4. 铣削用量的选择

本任务采用一次铣削到深度。

查表后,选用铣削速度 $v_c = 20$ m/min,进给量 $f = 0.1$ mm/r;

主轴转速 $n = \dfrac{1\,000v_c}{\pi D} = \dfrac{1\,000 \times 20}{3.14 \times 6} = 1\,061$ r/min(采用 1 000 r/min);

进给速度 $v_f = 0.1 \times 1\,000 = 100$ mm/min。

按选定的转速和进给速度分别调整机床的各手柄。

5. 开机铣削

1)检查夹具、零件,准确无误后便可开机铣削出一个通槽。

2)使用分度头分度,使工件旋转 90°,再铣削出另一个通槽。

五、操作训练

1)熟悉万能分度头的结构及分度方法。

2)掌握回转工作台的结构及使用。

3)掌握等分零件的铣削工艺方法。

六、评分标准

铣等分零件的评分标准见表 3 – 9。

表 3 – 9　铣等分零件的评分标准

序号	项目与技术要求	配分	检测标准	实测记录	得分
1	分度头及工件装夹正确	10	分度头装夹不正确不得分,工件装夹不平不得分,装夹不可靠扣 5 分		
2	刀具的选择及安装正确	10	准备工作不充分扣 2 分,刀具安装位置不合理扣 2 分,装刀不可靠不得分		
3	切削用量选择正确及机床调整正确	20	主轴转速调整不正确扣 10 分,进给速度调整不当扣 10 分		
4	对刀方法恰当	20	对刀方法不当,酌情扣分		
5	分度头的正确使用	20	分度不准确不得分		
6	铣削质量检测	20	槽深尺寸超差扣 10 分,对称度超差扣 10 分		
7	安全文明操作		违规每次扣 2 分		

课题五　综合训练

【任务说明】

综合应用单项训练的基本技能,加工出十字离合器零件。

➢ 拟掌握的技能

● 铣平面、钻孔、铣孔、铣十字槽的综合操作。

一、任务描述

在铣床上加工如图 3 – 54 所示的十字离合器。毛坯材料为 45 钢,完成时间为 90 min。通过该零件的铣削综合训练,掌握铣削平面、铣削等分零件及孔的加工。

二、任务分析

该零件的结构特点是中心有一个 $\phi18$ mm 的通孔,上端面有一个十字槽。

其加工步骤:粗铣平面→铣另一平面→钻孔→铣孔→铣十字槽。

该零件的具体加工要求:要保证零件的高度尺寸、上下端面的平行度、十字槽的垂直度、孔的尺寸精度、孔的轴线对端面的垂直度及孔的轴线对外圆的同轴度。

三、任务实施

1. 备料

毛坯为 $\phi50$ mm × 30 mm 的 45 钢。

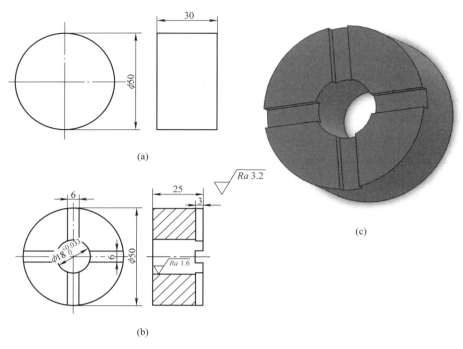

(a)

(b)

(c)

图 3-54 十字离合器
（a）毛坯图 （b）零件图 （c）实物图

2. 刀具的选用

根据图示零件的结构特点，铣平面时选用 $\phi80$ mm $\times63$ mm 的高速钢粗齿圆柱铣刀，孔加工选用 $\phi16$ mm 的麻花钻及 $\phi18$ mm 的高速钢立铣刀，槽加工选用 $\phi6$ mm 的高速钢立铣刀。

3. 切削用量的选择

（1）铣平面

采用粗、精两次铣削。

粗铣时：$n = \dfrac{1\ 000v_c}{\pi D} = \dfrac{1\ 000 \times 25}{3.\ 14 \times 80} = 100$ r/min，$a_p = 4$ mm，$f_z = 0.\ 15$ mm/z。

精铣时：$n = \dfrac{1\ 000v_c}{\pi D} = \dfrac{1\ 000 \times 35}{3.\ 14 \times 80} = 140$ r/min，$a_p = 1$ mm，$f_z = 0.\ 08$ mm/z。

（2）孔加工

采用先钻孔再铣孔的工艺方法。

钻孔时：$n = \dfrac{1\ 000v_c}{\pi D} = \dfrac{1\ 000 \times 25}{3.\ 14 \times 16} = 497$ r/min（采用 500 r/min），采用手动进给。

铣孔时：$n = \dfrac{1\ 000v_c}{\pi D} = \dfrac{1\ 000 \times 25}{3.\ 14 \times 18} = 442$ r/min（采用 450 r/min），$f = 0.\ 10$ mm/r，进给速度 $v_f = 0.\ 1 \times 450 = 45$ mm/min。

（3）槽加工

采用一次铣削到深度。

选用铣削速度 $v_c = 20$ m/min,进给量 $f = 0.1$ mm/r;

主轴转速 $n = \dfrac{1\,000v_c}{\pi D} = \dfrac{1\,000 \times 20}{3.14 \times 6} = 1\,061$ r/min(采用 1 000 r/min),进给速度 $v_f = 0.1 \times 1\,000 = 100$ mm/min。

4. 工件的装夹

本任务工件的装夹应根据不同的工序采用不同的装夹方法。

1)铣平面和孔加工均采用借助 V 形架在平口虎钳上装夹。

3)铣槽采用在分度头上用三爪卡盘装夹。

5. 铣削的工艺过程

铣削综合训练零件的工艺过程见表 3 - 10。

表 3 - 10　铣削综合训练零件的工艺过程

序号	工序图	工序内容	注意事项
1	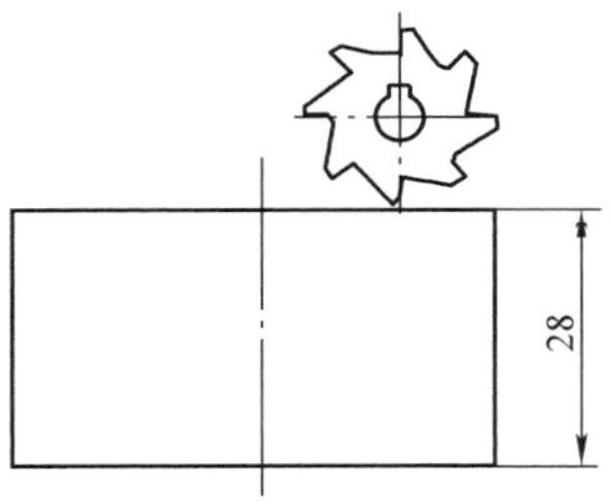 28	粗铣平面	1. 机床手柄是否调整到指定位置; 2. 观察刀具旋向; 3. 平面铣削采用逆铣法
2	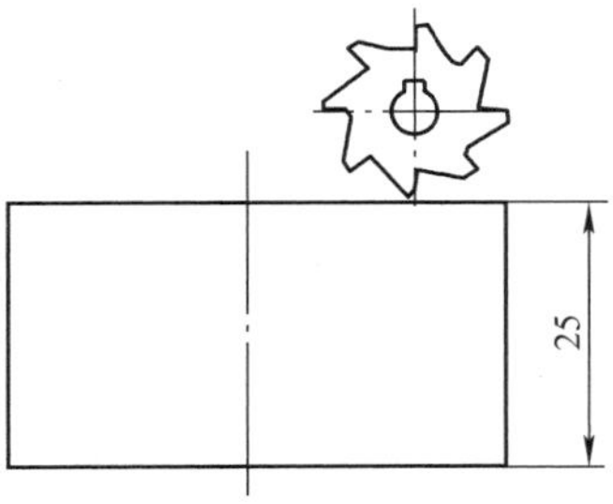 25	翻面粗、精铣平面,控制高度	1. 注意装夹方式,保证两平面的平行度; 2. 注意对刀的准确性,保证工件的总高度
3	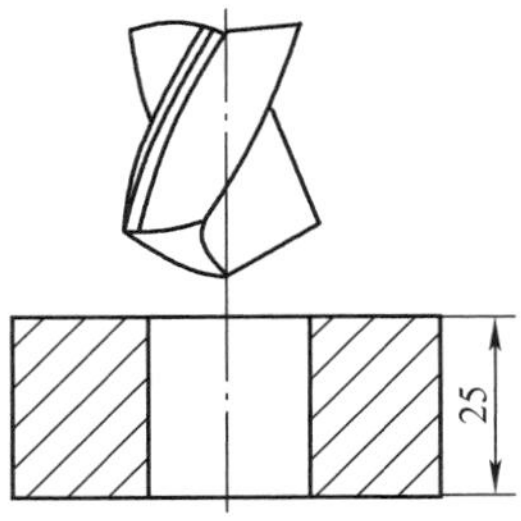 25	钻孔($\phi 16$ mm)	1. 工件的装夹同上; 2. 对中保证孔的位置度; 3. 手动进给时应保证进给速度一致

序号	工序图	工序内容	注意事项
4	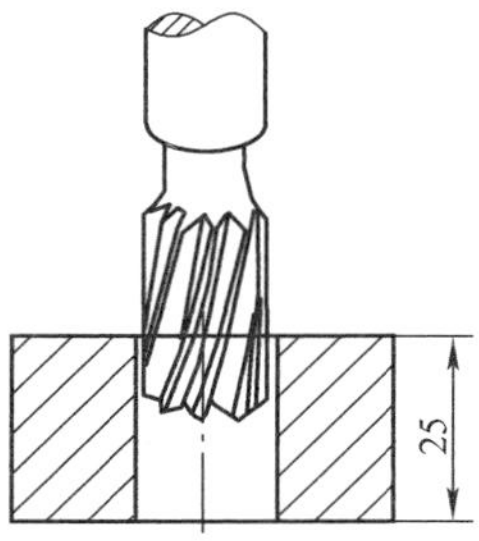	铣孔($\phi 18$ mm)	工件的装夹和对中方法同上
5	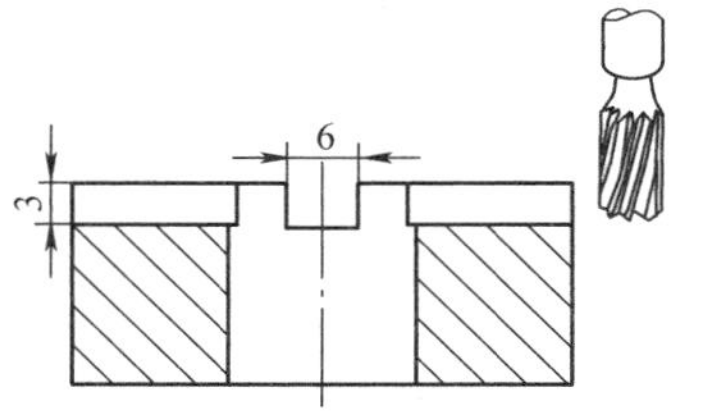	铣十字槽	1. 注意分度头的正确使用； 2. 注意对刀、对中方法的训练

四、评分标准

铣综合训练零件的评分标准见表 3 – 11。

表 3 – 11　铣综合训练零件的评分标准

序号	项目与技术要求	配分	检测标准	实测记录	得分
1	平面铣削方法正确,加工尺寸合格	30	按平面铣削检测标准进行检测		
2	钻孔方法正确,加工尺寸合格	20	工件装夹不当扣 1～5 分,钻头安装不当扣 1～5 分,切削用量不合理扣 1～10 分		
3	铣孔方法正确,加工尺寸合格	20	工件装夹不当扣 1～5 分,铣刀安装不当扣 1～5 分,切削用量不合理扣 1～10 分		
4	铣十字槽方法正确,加工尺寸合格	30	按等分零件铣削检测标准进行检测		
5	安全文明操作		违规每次扣 2 分		

【知识链接】

19 世纪,英国人为了蒸汽机等工业革命的需要发明了镗床、刨床;而美国人为了生产出大量的武器,则专心致志于铣床的发明。铣床是一种带有形状各异铣刀的机器,它可以切削出特殊形状的工件,如螺旋槽、齿轮等。

早在 1664 年,英国科学家胡克就依靠旋转圆形刀具制造出了一种用于切削的机器,这可算是原始的铣床了,但那时社会对此没有做出热烈的反响。在 19 世纪 40 年代,普拉特设计了林肯铣床。当然,真正确立铣床在机器制造中地位的要算美国人惠特尼了。

1818年,惠特尼制造了世界上第一台普通铣床,但是铣床的专利却是英国的博德默(带有送刀装置的龙门刨床的发明者)于1839年捷足先"得"的。由于铣床造价太高,所以当时问津者不多。

铣床沉默一段时间后,又在美国活跃起来。相比之下,惠特尼和普拉特还只能说是为铣床的发明应用做了奠基性的工作,真正发明能适用于工厂各种操作的铣床的功绩应该归属美国工程师约瑟夫·布朗。

1862年,美国的布朗制造出了世界上最早的万能铣床,成为升降台铣床的雏形。这种铣床在备有万能分度盘和综合铣刀方面是划时代的创举。万能铣床的工作台能在水平方向旋转一定的角度,并带有立铣头等附件。他设计的"万能铣床"在1867年巴黎博览会上展出时,获得了极大的成功。同时,布朗还设计了一种经过研磨也不会变形的成形铣刀,接着还制造了磨铣刀的研磨机,使铣床达到了现在这样的水平。

1884年前后出现了龙门铣床。20世纪20年代出现了半自动铣床,工作台利用挡块可完成"进给—快速"或"快速—进给"的自动转换。

1950年以后,铣床在控制系统方面发展很快,数字控制的应用大大提高了铣床的自动化程度。尤其是20世纪70年代以后,微处理机的数字控制系统和自动换刀系统在铣床上得到应用,扩大了铣床的加工范围,提高了加工精度与效率。

随着机械化进程不断加剧,数控编程开始广泛应用于机床类操作,极大地解放了劳动力。数控编程将逐步取代现在的人工操作,对操作员要求也会越来越高,当然带来的效率也会越来越高。

思考与练习

1. 铣刀直径为100 mm,齿数为10,铣削速度采用26 m/min,每齿进给量为0.06 mm/z,求铣床的主轴转速及每分钟进给量。

2. 用机用平口虎钳装夹工件时,应注意哪些问题?

3. 端铣平面时,铣床主轴轴线与进给方向不垂直,对平面度有何影响?

4. 什么叫顺铣、逆铣?周铣时,试比较顺铣、逆铣的优缺点,常用哪一种铣削方式,为什么?

5. 什么叫对称铣和不对称铣?不对称铣削时的顺铣、逆铣如何区别?常采用哪一种?

6. 铣键槽时,常用的对中方法有哪几种?对中后,铣出的键槽如果还存在对称度误差,是什么原因?

7. 在轴类零件上铣键槽,有哪些装夹方式?各有何特点?

8. 万能分度头有哪些作用?

9. 用分度头分度铣削齿数 $z=50$ 的直齿圆柱齿轮,应如何分度?

10. 铣削加工台阶式键。

(1)铣削加工项目实习内容为加工台阶式键,如图3-55所示。

(2)台阶式键在X6132型铣床上加工,其加工步骤如下。

①选择铣刀:根据阶台尺寸6.5、16,选用一把规格为80 mm×10 mm×27 mm,齿数为18的错齿三面刃铣刀。

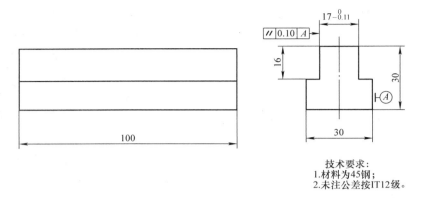

技术要求:
1.材料为45钢;
2.未注公差按IT12级。

图3-55　阶台式键

②选择铣削用量:根据尺寸精度、表面结构及工件余量,选择 $a_p = 16$ mm、$a_f = 0.04$ mm/z、$v_c = 28$ m/min,经计算取 $n = 118$ r/min、$v_f = 75$ mm/min。

③工件装夹与校正:工件用平口虎钳装夹,并先校正固定钳口;然后将 A 基准面紧贴固定钳口、夹紧,以保证平行度的要求。

④对刀:采用擦边法对中。

⑤铣削:第一个台阶侧面铣完后,工作台横向移动27(10 + 17)mm,因铣刀有摆动,一般可多摇一点,试切测量后再作调整,以保证 $17^{0}_{-0.11}$ mm 尺寸,然后铣出第二台阶侧面。

(3)台阶式键质量检测标准见表3-12,在操作过程中应对照该标准边加工、边测量,不断自检,不断修整,不断完善。

表3-12　台阶式键质量检测标准

序号	项目与技术要求		配分		实测结果	得分
			IT	Ra		
1	宽度	$17^{0}_{-0.11}$ mm	15	5		
2		6.5 mm	5			
3		30 mm	5	5		
4	高度	30 mm	5	5		
5		16 mm	5	5		
6		∥ 0.10 A	20			
7	长度	100 mm	5	5		
8	安全文明生产		15			
合计			100			

模块四 刨削加工

➤ 教学要求
- 了解刨削加工的工艺特点及加工范围。
- 了解常用刨床的组成、运动和用途，了解刨床常用刀具和附件的大致结构与用途。
- 熟悉刨削的加工方法。
- 在牛头刨床上能正确装夹工件、刀具，完成刨平面、倾斜面和垂直面的加工。

➤ 教学方法
- 将各教学班级根据具体人数分为若干小组，分别进行现场的理论分析、讲解及操作示范，随后进行操作训练。

课题一 刨削加工入门指导

【项目描述】

刨削加工就是操作刨床，按照图纸的工艺要求，以刨刀对工件进行水平相对直线的往复运动，进行切削加工的一种机械加工方法。刨削加工可用于加工各种平面、沟槽等，另外还能加工成形面等。

➤ 拟学习的知识
- 刨削加工的安全生产知识。
- 刨削的运动特点及加工范围。
- 牛头刨床的构成及其作用。

➤ 拟掌握的技能
- 安全地开动刨床。
- 熟练操作及调整牛头刨床，重点掌握滑枕行程长度、位置的调整方法及横向自动进给量的调整方法。

一、刨削加工的安全生产知识

刨工实习安全技术与车工实习有很多相同点，可参照执行，但需要更加注意的事项有以下几点：

1）操作者必须戴安全帽，长头发需压入帽内，以防发生人身事故；

2）多人共同使用一台刨床时，只能一人操作，并注意他人安全；

3）工件和刀具必须装夹牢固，以防发生事故；

4）启动刨床后，不能开机测量工件，以防发生人身事故；

5）工作台和滑枕的调整不能超过极限位置，以免发生设备事故。

二、刨床的基本知识

1. 刨床的工作特点及加工范围

刨床(planing machine)是用刨刀对工件的平面、沟槽或成形表面进行刨削的直线运动机床。使用刨床加工,刀具较简单,但生产率较低(加工长而窄的平面除外),因而主要用于单件、小批量生产及机修车间,在大批量生产中往往被铣床所代替。

（1）刨床的工作特点

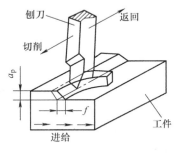

图 4-1 刨削运动

在刨床上加工时,主运动是刀具(或工件)的直线往复运动,进给运动是工件的间歇移动,如图 4-1 所示。其工作特点如下。

Ⅰ. 切削速度较低

刨削的主运动为直线往复运动,换向时要克服较大的惯性力;工作行程速度慢且回程速度快又不切削,因此刀具在切入和切出时产生冲击和振动,从而限制了切削速度的提高。

Ⅱ. 效率低

由于刨刀返回行程不进行切削,因此增加了加工时的辅助时间。另外,刨刀属于单刃刀具,一个表面往往要经过多次行程才能加工出来,所以基本工艺时间较长。刨削的生产率一般低于铣削。

Ⅲ. 结构简单,操作容易

刨床的结构比车床和铣床简单,调整和操作简便,加工成本低。

Ⅳ. 通用性好

刨刀与车刀基本相同,形状简单,其制造、刃磨、安装方便,因此刨削的通用性好。

（2）刨床的加工范围

刨削主要用于加工窄长平面(如水平面、垂直面和斜面)和沟槽(如直槽、T 形槽、燕尾槽等),另外牛头刨床装上夹具后还可以加工齿轮、齿条等成形表面。刨削常用于单件小批量生产,刨床上能完成的主要工作如图 4-2 所示。

刨削加工精度可达到 IT8 级,表面结构可达 $Ra1.6 \sim 3.6 \ \mu m$。

（3）刨刀

刨刀的几何参数与车刀相似,如图 4-3 所示。刨刀刀头由以下几部分组成:前刀面、后刀面、主切削刃、副切削刃、刀尖。刀尖是位于主切削刃与副切削刃交接处的一小部分刃口。它主要有 4 种形式,如图 4-4 所示。

由于刨削属于断续切削,刨刀切入时,受到较大的冲击力,所以一般刨刀刀体的横截面比车刀大 $1.25 \sim 1.5$ 倍。平面刨刀的几何角度如图 4-5 所示,通常前角 $\gamma_o = 0° \sim 25°$,后角 $\alpha_o = 3° \sim 8°$,主偏角 $\kappa_r = 45° \sim 75°$,副偏角 $\kappa'_r = 5° \sim 15°$,刃倾角 $\lambda_s = -15° \sim 0°$。为了增加刀尖的强度,刨刀的刃倾角一般取负值。

刨刀一般做成弯头,这是刨刀的一个显著特点。在切削中,当弯头刨刀受到较大的切削力时,刀杆可绕 O 点向后上方产生弹性弯曲变形,而不致啃入工件的已加工表面,如图 4-6(a)所示;而直头刨刀受力后产生弯曲变形会啃入工件的已加工表面,将会损坏刀刃及已加工表面,如图 4-6(b)所示。

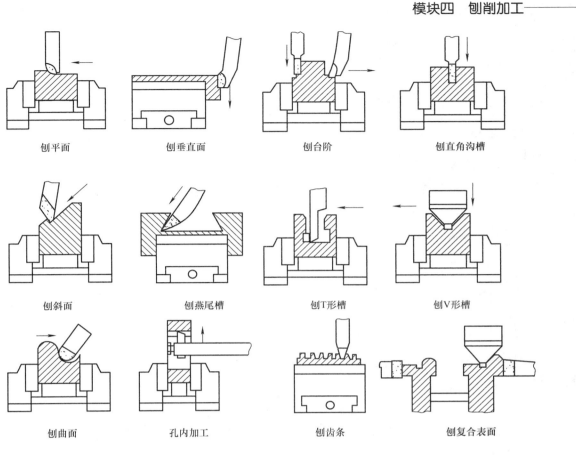

刨平面　　　　刨垂直面　　　　刨台阶　　　　刨直角沟槽

刨斜面　　　　刨燕尾槽　　　　刨T形槽　　　　刨V形槽

刨曲面　　　　孔内加工　　　　刨齿条　　　　刨复合表面

图4-2　刨削的加工范围

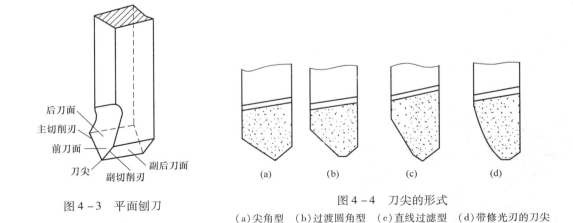

图4-3　平面刨刀

后刀面
主切削刃
前刀面
刀尖
副后刀面
副切削刃

图4-4　刀尖的形式
（a）尖角型　（b）过渡圆角型　（c）直线过滤型　（d）带修光刃的刀尖

147

　　刨刀的种类很多,按其用途不同可分为平面刨刀、偏刀、角度偏刀、切刀及成形刨刀等。平面刨刀用来加工水平面,偏刀用来加工垂直面或斜面,角度偏刀用来加工具有一定角度的表面,切刀用来加工各种沟槽或切断,成形刨刀用来加工成形面。常见的刨刀形状及其用途如图4-7所示。

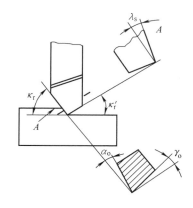

图 4 - 5　平面刨刀的几何角度

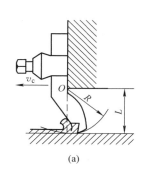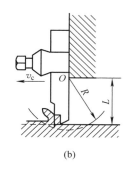

图 4 - 6　刨刀变形对加工的影响
（a)弯头刨刀刨削　(b)直头刨刀刨削

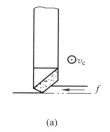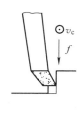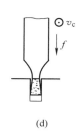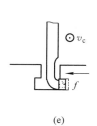

（a)　　　　　(b)　　　　　(c)　　　　　(d)　　　　　(e)

图 4 - 7　常见的刨刀形状及其用途
（a)平面刨刀　(b)偏刀　(c)角度偏刀　(d)切刀　(e)弯切刀

2. 刨床的构成及其作用

常用的刨床有牛头刨床和龙门刨床及插床。牛头刨床(图 4 - 8)适于加工中、小型工件。

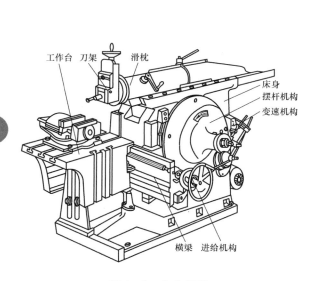

图 4 - 8　牛头刨床

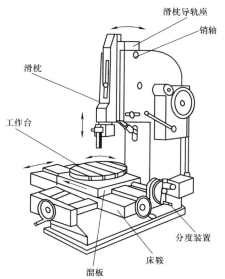

图 4 - 9　插床

插床(图4-9)又称立式刨床,主要用来加工工件的内表面,它的结构与牛头刨床几乎完全一样,不同点主要是插床的插刀在垂直方向上作直线往复运动(切削运动),工作台除了能作纵、横方向的间歇进刀运动外,还可以在圆周方向上作间歇的回转进刀运动。龙门刨床(图4-10)主要适于加工大型工件或同时加工多个工件,与牛头刨床相比,从结构上看,其形体大、结构复杂、刚性好;从机床运动上看,龙门刨床的主运动是工作台的直线往复运动,而进给运动则是刨刀的横向或垂直间歇运动,这刚好与牛头刨床的运动相反。

这里以牛头刨床为例进行介绍。牛头刨床主要由床身、滑枕、刀架、工作台、横梁等部分组成。

(1)床身

床身用来支撑和连接刨床的各个部件,其顶面导轨供滑枕作往复运动,其侧面导轨供工作台升降。床身内部装有齿轮变速机构和摆杆机构,以改变滑枕的往复运动速度和行程长度。

(2)滑枕

滑枕主要用来带动刨刀作直线往复运动(即主运动)。滑枕前端装有刀架,内部装有丝杠螺母传动装置,可用以改变滑枕的往复行程位置。

(3)刀架

如图4-11所示,刀架用来装夹刨刀,转动刀架手柄,可使刨刀作垂直的进退刀运动。另外,松开转盘上的螺母,将转盘扳转一定角度后,可使刀架作斜向进给。刀架的滑板装有可偏转的刀座(又称刀盒),刀架的抬刀板可以绕刀座的 A 轴向上转动。刨刀安装在刀夹上,在回程时,刨刀可绕 A 轴自由上抬,减少了刀具与工件的摩擦。

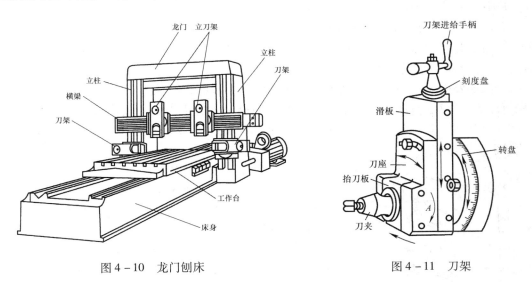

图4-10　龙门刨床　　　　　　　　　图4-11　刀架

(4)工作台

工作台是用来装夹工件的,其台面上的 T 形槽可穿入螺栓来装夹工件或夹具。工作台可随横梁在床身的垂直导轨上作上下调整,同时也可在横梁的水平导轨上作水平方向移动或间歇进给运动。

149

（5）横梁

横梁用来带动工作台作横向进给运动,还可以沿床身的铅垂导轨作升降运动。

（6）传动机构

牛头刨床的传动机构主要有摆杆机构和棘轮机构(进给机构)。

Ⅰ.摆杆机构

摆杆机构的作用是使滑枕作直线往复运动,如图4－12所示。摆杆下端与支架相连,上端与滑枕的螺母相连,摆杆齿轮的端面装有滑块,滑块嵌入摆杆槽中并能在槽中滑移。当摆杆齿轮由小齿轮带动旋转时,滑块就能带动摆杆绕支架中心左右摆动,从而使滑枕作往复的直线运动(如图中的实线、虚线位置)。

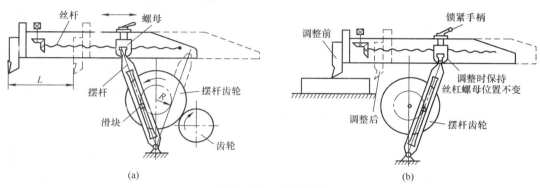

图4－12　摆杆机构

（a）刨削行程长度调整　（b）滑枕行程位置调整

刨削前,首先需要调整刨削行程(即滑枕的行程)长度(图4－12(a)),使行程长度 L 稍大于工件刨削表面的长度。具体操作如图4－13所示,先松开手柄3端部的锁紧螺母2,再用扳手4转动床身外侧的方头小轴1,改变滑块的偏心距 R ,顺时针转动使偏心距增大,则滑枕行程长度增大;反之则行程长度减小。

另外,还要根据工件在工作台上的位置来调整滑枕的行程位置(图4－12(b))。调整时先使滑枕停留在最后位置,松开锁紧手柄;然后转动滑枕上方的方头小轴,通过一对圆锥齿轮使丝杠旋转,由于螺母和摆杆位置不变,从而会使滑枕移动,当移动到适当位置后再扳紧锁紧手柄。

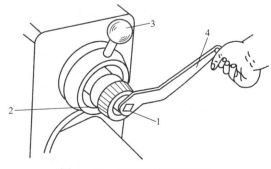

图4－13　调整滑枕行程长度

1—调整行程长短的方头;2—锁紧螺母;

3—手柄;4—扳手

Ⅱ.棘轮机构

棘轮机构的主要作用是使横梁和工作台带着工件作间歇式的横向自动进给。图4－14(a)所示为棘轮机构的示意图。棘爪架空套在横梁丝杠上,棘轮和丝杠用键连接,齿轮固定在摆杆齿轮轴上,当齿轮1带动齿轮2转动时,齿轮2上的偏心销通过连杆推动棘爪架往复摆动,齿轮1每转一周(即刨刀往复运动一次),棘爪架往复摆动一次。棘爪架上有棘爪,在弹簧压力作用下,棘爪与棘轮保持接触。棘爪架向左摆动时,棘爪推动棘轮转动;棘爪架向右摆动时,棘爪的斜面从棘轮齿顶滑过。因此,棘爪架每往复摆动一次,即推动棘轮转动,从而使工作台沿横梁水平导轨移动一定距离。

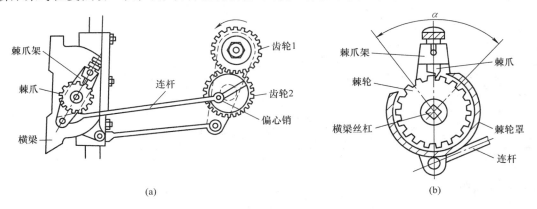

(a)   (b)

图 4 – 14　棘轮机构及调整

(a)棘轮机构　(b)进给量调整

　　横向进给量的大小可通过转动棘轮罩改变棘轮被拨过的齿数来调整。如图 4 – 14(b)所示,在棘爪摆动的范围 α 内,被棘轮罩遮住的齿数多则进给量小;反之,则进给量大。将棘爪转 180°,则工作台的进给方向改变。如果将棘爪提起绕自身轴线转 90°,则棘爪与棘轮分离,可用手动使工作台横向移动。

　　B6050 型牛头刨床主要技术规格见表 4 – 1。

表 4 – 1　B6050 型牛头刨床主要技术规格

项　目		数　值
刨床最大刨削长度		500 mm
滑枕	滑枕每分钟往复次数	15～158(9 级)次/min
	工作台面到滑枕底面最大距离	385 mm
刀架	最大垂直距离	100 mm
	刀架最大回转角度	±60°
	抬刀板座最大回转角度	±20°
	刨刀最大伸出距离	760 mm
	刀杆最大截面尺寸	20 mm×32 mm
工作台台面尺寸	顶面(宽×长)	360 mm×440 mm
	侧面(宽×长)	342 mm×440 mm
	T 形槽(宽×中心距)	18 mm×110 mm
工作台最大行程	水平	500 mm
	垂直	300 mm
工作台进给范围	水平	0.125～2 mm
	垂直	0.08～1.28 mm
工作台快速移动	水平	0.08 mm/min
	垂直	0.56 mm/min

续表

项　　目		数　　值
刨床最大刨削长度		500 mm
电动机	功率	4 kW
	转速	1 430 r/min
机床外形尺寸	长×宽×高	1 965 mm×1 160 mm×1 245 mm
机床工作精度	加工表面平面度	0.3/300 mm
	加工表面垂直度	0.3/300 mm×75 mm
机床质量		1 800 kg

四、操作训练

1. 训练内容

1)熟悉牛头刨床上主要机构的操作与应用,重点掌握滑枕行程长度、位置的调整方法及横向自动进给量的调整方法。

2)装夹工件进行空运转,观察滑枕、工件的运动状态,并调整滑枕、棘轮,使刀架的行程、横向进给量适宜。

3)装刀并进行试切削。

2. 注意事项

在操作过程中,还必须注意以下两点。

1)调整滑枕移动速度、行程起始位置、行程长度时,必须停车进行,以防发生事故。如在调整过程中某手柄没有调整到位,可在瞬时启动后,再重新调整。

2)滑枕的行程位置、行程长度在调整中不能超过极限位置,工作台的横向移动也不能超程。

课题二　刨削加工

【任务说明】

掌握刨削平面的工艺方法,学会刨削平面。

➢ 拟学习的知识

● 刨刀的几何参数。

● 刨刀的类型及加工特点。

● 正确装夹工件、刨刀。

➢ 拟掌握的技能

● 分析零件图,根据零件的几何形状特征,正确选用刨刀及加工方法。

● 学会正确装夹工件和安装刨刀。

● 根据切削用量的选择,学会正确调整和使用牛头刨床。

一、任务描述

在牛头刨床上加工图 4 - 15 所示的零件,确定该零件的加工工艺。完成时间为 120 min。毛坯材料为灰口铸铁,毛坯尺寸为 128 mm×92 mm×68 mm,铸出 V 形槽,留4 mm 的加工余量。

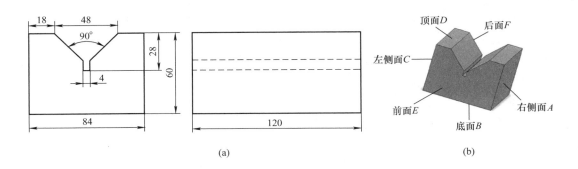

图 4 - 15　刨削加工零件
(a)零件图　(b)实物图

二、任务分析

要完成该零件的加工,其操作步骤:确定刨削工艺→选择刨刀→安装刨刀和工件→刨削加工。

下面先学习与刨削相关的专业知识。

三、相关知识

1. 刨削方法

(1)刨削水平面

刨削水平面时,先根据刨削用量调整变速手柄位置和横向进给量,移动工作台使工件一侧靠近刨刀,转动刀架手柄,使刀尖接近工件;再开动机床,手动进给试切出 1～2 mm 宽度后停车测量尺寸;接着根据测量结果调整切削深度;最后采用自动进给(机动进给)正式刨削。这时,滑枕带动刨刀作直线往复运动(主运动)一次,横梁带动工作台作一次横向进给运动,完成一次刨削。

(2)刨削垂直面

刨削垂直面是用刀架作垂直进给运动来加工垂直平面的方法,常用于加工台阶面和长工件的端面。

加工前,要调整刀架转盘的刻度线使其对准零线,以保证加工的垂直面与工件底平面垂直。刀座应偏转 10°～15°,这样可使抬刀板在回程时携带刀具抬离工件的垂直面,以减少刨刀的磨损,并避免划伤已加工表面,如图 4 - 16 所示。

精刨时,为减小表面结构参数值,可在副切削刃接近刀尖处磨出 1～2 mm 的修光刃。

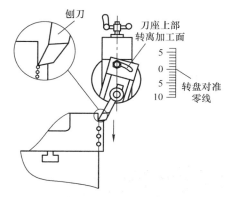

图4-16 刨削垂直面

装刀时,应使修光刃平行于加工表面。

(3)刨削斜面

零件上的斜面分为内斜面和外斜面两种。通常采用倾斜刀架法刨削斜面,即把刀架和刀座分别倾斜一定角度,从上向下倾斜进给进行刨削,如图4-17所示。

刨削斜面时,刀架转盘的刻度不能对准零线,刀架转盘转过的角度是工件斜面与垂直面之间的夹角,刀座上端要偏离加工面,如图4-18所示。

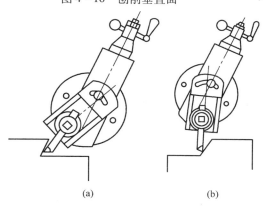

(a)   (b)

图4-17 刨削斜面
(a)刨内斜面 (b)刨外斜面

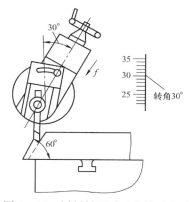

图4-18 刨削斜面时刀盘转动方法

(4)刨削T形槽

槽类零件的槽形有多种,如T形槽、直角槽、V形槽、燕尾槽等,不同槽形其作用也不相同。T形槽主要用于工作台表面装夹工件,直角槽、V形槽、燕尾槽多用于零件的配合,其中V形槽还可以用于夹具的定位表面。加工槽类零件常用铣削或刨削方法,在此仅介绍刨削T形槽的方法,其刨削步骤如下。

1)用切刀刨出直角槽,使其宽度等于T形槽槽口的宽度,深度等于T形槽的深度,如图4-19(a)所示。

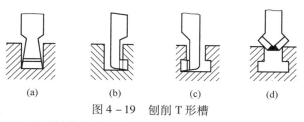

(a)   (b)   (c)   (d)

图4-19 刨削T形槽
(a)刨直槽 (b)刨右凹槽 (c)刨左凹槽 (d)倒角

2)用右弯头切刀刨削右侧凹槽,如图4-19(b)所示。如果凹槽的高度较大,采用一刀刨出全部高度有困难时,可分几次刨出,最后用垂直进给对槽壁精刨。

3)同样,用左弯头切刀刨削左侧凹槽,如图4-19(c)所示。

4）用 45°刨刀刨倒角，如图 4 - 19(d) 所示。

2. 刨削加工切削用量基本知识

（1）主运动与切削速度

在牛头刨床上加工时，刨刀工作行程和返回行程的平均速度称为切削速度，用符号 v_c 表示（实际加工中，刨床的瞬时切削速度始终是变化的）。

$$v_c = \frac{2Ln}{1\,000} \ (\text{m/min})$$

式中　L——刀具往复行程长度，mm；

　　　n——刀具每分钟往复行程次数，行程/min。

（2）进给运动与进给量

工件的横向间歇移动是进给运动，刀具每往复运动一次，工件横向移动的距离称为进给量，用符号 f 表示，单位为 mm/行程。B6065 牛头刨床上的进给量可用下式计算：

$$f = k/3$$

式中　k——刨刀每往复行程一次棘轮被拨过的齿数。

（3）背吃刀量

背吃刀量也称刨削深度，是已加工表面与待加工表面之间的垂直距离，用符号 a_p 表示，单位为 mm。

（4）切削用量的选择

为提高加工生产率，总希望采用大的切削用量。但切削用量受刀具耐用度、刨床功率、系统刚度、工件精度和表面结构等因素的限制。因此，正确合理地选择切削用量，要以不同的要求为前提，进而达到相应的目的。

在保证刨刀耐用度的前提下，获得最高加工生产率的切削用量选择原则是：在切削用量三要素中，切削深度对刨刀耐用度影响最小，而切削速度的影响最大，因此首先应选取最大的切削深度，其次选用尽可能大的进给量，最后确定适当的切削速度。

Ⅰ. 切削深度选择

受加工余量限制，最经济的切削深度应是留足精加工余量后，尽可能一次刨完剩下的加工余量。但有时加工余量太大，受刨床和刀具能力限制，一次刨完困难，则可分为尽可能少的几次刨削，且前次比后次的切削深度要大，最后一次要适当小些。

粗刨铸铁或锻件毛坯时，由于表皮硬度高，为保护刀尖，使它尽可能不跟表皮接触，第一次切削深度应不小于表层厚度。

半精加工或精加工时切削深度选择，应根据工件加工精度和表面结构要求确定。在条件允许时，可一次切完全部余量。若一次刨完不能保证加工质量，就分次切削，每次切削深度要逐次减小。最后一次不宜太小，否则加工表面粗糙。

Ⅱ. 进给量选择

进给量的选择受刨床动力和进给机构的影响以及刀具强度和加工表面质量等因素限制。粗加工时，进给量要根据刨床、工件、刨刀的刚性、强度大小等选择。精加工时，进给量主要根据加工表面的表面结构要求选择。进给量越大，已加工表面的加工残留面积就越大，工件表面结构参数值就越大。所以，工件表面结构参数值要求小时，应选择较小的进给量。常用的刨削进给量见表 4 - 2。

表 4 - 2　刨削平面进给量选择参考值

刨刀类型	加工类型	加工工件表面表面结构参数值 $Ra/\mu m$	切削深度 a_p/mm	进给量 $f/(mm/行程)$
普通直头刨刀及偏刨刀	粗　刨	12.5	~3	0.5 ~ 1.5
	半精刨削	6.3	~2	0.3 ~ 0.8
		3.2	~1	0.2 ~ 0.6
		1.6	0.1 ~ 0.3	0.1 ~ 0.2
宽刃刨刀	半精刨削	3.2	0.2 ~ 0.5	1 ~ 4
	精　刨	0.8 ~ 1.6	0.05 ~ 0.15	1 ~ 25

Ⅲ. 切削速度选择

切削速度受刨削功率,刨刀的材料、磨损和耐用度,零件的材料、表面结构和精度要求等因素的影响。当吃刀深度和进给量确定后,为了充分发挥机床和刀具的潜力,提高生产效率,切削速度应尽可能选大些。采用硬质合金刨刀时比采用高速钢刨刀时的切削速度高;工件材料的硬度和强度较高时不宜过高;工件表面结构和精度要求较高时应低些;若加注冷却润滑液可适当提高切削速度。

3. 安装工件

在刨床上,单件、小批量生产,常用平口虎钳或螺栓、压板等装夹工件,而大批量生产的工件可用专用夹具来装夹。用螺栓、压板装夹工件时,必须注意压板及压点的位置要合理,垫铁的高度要合适,这样可以防止工件松动而破坏定位,如图 4 - 20 所示。工件夹紧后,要用划线盘复查加工线与工作台的平行度或垂直度。

本任务选用平口虎钳装夹工件。

4. 安装刀具

在安装加工水平面用刨刀前,首先松开转盘螺钉,调整转盘对准零线,以便准确控制背吃刀量。然后转动刀架进给手柄,使刀架下端面与转盘底侧基本相对以增加刀架的刚性,减少刨削中的冲击振动。最后将刨刀插入刀夹内,其刀头伸出量不要太大,以增加刚性,防止刨刀弯曲时损伤已加工表面,拧紧刀夹螺钉将刨刀固定。另外,如果需调整刀座偏转角度,可松开刀座螺钉,转动刀座,如图 4 - 21 所示。

四、任务实施

本任务的主要目的是让学生掌握刨削的基本方法,因此未对零件的尺寸公差、形位公差提出具体的要求。由于刨削过程的切削力较大,为了保证加工的安全性以及工件不变形,需要学生重点掌握工件的定位、刨削用量的选择、刨刀的选择、刨床的调整等几方面的知识和技能。

1. 刨刀的选用

根据本任务零件的结构特点,选用平面刨刀刨削平面,选用偏刀刨削垂直面和斜面,选用切刀刨削直槽。结构上选用焊接式刨刀,刀片选用硬质合金(如 YG8),刀杆选用 45 钢,以保证刨刀能承受较大的切削力。

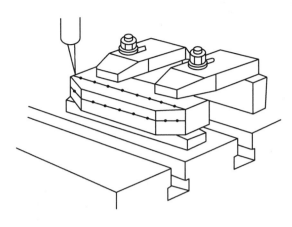

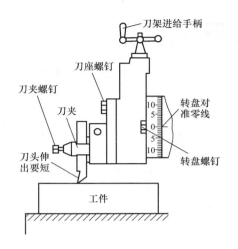

图 4-20　用螺栓、压板装夹工件　　　　　图 4-21　刨刀的安装

2. 机床的调整

由于刨削时工作行程速度慢且回程速度快又不切削,因此刀具在切入和切出时产生较大冲击和振动,并且换向时要克服较大的惯性力。因此,需要给刨削预留一定的切入量和切出量,一般切入量取 20 ~ 25 mm,切出量取 10 ~ 15 mm,所以行程长度 = 切入量 + 刨削长度 + 切出量。由于本任务毛坯尺寸为 128 mm × 92 mm × 68 mm,刨削前、后面时(控制长度尺寸),取滑枕行程长度 $L = 25 + 128 + 15 = 168$ mm;刨削左、右面时(控制宽度尺寸),取滑枕行程长度 $L = 25 + 68 + 15 = 108$ mm;刨削上、下表面时(控制高度尺寸),取滑枕行程长度 $L = 25 + 92 + 15 = 132$ mm。

3. 切削用量及其选择

根据刨削切削速度 $v_c = 17 ~ 30$ m/min(由查表及经验得出)来确定滑枕每分钟的往复次数 n,此处取 $v_c = 20$ m/min。则有

$$n = \frac{1\ 000 v_c}{2L}$$

由于各个方向刨削时的行程长度差异不大,这里统一取 $L = 132$ mm,代入计算得 $n = 75.76$ 行程/min。

另外,取切削深度 $a_p = 1.0$ mm,进给量 $f = 0.33$ mm/行程(根据 $f = k/3$ 可知棘轮爪每次摆动拨动棘轮转动一齿)。

4. 刨削的工艺过程

刨削的工艺过程见表 4-3。

注意:对刀试切时,先调整变速手柄位置和横向进给量,移动工作台使工件一侧靠近刨刀,转动刀架手柄,使刀尖接近工件;再开动机床,手动进给试切出 1 ~ 2 mm 宽后停车测量尺寸;接着根据测量结果调整切削深度;最后采用自动进给正式刨削。

表4-3 刨削的工艺过程

序号	工序图	工序内容	注意事项
1	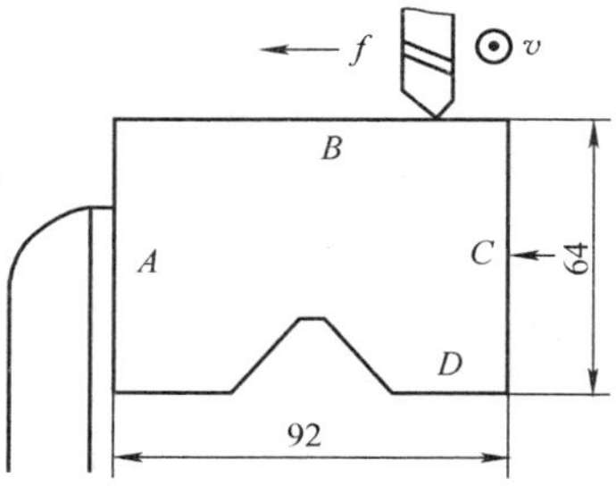	以 A 面为基准,刨削平面 B,使高度尺寸达到 64 mm	注意调整好行程的起始位置和行程长度,刀具采用平面刨刀
2	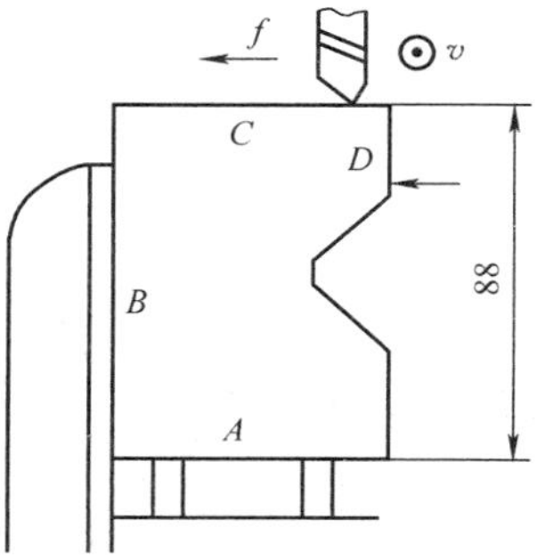	将工件翻转,以底面 B 为基准,刨削平面 C,使宽度尺寸达到 88 mm	将 B 面贴紧钳口,注意调整好行程的起始位置和行程长度
3	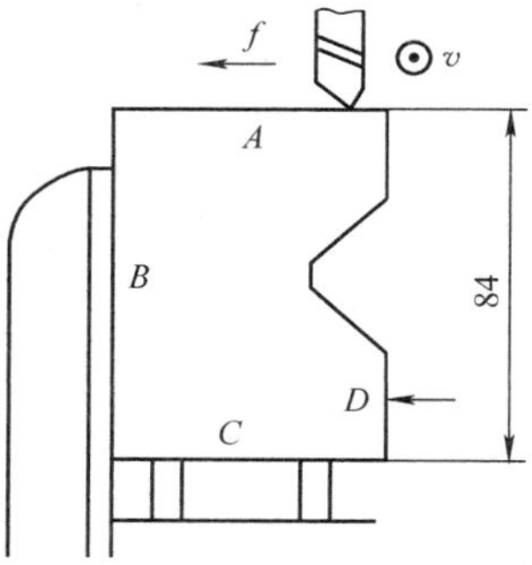	将工件翻转,以底面 B 为基准,刨削平面 A,使宽度尺寸达到 84 mm	将 B 面贴紧钳口,注意调整好行程的起始位置和行程长度
4	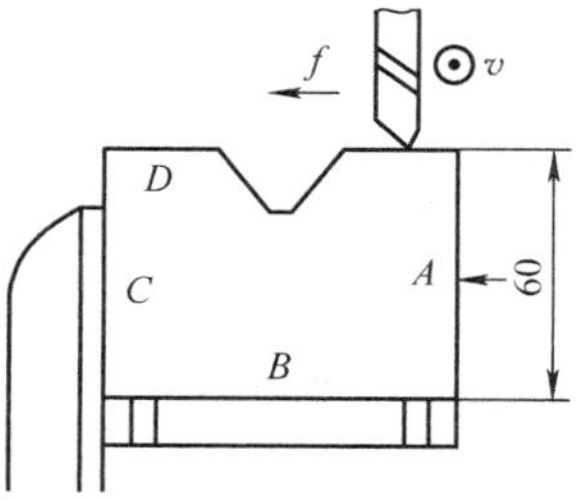	将工件翻转,以 B 面为基准,将其紧靠在钳口的平行垫铁上,刨削平面 D,保证高度尺寸达到 60 mm	将 C 面贴紧钳口,B 面紧靠平行垫铁

序号	工序图	工序内容	注意事项
5	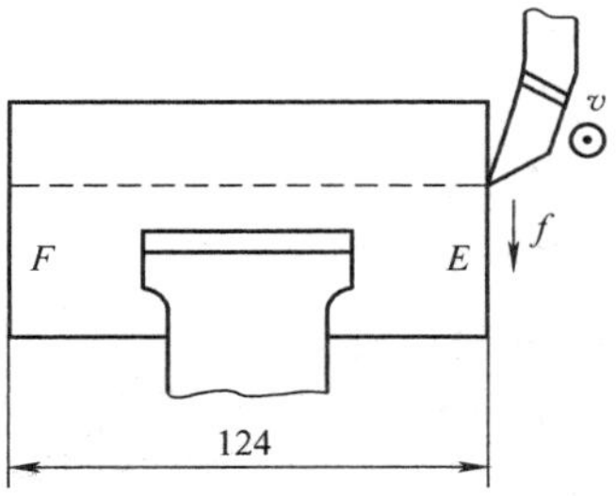	将固定钳口调整至与刀具行程方向相垂直,将工件紧贴平口虎钳,刨削前面 E 至尺寸 124 mm	注意检查固定钳口与刀具行程方向的垂直度,以保证工件表面的垂直度
6	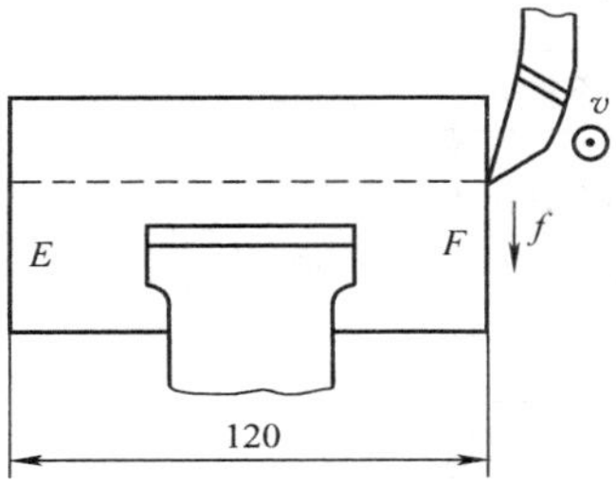	采用上述方法刨削后面 F,保证长度方向最终尺寸为 120 mm	注意检查固定钳口与刀具行程方向的垂直度,以保证工件表面的垂直度
7	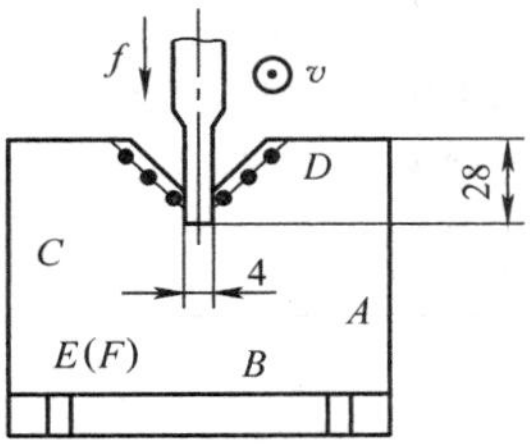	划线,刨削直槽,保证槽宽 4 mm,槽底至 D 面距离为 28 mm 以前、后面(E、F 面)进行定位	使用切刀进行直槽的刨削加工,注意控制深度尺寸为 28mm
8	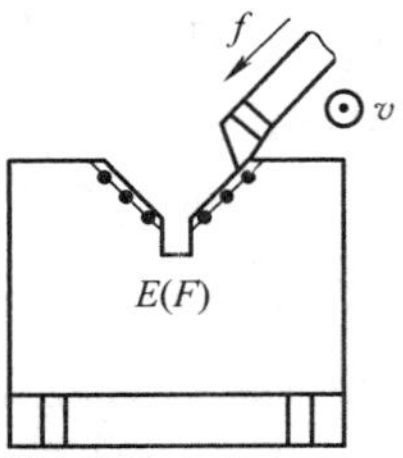	根据划好的线,刨削 V 形槽右斜面 以前、后面(E、F 面)进行定位	使用左偏刀刨削右斜面,注意控制角度
9	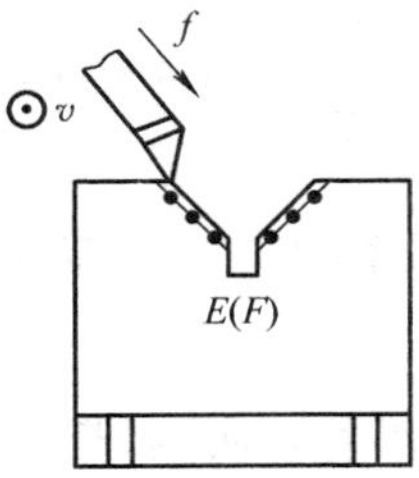	根据划好的线,刨削 V 形槽左斜面 以前、后面(E、F 面)进行定位	使用右偏刀刨削左斜面,注意控制角度

五、操作训练

1）刨削水平面。

2）刨削垂直面。

3）刨削斜面。

六、评分标准

刨削加工的评分标准见表4-4。

表4-4　刨削加工的评分标准

序号	项目与技术要求	配分	检测标准	实测记录	得分
1	工件装夹正确	10	装夹不可靠不得分		
2	刀具的选择、安装正确	30	准备工作不充分扣2分,刨刀选择不合理扣5分,刨刀安装不合理扣2分,装刀不可靠不得分		
3	刨削用量选择正确	20	刨削用量选择不当扣20分		
4	机床调整正确	10	滑枕行程调整不正确扣10分		
5	试切方法恰当	10	试切方法不当,酌情扣分		
6	刨削质量检测	20	尺寸超差一处扣4分,V形槽形状不标准扣4分,表面质量差扣2分		
7	安全文明操作		违规每次扣2分		

【知识链接】

在发明过程中,许多事情往往是相辅相承、环环相扣的,如为了制造蒸汽机,需要镗床相助;蒸汽机发明后,从工艺要求上又开始呼唤龙门刨床。可以说,正是蒸汽机的发明,导致了"工作母机"从镗床、车床向龙门刨床的设计发展。其实,刨床就是一种刨金属的"刨子"。

由于蒸汽机阀座的平面加工需要,从19世纪初开始,很多技术人员开始了这方面的研究,其中有理查德·罗伯特、理查德·普拉特、詹姆斯·福克斯以及约瑟夫·克莱门特等,他们从1814年开始,在25年的时间内各自独立地制造出了龙门刨床。这种龙门刨床是把加工物件固定在往返平台上,刨刀切削加工物的一面。但是,这种刨床还没有送刀装置,正处在从"工具"向"机械"的转化过程之中。到了1839年,英国一个名叫博默德的人终于设计出了具有送刀装置的龙门刨床。

另一位英国人内史密斯从1831年起的40年内发明制造了加工小平面的牛头刨床,它可以把加工物体固定在床身上,使刀具作往返运动。

此后,由于工具的改进、电动机的出现,龙门刨床一方面朝高速切割、高精度方向发展,另一方面朝大型化方向发展。

思考与练习

1. 为什么牛头刨床的滑枕在工作行程时速度较慢,而在回程时速度较快?

2. 牛头刨床的滑枕往复速度、行程起始位置、行程长度、进给量是如何进行调整的?

3. 比较弯头刨刀与直头刨刀,为什么常用弯头刨刀?

4. 在刨削加工水平面时,怎样安装刨刀?

5. 刨削水平面和垂直面时,为什么刀架转盘刻度要对准零线? 而刨削斜面时刀架转盘要转过一定的角度?

6. 简述刨削燕尾槽的加工步骤。

7. 长方体垫铁的刨削加工。

(1)长方体垫铁加工图样如图 4-22 所示。

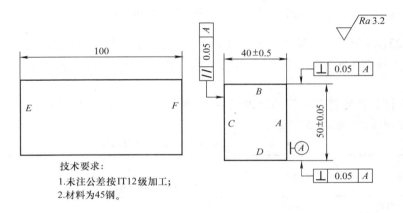

技术要求:
1.未注公差按IT12级加工;
2.材料为45钢。

图 4-22 长方体垫铁

(2)长方体垫铁加工步骤。

在 B665 型刨床上加工,因该零件尺寸不大,可在平口虎钳上夹紧进行加工。为了保证平行度和垂直度的要求,应先找正平口虎钳,使钳口与工作台垂直并与滑枕行程方向一致,平口虎钳导轨面与工作台平行。

根据零件技术要求,主要保证 A、C 两面平行,B、D 两面对 A 面垂直;E、F 两面要求不严,可用刨垂直面方法加工。A、B、C、D 四面刨削步骤(图 4-23)如下。

①熟悉长方体垫铁加工图。

②检查材料尺寸,材料为 45 钢。

③先刨出 A 面作为基准面,如图 4-23(a)所示。

④以 A 面为基准,紧贴固定钳口,再在工件与活动钳口间垫一圆棒,夹紧后加工 B 面,如图 4-23(b)所示。垫圆棒的目的是减少活动钳口与毛面的接触面积,以保证平面 A 与固定钳口接触良好,使之加工出的 B 面与 A 面垂直。如果加工出来的 B 面垂直度不够准确,可改变圆棒所垫的高度,以达到微量调整垂直度的目的。

⑤翻转工件 180°,仍以 A 面为基准,紧贴固定钳口,使 B 面朝下,紧贴平口钳导轨面,加工 D 面至尺寸,如图 4-23(c)所示。

⑥将 A 面放在平行垫铁上,并与之贴实夹紧工件;B、D 两面在钳口之间,加工 C 面至尺

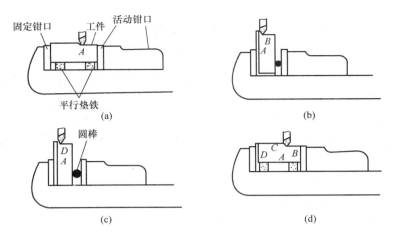

固定钳口　工件　活动钳口

平行垫铁

(a)

(b)

圆棒

(c)

(d)

图 4 - 23　长方体垫铁零件刨削步骤

寸,如图 4 - 23(d)所示。如果 A 面与垫铁贴不实,也可在工件与钳口之间垫圆棒。

　　按上述刨削步骤加工时,应注意平口钳本身和校正的准确性,装夹前应确保各面无切屑或污物。

　　(3)长方体铁垫零件质量检测标准见表 4 - 5,在操作过程中应对照该标准边加工、边测量,不断自检,不断修整,不断完善。

表 4 - 5　长方体垫铁零件质量检测标准

序号	项目与技术要求		配分		实测结果	得分
			IT	Ra		
1	宽度	40 ± 0.5 mm	10	10		
2	高度	50 ± 0.05 mm	10	10		
3	长度	100 mm	5	10		
4	形位公差	∥ 0.05 A	10			
5		⊥ 0.05 A	10			
6		⊥ 0.05 A	10			
7	安全文明生产		15			
合计			100			

模块五　磨削加工

> 教学要求
- 了解磨削加工的工艺特点及加工范围。
- 了解常用磨床的组成、运动和用途,了解砂轮的特性、选择和使用方法。
- 熟悉磨削的加工方法,了解磨削加工所能达到的尺寸精度、表面结构参数值范围。
- 在磨床上正确安装工件并独立完成磨外圆和磨平面的加工。

> 教学要求
- 将各教学班级根据具体人数分为若干小组,分别进行现场的理论分析、讲解及操作示范,随后进行操作训练。

课题一　磨削加工入门指导

【项目描述】

磨削加工就是使用磨具(砂轮、砂带、研磨料等)以较高的线速度对工件表面进行切削加工的一种机械加工方法,它是对机械零件进行精加工的主要方法之一。磨削加工广泛应用于零件表面的精加工,尤其是淬硬钢件和高硬度特殊材料的精加工。

> 拟学习的知识
- 开车前的准备工作。
- 磨工常用工具的正确使用。
- 磨削加工安全生产知识。

> 拟掌握的技能
- 安全开动磨床并进行零件磨削。

一、磨工的安全生产知识

磨工实习与车工实习的安全技术有许多相同之处,可参照执行,在操作过程中更应注意以下几点:

1)操作者必须戴工作帽,长发压入帽内,以防发生人身事故;

2)多人共用一台磨床时,只能一人操作,并随时注意他人的安全;

3)砂轮是高速旋转的,禁止面对砂轮站立;

4)砂轮启动后,必须慢慢引向工件,严禁突然接触工件;

5)背吃刀量不能过大,以防背向力过大将工件顶飞而发生事故。

二、磨削的基本知识

1. 磨削特点及加工范围

(1)磨削特点

磨削与其他切削加工(车削、铣削、刨削等)相比较,具有以下特点。

Ⅰ. 加工精度高、表面结构参数值小

磨削时,砂轮表面上有许多磨粒进行切削,每个磨粒相当于一把刃口半径很小且锋利的切削刃,能切下一层很薄的金属。磨床的磨削速度很高,一般为 $v_c = 30 \sim 50$ m/s,磨床的背吃刀量很小,一般为 $a_p = 0.005 \sim 0.01$ mm,所以经磨削加工的工件尺寸公差等级一般可达 IT5 ~ IT7 级,表面结构参数值可小至 $Ra0.2 \sim 0.8$ μm。

Ⅱ. 可加工硬度值高的工件

由于磨粒的硬度很高,磨削不但可以加工钢和铸铁等常用金属材料,还可以加工硬度更高的工件,特别是经过热处理后的淬火钢工件。但是,磨削不利于加工硬度很低且塑性很好的有色金属材料,因为磨削这些材料时,砂轮容易被堵塞,会使砂轮失去切削能力。

Ⅲ. 磨削温度高

由于磨削速度很高,其速度是一般切削加工速度的 10 ~ 20 倍,所以在加工中会产生大量的切削热。在砂轮与工件的接触处,瞬时温度可高达 1 000 ℃,同时剧烈的切削热量会使磨屑在空气中发生氧化作用,产生火花。高的磨削温度会烧伤工件的表面,使工件硬度下降,严重时还会产生微裂纹,使工件的表面质量降低、使用寿命缩短。因此,为了减少摩擦和改善散热条件,降低切削温度,保证工件表面质量,在磨削时必须使用大量的切削液。

切削液的主要作用有:冷却作用(降低磨削区的温度)、润滑作用(减少砂轮与工件之间的摩擦)、冲洗砂轮(冲走脱落的砂粒和磨屑,防止砂轮堵塞)等。常用的切削液有以下两种。

1)苏打水。苏打水由 1% 的无水碳酸钠(Na_2CO_3)、0.25% 的亚硝酸钠(Na_2NO_2)及水组成,具有良好的冷却性能、防腐性能及洗涤性能,而且对人体无害,成本低,是应用广泛的一种磨削用切削液。

2)乳化液。乳化液由 0.5% 的油酸、1.5% 的硫化蓖麻油、8% 的锭子油以及 1% 的碳酸钠水溶液组成,具有良好的冷却性能、润滑性能及防腐性能。

苏打水的冷却性能高于乳化液,并且配制方便、成本低,常用于高速强力粗磨。乳化液不但具有冷却性能,而且还具有良好的润滑性能,常用于精磨。

另外,加工铸铁等脆性材料时,为防止产生裂纹一般不加切削液,而采用吸尘器除尘,也可以起到一定的散热作用。

(2)磨削加工的应用范围

磨削主要用于零件的内外圆柱面、内外圆锥面、平面及成形面(如花键、螺纹、齿轮等)的精加工,以获得较高的尺寸精度和较小的表面结构参数值,其常见的几种加工类型如图 5 – 1 所示。

2. 砂轮的种类、选择及安装

(1)砂轮的种类和选择

砂轮是磨削的切削刀具,其形状与尺寸应根据机床类型和磨削加工的需要进行选用。在磨削加工中,常用的几种砂轮的形状和用途见表 5 – 1。

(2)砂轮的检查、安装、平衡和修整

Ⅰ. 检查

砂轮是在高速旋转下进行切削,为了防止高速旋转时砂轮破裂,在安装前必须检查砂轮是否有裂纹。在实际应用中,一般采用外观检查和判断敲击响声的方法来检查。

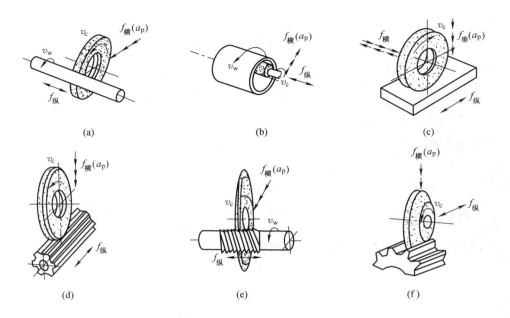

图 5 – 1 常见的磨削加工类型

（a）磨外圆　（b）磨内圆　（c）磨平面　（d）磨花键　（e）磨螺纹　（f）磨齿轮齿面

表 5 – 1 常用砂轮的形状代号及主要用途

砂轮种类	断面形状	形状代号	主要用途
平形砂轮		P	磨外圆、内孔、平面及刃磨刀具
双斜边砂轮		PSX	磨齿轮及螺纹
双面凹砂轮		PSA	磨外圆、刃磨刀具、无心磨的磨轮和导轮
双面凹带锥砂轮		PSZA	磨外圆及轴肩
薄片砂轮		PB	切断、磨槽
筒形砂轮		N	磨主轴端平面
碗形砂轮		BW	磨机床导轨、刃磨刀具
碟形 1 号砂轮		D_1	刃磨刀具
碟形 3 号砂轮		D_3	磨齿轮及插齿刀

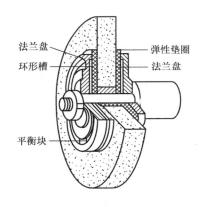

法兰盘
弹性垫圈
环形槽
法兰盘
平衡块

图 5 - 2　砂轮的安装

Ⅱ.安装

安装砂轮时,应将砂轮松紧合适地套在砂轮主轴上,并在砂轮和法兰盘之间垫以 1～2 mm 厚的弹性垫圈(皮革或耐油橡胶制成),如图 5 - 2 所示。由于砂轮工作时的转速很高,而砂轮的质地又较脆,因此必须正确地安装砂轮,以免砂轮碎裂飞出,造成严重的设备事故和人身伤害。装拆砂轮时必须注意压紧螺母的旋紧方向。在磨床上,为了防止砂轮工作时压紧螺母在磨削力的作用下自行松开,对砂轮轴端的螺旋方向作如下规定:逆着砂轮旋转方向拧螺母是旋紧,顺着砂轮旋转方向转动螺母为松开。安装砂轮时,应根据砂轮形状、尺寸的不同而采用不同的安装方法,常用的安装方法如图 5 - 3 所示。

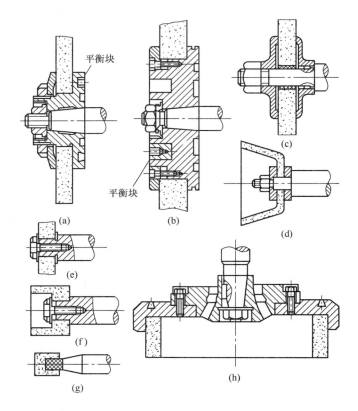

图 5 - 3　砂轮的常用安装方法
(a)、(b)用台阶法兰盘安装砂轮　(c)用平面法兰盘安装砂轮　(d)用螺母垫圈安装砂轮
(e)、(f)内圆磨削用砂轮的安装　(g)内圆磨削用黏结法安装砂轮　(h)筒形砂轮的安装

Ⅲ.平衡

为使砂轮平稳地工作,一般对于直径大于 125 mm 的砂轮都要进行平衡。在实际应用中,一般采用静平衡,如图 5 - 4 所示。平衡时先将砂轮安装在心轴上,再放在平衡架导轨

上。如果砂轮不平衡,较重的部分总是在停转后处于下方,这时可移动法兰盘端面环形槽内的平衡块进行平衡,直到砂轮可以在导轨上的任意位置都能静止为止。如果砂轮在导轨上的任意位置都能静止,则表明砂轮各部分重量均匀,平衡良好。

Ⅳ. 修整

新砂轮或使用过一段时间后的砂轮,磨粒变钝,几何形状被破坏,必须要进行修整,主要是修正其形状或恢复砂轮的切削能力。修正砂轮的常用工具是金刚石笔。修整砂轮时,修复方式和金刚笔相对砂轮的位置如图5-5所示,这样可以避免笔尖扎入砂轮,同时也可保持笔尖的锋利。

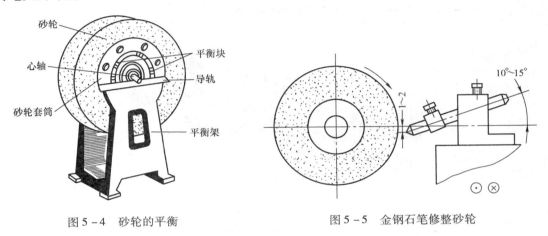

图5-4　砂轮的平衡　　　　　　　图5-5　金钢石笔修整砂轮

课题二　外圆磨削

【任务说明】

掌握外圆磨削的基本方法。

➤ 拟学习的知识

● 外圆磨床上工件的装夹方法。

● 外圆的磨削方法。

● 内圆、圆锥面的磨削方法。

● 磨削用量的正确选择。

➤ 拟掌握的技能

● 根据零件的几何形状特征,选择合适的装夹、加工方法。

● 外圆磨床的调整和磨削操作。

一、任务描述

在外圆磨床上加工图5-6所示的零件,确定该零件的加工工艺。毛坯材料为45钢。毛坯尺寸:按照模块二车削加工的基本方法加工出毛坯件(包括装夹用的中心孔),各外圆均留0.50 mm左右的磨削余量。

167

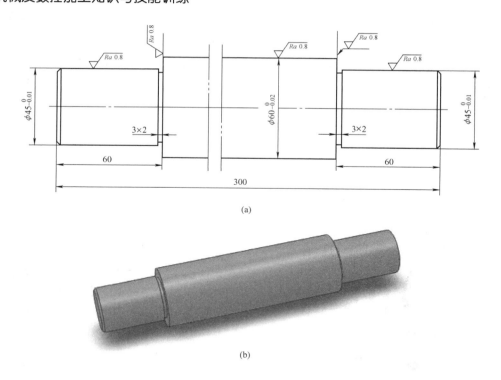

图 5-6 外圆磨削零件

(a)零件图 (b)实物图

二、任务分析

要完成该零件的磨削加工,其操作步骤:确定外圆磨削工艺→调整机床→选择砂轮→安装砂轮和工件→磨削加工。

本课题重点学习外圆磨床的基本知识以及外圆磨削的工艺方法。

三、相关知识

磨床(grinder,grinding machine)是以磨料、磨具(砂轮、砂带、研磨料等)为工具对工件进行磨削加工的机床,它们是由精加工和硬表面加工的需要而发展起来的。

在实际生产中,为了适应磨削各种加工表面、工件形状及生产批量等要求,磨床的种类很多,有外圆磨床、内圆磨床、平面磨床、齿轮磨床、螺纹磨床、导轨磨床、无心磨床、工具磨床等。

1. 外圆磨床

外圆磨床又分为普通外圆磨床和万能外圆磨床。普通外圆磨床可以磨削外圆柱面、端面及外圆锥面,万能外圆磨床还可以磨削内圆柱面、内圆锥面。

外圆磨床主要由床身、工作台、头架、尾座、砂轮架、内圆磨头及砂轮等部分组成。图5-7所示为 M1432A 型万能外圆磨床。

万能外圆磨床的头架上面装有电动机,经头架左侧带传动使主轴转动,通过改变 V 带的连接位置,可使主轴获得不同的转速。另外,主轴上一般采用顶尖或卡盘来夹持工件并带动其旋转。

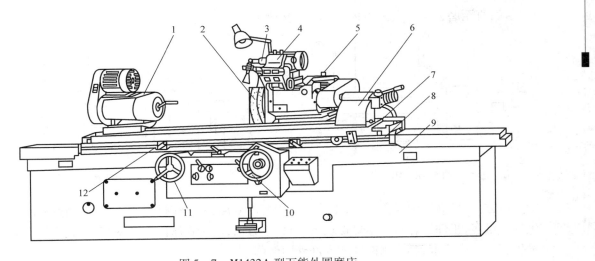

图 5 - 7　M1432A 型万能外圆磨床
1—头架;2—砂轮;3—内圆磨具;4—磨架;5—砂轮架;6—尾座;7—上工作台;
8—下工作台;9—床身;10—横向进给手轮;11—纵向进给手轮;12—换向挡块

砂轮装在砂轮架的主轴上,由单独的电动机带动旋转。砂轮架可沿床身后部的横向导轨前后移动,其移动的方法有自动周期进给、快速引进或退出、手动三种,其中前两种是靠液压传动实现的。

工作台有两层,下工作台可在床身导轨上作纵向往复运动,上工作台相对下工作台在水平面内能偏转一定的角度以便磨削圆锥面。另外,工作台上装有头架和尾座。

万能外圆磨床的头架和砂轮架下面都装有转盘,该转盘能绕垂直轴线旋转较大的角度,另外还增加了内圆磨头等附件,因此万能外圆磨床还可以磨削内圆柱面和锥度较大的内、外圆锥面。

2. 外圆磨削的工艺方法

（1）纵磨法

磨削外圆时,工件转动并随工作台作纵向往复移动,并在每次纵向行程（或双行程）终了时,砂轮作一次横向进给运动。当磨削加工接近最终尺寸时,可连续几次无横向进给的光磨磨削,直到火花消失为止,如图 5 - 8 所示。

磨削时,砂轮高速旋转（$v_c = 30 \sim 50 \text{ m/s}$）,工件由头架带动低速旋转作圆周进给运动;圆周速度一般取 $v_w = 13 \sim 26 \text{ m/min}$,粗磨时取大值,精磨时取较小值。

工作台带动工件作纵向往复运动,纵向进给量 $f_纵$ 一般为砂轮宽度 B 的 1/5 ~ 4/5 倍,粗磨时取大值,精磨时取较小值。

在每次往复行程之后,砂轮作一次横向进给运动,每次进给量很小,一般取 $f_横 = 0.005 \sim 0.05 \text{ mm}$。

纵磨法的磨削精度高,表面结构参数值小,适应性好,因此该方法被广泛应用于单件、小批量和大件、大批量生产中。

（2）横磨法

磨削外圆时,工件不作纵向进给运动,砂轮以缓慢的速度连续或断续地向工件作横向进给运动,直至磨去全部余量为止,如图 5 – 9 所示。

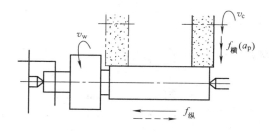

图 5 – 8　纵磨法

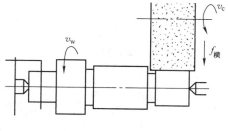

图 5 – 9　横磨法

一方面,横磨法的径向力大,工件易产生弯曲变形,又由于砂轮与工件的接触面积大,产生的热量多,工件也容易产生烧伤现象;但另一方面,由于横磨法生产率高,因此适用于大批量生产中精度要求较低、刚性好的零件外圆磨削。

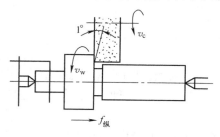

图 5 – 10　磨轴肩端面

对于阶梯轴类零件,当外圆表面磨到尺寸后,还要磨削轴肩端面。这时只要用手摇动纵向移动手柄,使工件的轴肩端面靠向砂轮磨平即可,如图 5 – 10 所示。

3. 磨内圆的方法

磨内圆时,一般以工件的外圆和端面作为定位基准,采用四爪卡盘或三爪自定心卡盘装夹工件,如图 5 – 11(a)所示。

磨削内圆通常是在内圆磨床或万能外圆磨床上进行,其磨削时砂轮与工件的接触方式有两种,如图 5 – 11(b)所示。

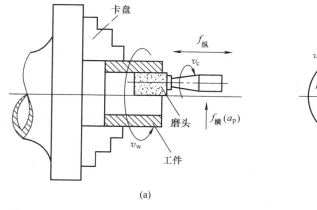

(a)

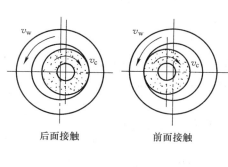

(b)

图 5 – 11　磨内圆
(a)卡盘装夹工件　(b)砂轮与工件的接触形式

1)后面接触,用于内圆磨床,便于操作者观察加工表面。

2)前面接触,用于万能外圆磨床,便于自动进给。

4. 磨圆锥面的方法

磨圆锥面的方法很多,常用的方法有以下两种。

（1）转动工作台法

将上工作台相对下工作台转动 $\alpha/2$（工件圆锥半角）,下工作台在机床导轨上作往复运动进行圆锥面磨削。这种方法既可以磨外圆锥,又可以磨内圆锥,但只适用于磨削锥度较小、锥面较长的工件,如图 5 – 12 所示。

（2）转动头架法

将头架相对工作台转动 $\alpha/2$（工件圆锥半角）,工作台在机床导轨上作往复运动进行圆锥面磨削。这种方法可以磨内、外圆锥面,但只适用于磨削锥度较大、锥面较短的工件,如图 5 – 13 所示。

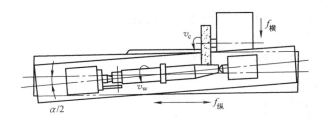

图 5 – 12　转动工作台磨外圆锥面

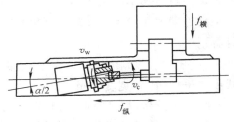

图 5 – 13　转动头架磨内圆锥面

5. 磨削用量

磨削外圆时的磨削运动和磨削用量如图 5 – 14 所示。

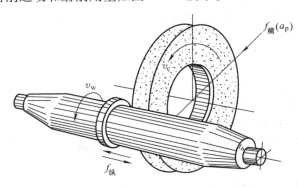

图 5 – 14　磨削外圆时的磨削运动和磨削用量

（1）主运动及磨削速度（v_c）

砂轮的旋转运动是主运动,砂轮外圆相对于工件的瞬时速度称为磨削速度,单位为 m/s。可用下式计算:

$$v_\text{c} = \frac{\pi d n}{1\,000 \times 60}(\text{m/s})$$

式中　d——砂轮直径,mm;

　　　n——砂轮每分钟转速,r/min。

外圆磨削和平面磨削的磨削速度一般为 30~35 m/s,内圆磨削一般为 18~30 m/s。

(2)圆周进给运动及进给速度(v_w)

工件的旋转运动是圆周进给运动,工件外圆处相对于砂轮的瞬时速度称为圆周进给速度,单位为 m/min。可用下式计算:

$$v_w = \frac{\pi d_w n_w}{1\ 000 \times 60}$$

式中　d_w——工件磨削外圆直径,mm;

　　　n_w——工件每分钟转速,r/min。

工件的圆周进给速度一般为 5~30 m/min,比砂轮圆周速度低得多。

(3)纵向进给运动及纵向进给量($f_纵$)

工作台带动工件所作的直线往复运动是纵向进给运动,工件每转一转时砂轮在纵向进给运动方向上相对于工件的位移称为纵向进给量,单位为 mm/r。纵向进给量一般可用下式计算:

$$f_纵 = (0.2 \sim 0.8)B$$

式中　B——砂轮宽度,mm。

纵向进给量,粗磨时取大值,精磨时取小值。

(4)横向进给运动及横向进给量($f_横$)

砂轮沿工件径向上的移动是横向进给运动,工作台每往复行程(或单行程)一次砂轮相对于工件径向上的移动距离称为横向进给量,单位是 mm/行程。横向进给量实际上是砂轮每次切入工件的深度即背吃刀量,一般用 a_p 表示,单位为 mm。

在进行外圆磨削时,横向进给量很小,一般在 0.005~0.05 mm,粗磨时选大值,精磨时选小值。

四、任务实施

本任务对零件的形位公差无具体要求,尺寸公差要求也较低,因此可以采用工序集中的方式来安排。重在让学生掌握外圆磨削的基本方法,需要学生重点掌握工件的装夹、磨削用量的选择、砂轮的选择与安装、外圆磨床的基本操作等方面的技能知识。

1. 砂轮的选用

根据零件的结构及材料特性,选用表 5-1 所示的平形砂轮,砂轮材料为白刚玉。

2. 磨削用量及其选择

本任务选择 v_c = 35 m/s,a_p = 0.01 mm,分 3~5 次走刀完成。

3. 机床的调整

(1)调整工作台自动往复运动

在 M1432A 型万能外圆磨床上,只需要先确定工作台下方的两个换向挡块的位置,就可以控制工作台的自动往复运动。当工作台向左运动时,运动到调定位置,工作台上右面的挡块推动换向杠杆摆动,将先导阀拨动到右边位置,在压力油作用下,换向阀被推至右边,于是工作台液压缸进回油路切换,工作台向右行。这样,工作台就可以自动往复运动了。

（2）控制砂轮架的横向运动

砂轮的横向运动，有手动粗、细工作进给和液压自动周期粗、细进给以及快速进退三种。它是磨床控制加工工件直径尺寸的一个重要环节。在 M1432A 型万能外圆磨床上由砂轮架横向进给手轮、横向进给定位块、快速进退手柄以及粗细进给选择拉杆等部件来实现上述控制要求，使操作时更加轻便，进给、定位更加安全准确。

4. 安装工件及砂轮

（1）工件的装夹

外圆磨床上工件的装夹方法与在车床上装夹的方法基本相同。在外圆磨床上磨削外圆表面常用的装夹方法有三种。

Ⅰ. 双顶尖装夹

磨削较长工件的外圆时常用双顶尖装夹，由于磨床所用的顶尖都是不随工件转动的，所以这样装夹可以提高定位精度，避免了由于顶尖转动而带来的误差。后顶尖是靠弹簧推力顶紧工件的，其作用是自动控制工件装夹的松紧程度。双顶尖装夹工件的方法如图 5 – 15 所示。

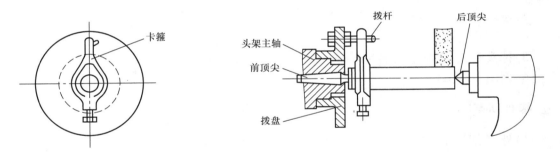

图 5 – 15　双顶尖装夹工件

磨削前，要修研工件的中心孔，以提高定位精度。修研中心孔一般是用四棱硬质合金顶尖（图 5 – 16（a））在车床上修研。当定位精度要求较高时，可选用油石顶尖或铸铁顶尖进行修研，如图 5 – 16（b）所示。

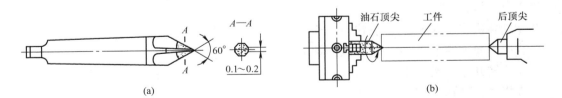

图 5 – 16　修研中心孔

（a）四棱硬质合金顶尖　（b）用油石顶尖修研中心孔

Ⅱ. 卡盘装夹

磨削短工件的外圆时，用三爪自定心或四爪单动卡盘装夹。如果用四爪单动卡盘装夹工件时，则必须用百分表找正。

Ⅲ. 心轴装夹

盘套类空心工件常以内圆柱孔定位进行磨削。在磨床中常采用小锥度心轴进行装夹，在装夹时，夹紧力要适中，并检查心轴定位部分的圆度及径向跳动量。

本任务选用双顶尖装夹。该轴需要分两次装夹，掉头磨削才能完成。需要事先加工并修研中心孔，用前后顶尖支撑工件，并由夹头、拨盘带动工件旋转。

（2）砂轮的安装

安装砂轮之前，首先要检查砂轮是否有裂纹，将砂轮吊起，用木槌轻敲听其声音，没有裂纹的砂轮声音清脆，有裂纹的则声音嘶哑，发现砂轮有裂纹或声音嘶哑应停止使用。

安装砂轮时，应将砂轮松紧合适地套在砂轮主轴上，并在砂轮和法兰盘之间垫 1 ~ 2 mm 厚的弹性垫圈（皮革或耐油橡胶制成）。

5. 磨削的工艺过程

1）备料。按照模块二车削加工的基本方法加工出毛坯件（包括装夹用的中心孔），各外圆留 0.50 mm 左右的磨削余量。

2）磨削 $\phi60$ mm 外圆。当磨削加工接近最终尺寸时，可继续几次无横向进给的磨削（即光磨），直到火花消失为止。

3）磨削右端 $\phi45$ mm 外圆。

4）磨削右端轴肩。

5）掉头安装，磨削左端 $\phi45$ mm 外圆。

6）磨削左端轴肩。

五、操作训练

1）外圆磨床的基本操作方法。

2）工件装夹时的注意事项：在用顶尖装夹工件进行磨削时，主轴必须固定不动。为此可拧紧螺钉，使其顶紧主轴磨床后端的螺母，将主轴制动。工件由安装在拨盘上的拨杆经夹头带动旋转。但是用卡盘装夹工件时，则需拧松螺钉，使主轴能自由转动。

3）砂轮的检查、安装、平衡和修整。

4）轴类零件的磨削方法。

①启动机床。

②旋转快速进退阀，将砂轮快速移近工件，自动给冷却液。

③摇横向进给手轮，使砂轮轻微接触工件。

④旋转开停节流阀，使工作台移动。

⑤粗磨，留精磨余量 0.04 ~ 0.06 mm。

⑥精磨，磨至余量 0.005 ~ 0.01 mm 时，不再进给，纵向移动工件数次，直至无火花为止。

⑦退出工件，检验。

六、评分标准

外圆磨削的评分标准见表 5-2。

表 5 - 2　外圆磨削的评分标准

序号	项目与技术要求	配分	检测标准	实测记录	得分
1	工件装夹正确	5	装夹不可靠不得分		
2	砂轮的选择、安装正确	25	准备工作不充分扣2分,砂轮选择不合理扣5分,砂轮检查不正确扣5分,砂轮安装不合理扣5分		
3	磨削用量选择正确	10	磨削用量选择不当扣10分		
4	机床调整正确	20	工作台调整不正确扣10分,砂轮架控制不正确扣10分		
5	对刀方法恰当	20	对刀方法不当,酌情扣分		
6	磨削质量检测	20	外圆尺寸超差一处扣4分,表面结构超差一处扣2分		
7	安全文明操作		违规每次扣2分		

课题三　平面磨削

【任务说明】
掌握平面磨削的基本方法。

➢ 拟学习的知识
● 平面磨床上工件的装夹方法。
● 平面磨削的基本方法。

➢ 拟掌握的技能
● 根据零件的几何形状、精度要求,选择合适的加工方法。
● 平面磨床的调整和磨削方法。

一、任务描述

在平面磨床上加工图 5 - 17 所示的六面体零件,确定该零件的加工工艺。完成时间

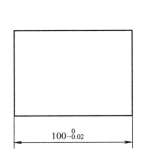
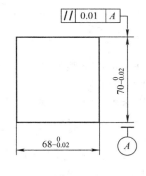
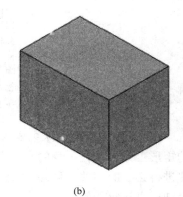

(a)　　　　　　　　　　　　　　(b)

图 5 - 17　六面体零件
(a)零件图　(b)实物图

175

为 30 min。毛坯材料为 45 钢。毛坯尺寸:按照模块三刨削加工的基本方法加工出毛坯件,各表面留 0.50 mm 左右的磨削余量。

二、任务分析

要完成该零件的平面磨削加工,其操作步骤:确定平面磨削工艺→调整机床→选择砂轮→安装砂轮和工件→磨削加工。

该课题重点学习平面磨床和平面磨削方法。

三、相关知识

1. 平面磨床

平面磨床分为立轴式和卧轴式两类。立轴式平面磨床用砂轮的端面磨削平面,卧轴式平面磨床用砂轮的圆周面磨削平面。图 5 - 18 所示为 M7120A 型卧轴式平面磨床。

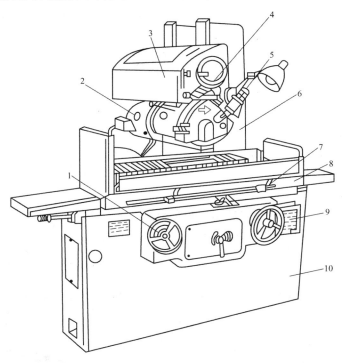

图 5 - 18　M7120A 型卧轴式平面磨床

1—工作台手轮;2—磨头;3—拖板;4—横向进给手轮;5—砂轮修整器;
6—立柱;7—行程挡块;8—工作台;9—垂直进给手轮;10—床身

M7120A 型平面磨床主要由床身、工作台、磨头、立柱、砂轮修整器等部分组成。该磨床的矩形工作台装在床身的水平纵向导轨上,由液压传动实现其往复运动,也可用手轮操纵以便进行必要的调整。另外,工作台上还装有电磁吸盘,用来装夹工件。砂轮装在磨头上,由电动机直接驱动旋转。磨头沿滑板的水平导轨可作横向进给运动,该运动可由液压驱动或由手轮操纵。滑板可沿立柱的垂直导轨移动,以调整磨头的高低位置及完成垂直进给运动,这一运动通过手轮实现。

2. 平面磨削方法

磨削平面时,一般是以一个平面为定位基准,磨削另一个平面。如果两个平面都要求磨削并要求平行时,可互为基准反复磨削。

常用磨削平面的方法有两种。

（1）周磨法

周磨法如图 5 – 19（a）所示,用砂轮圆周面磨削工件。采用周磨法磨削时,由于砂轮与工件的接触面积小,排屑和冷却条件好,工件发热变形小,而且砂轮圆周表面磨削均匀,所以能获得较高的加工质量。但是,其该磨削方法的生产率较低,仅适用于精磨。

（2）端磨法

端磨法如图 5 – 19（b）所示,用砂轮端面磨削工件。采用端磨法磨削时,由于砂轮与工件的接触面积大,故生产效率高。但是,其磨削的精度低,适用于粗磨。

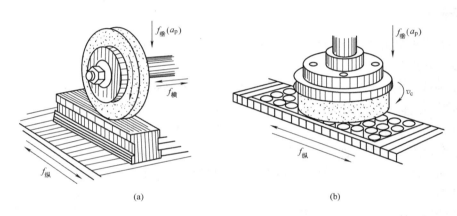

图 5 – 19　平面磨削的方法
（a）周磨法　（b）端磨法

本任务选用周磨法进行磨削。

除了上述平面磨削方式之外,根据工作台的运动方式不同,还可细分磨削方式,具体见图 5 – 20。

3. 切削用量及其选择

（1）砂轮的圆周速度（v_c）

提高砂轮的圆周速度可以提高磨削效率,但是过高会引起砂轮碎裂,过低会影响表面质量。一般情况下,砂轮的圆周速度为 15 ~ 25 m/s,采用周磨法磨削时可比端磨法磨削速度略高。

（2）砂轮的垂直进给量（$f_垂$）

垂直进给量实际上是砂轮每次切入工件的深度即背吃刀量,一般用 a_p 表示,单位为mm。砂轮的垂直进给量粗磨时,一般为 0.015 ~ 0.03 mm,精磨时一般为 0.005 ~ 0.01 mm。

（3）工作台纵向进给量（$f_纵$）

工作台纵向进给量一般为 1 ~ 12 m/min,进给量越大,磨削的表面结构参数值就越大。

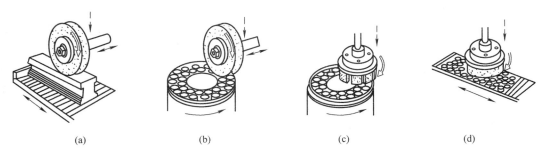

图 5-20　平面磨床磨削加工
(a)卧轴矩台平面磨床磨削　(b)卧轴圆台平面磨床磨削
(c)立轴圆台平面磨床磨削　(d)立轴矩台平面磨床磨削

四、任务实施

本任务要求学生能够掌握磨削平面的基本方法。在实际训练中,除了操作技巧外,还需要注意以下几点。

1)正确选择定位基准。磨削此零件的首要任务就是选择一个合理的定位基准。一般情况下,应该选择一个面积较大、较为平整的表面作为第一次的定位基准。

2)注意磨削余量。磨削平面时,通常将一个平面完全磨好后,再翻转磨削另一个面。如果磨削余量不太多而工件又发生变形,如果一次将第一个表面磨好,有可能没有余量来磨削其他表面。因此,在磨削之前注意检查毛坯余量以及变形程度。

3)注意冷却散热。平面磨削产生的磨削热较大,容易使工件产生热变形。因此,要保证锋利的砂轮、充足的切削液以及合适的进给量。

1. 砂轮的选用

根据图示零件的结构及材料特性,选用平形砂轮,砂轮材料为白刚玉。

2. 切削用量的选择

本任务选择 $v_c = 20$ m/s,$f_垂 = 0.015$ mm,$f_纵 = 5$ m/min。

3. 机床的调整

(1)调整换向挡块

操作平面磨床时,首先应该调整换向挡块,以便控制每次的磨削行程,先横向移动磨头和纵向移动工作台,使砂轮处于工件上方,再用手摇动磨头垂直下降,使砂轮的最低点距离工件表面 0.5~1 mm。然后调整工作台换向挡块,使工件刚离开砂轮就换向。

(2)控制横向进给

换向挡块调整合适以后,就可以开动机床使砂轮旋转,工作台作往复运动。用手控制砂轮下降,砂轮接近工件时应特别小心,避免吃刀太深造成事故。待砂轮接触工件发出火花后,即可开动横向周期进给进行磨削。整个平面磨光一次后,砂轮再作一次垂直进给。

4. 安装工件

在平面磨床上,常采用电磁吸盘工作台吸住工件。电磁吸盘工作台的工作原理如图

5-21所示,当线圈中通过直流电时,芯体被磁化,磁场线由芯体经过盖板→工件→盖板→吸盘体而闭合,产生的电磁力将工件吸住。电磁吸盘工作台的绝磁层由铅、铜或巴氏合金等非磁性材料制成,可以使绝大部分磁力线都通过工件再回到吸盘体,以保证工件被牢固地吸在工作台上。

当磨削键、垫圈、薄壁套等小尺寸的零件时,由于工件与工作台接触面积小,吸力弱,容易被磨削力弹出造成事故,所以在装夹这类工件时,需在工件四周或左右两端用挡铁围住,以防工件移动,如图5-22所示。

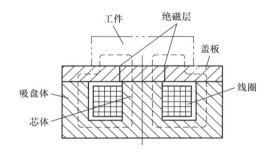

图5-21　电磁吸盘工作台工作原理

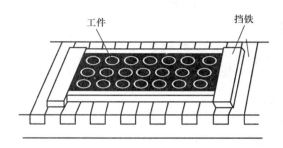

图5-22　用挡铁围住工件

另外,对于一些特殊零件需要在平面磨床上进行磨削,但电磁吸盘又不能装夹时,就需要采用其他装夹方式。例如加工非铁磁性材料的工件时,可以采用精密虎钳进行装夹。

本任务选用电磁吸盘装夹工件。

5. 磨削的工艺过程

1)修除工件毛边,擦净工作台。

2)先以大而光洁的一面为定位基准,磨削平行面。

3)翻转磨削相对面,保证尺寸为$70^{0}_{-0.02}$ mm的两平行面平行度公差不大于0.01 mm。

五、操作训练及注意事项

1. 操作训练

1)平面磨床的基本操作方法。

2)工件的装夹方法。

3)工件的平面磨削方法。

2. 注意事项

在操作中要注意以下事项:

1)注意磨头垂直进给手轮的进退方向,以防弄错;

2)检查磨削液,保证充足的磨削液;

3)装夹后,检查电磁吸盘吸力是否足够。

六、评分标准

平面磨削的评分标准见表5-3。

表 5 – 3　平面磨削的评分标准

序号	项目与技术要求	配分	检测标准	实测记录	得分
1	工件装夹正确	5	装夹不可靠不得分		
2	砂轮的选择、安装正确	25	准备工作不充分扣 2 分,砂轮选择不合理扣 5 分,砂轮检查不正确扣 5 分,砂轮安装不合理扣 5 分		
3	磨削用量选择正确	10	磨削用量选择不当扣 10 分		
4	机床调整正确	20	工作台调整不正确扣 10 分,砂轮架控制不正确扣 10 分		
5	对刀方法恰当	20	对刀方法不当,酌情扣分		
6	磨削质量检测	20	长度尺寸超差一处扣 4 分,平行度公差超差扣 5 分,表面结构超差一处扣 2 分		
7	安全文明操作		违规每次扣 2 分		

【知识链接】

　　磨削是人类自古以来就知道的一种古老技术,旧石器时代,磨制石器用的就是这种技术。以后,随着金属器具的使用,促进了研磨技术的发展。但是,设计出名副其实的磨削机械还是近代的事情,即使在 19 世纪初期,人们依然是通过旋转天然磨石,让它接触加工物体进行磨削加工的。

　　18 世纪 30 年代,为了适应钟表、自行车、缝纫机和枪械等零件淬硬后的加工,英国、德国和美国分别研制出使用天然磨料砂轮的磨床。这些磨床是在当时现成的机床如车床、刨床等上面加装磨头改制而成的,它们结构简单,刚度低,磨削时易产生振动,要求操作工人要有很高的技艺才能磨出精密的工件。

　　1876 年,在巴黎博览会展出的美国布朗 – 夏普公司制造的万能外圆磨床,是首次具有现代磨床基本特征的机械。它的工件头架和尾座安装在往复移动的工作台上,箱形床身提高了机床刚度,并带有内圆磨削附件。1883 年,这家公司制成磨头装在立柱上、工作台作往复移动的平面磨床。

　　1900 年前后,人造磨料的发展和液压传动的应用,对磨床的发展有很大的推动作用。随着近代工业特别是汽车工业的发展,各种不同类型的磨床相继问世。例如 20 世纪初,先后研制出加工汽缸体的行星内圆磨床、曲轴磨床、凸轮轴磨床和带电磁吸盘的活塞环磨床等。

　　自动测量装置于 1908 年开始应用到磨床上。到了 1920 年前后,无心磨床、双端面磨床、轧辊磨床、导轨磨床、珩磨机和超精加工机床等相继制成使用;20 世纪 50 年代又出现了可作镜面磨削的高精度外圆磨床;20 世纪 60 年代末又出现了砂轮线速度达 60 ~ 80 m/s 的高速磨床和大切深、缓进给磨削平面磨床;20 世纪 70 年代,采用微处理机的数字控制和适应控制等技术在磨床上得到了广泛的应用。

思考与练习

1. 磨削外圆时必须有哪几种运动?
2. 万能外圆磨床与普通外圆磨床主要有哪些区别?
3. 安装较大的砂轮前应该怎样进行平衡?
4. 砂轮使用一定的时间后为什么要进行修整,如何修整?
5. 在磨削中,切削液的主要作用是什么? 常用切削液有哪几种?
6. 常用的外圆磨削方法有哪几种? 各自有何应用?
7. 为什么在磨削轴类工件之前,要修研中心孔?
8. 常用的平面磨削方法有哪几种? 各自有何应用?
9. 六面体磨削加工。

(1)磨削加工图样如图 5 - 23 所示。

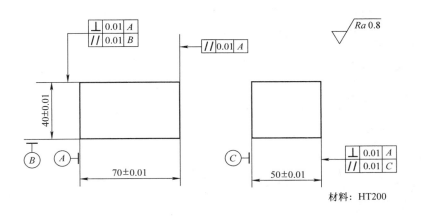

图 5 - 23 六面体磨削加工图样

(2)考核要求。

①考核内容:长度 70 ± 0.01 mm、宽度 40 ± 0.01 mm 及厚度 50 ± 0.01 mm 达到图样要求的尺寸;工件材料为 HT200;尺寸精度、形状或位置精度以及表面结构的精度达到规定的要求。

②工时定额:7 h。

③安全文明生产:正确执行国家颁布的安全生产法规有关规定或企业自定有关文明生产规定,做到工作场地整洁,工件、夹具、量具放置合理、整齐。

（3）六面体磨削考核评分表见表5－4。

表5－4　六面体磨削考核评分表

考核项目	序号	考核内容	考核要求	配分	评分标准	扣分	得分
主要项目	1	长度	70 ± 0.01mm	9	超差扣9分		
	2	宽度	40 ± 0.01mm	9	超差扣9分		
	3	厚度	50 ± 0.01mm	9	超差扣9分		
	4	三对平行表面的平行度	0.01mm	24	一对超差扣8分		
	5	两处相邻表面的垂直度	0.01mm	16	一对超差扣8分		
	6	六个表面的表面结构	$Ra0.8\mu$m	24	一处超差扣4分		
安全文明生产	1	安全生产法规有关规定或企业有关规定	按规定标准评定	5	违反有关规定扣1~5分		
	2	企业有关文明生产规定	按规定标准评定	4	工作场地整洁,工、量、夹具放置合理不扣分,差者酌情扣1~4分		
工时定额	7 h	按时完成			超定额时间10 min扣2分,20 min扣6分,30 min扣12分,40 min扣20分		

模块六 数控车削加工

> 教学要求
- 了解数控车床的特点及工作原理。
- 了解数控车床的组成及其作用。
- 了解数控车削加工的工艺过程。
- 掌握数控车削加工手工编程方法。
- 掌握数控车床的操作方法。
- 掌握数控车床的编程方法。
- 能够独立完成实训作业件的加工。
- 熟悉数控车床的安全操作规程及维护保养。

> 教学方法
- 将各教学班级根据具体人数分为若干小组,分别进行现场的理论分析、讲解及操作示范,随后进行操作训练(最好能做到一人一台数控车床或两人一台数控车床进行技能训练)。

课题一 数控车工入门指导

【项目描述】

数控车床又称为 CNC 车床,即计算机数字控制车床,是目前国内使用量最大,覆盖面最广的一种数控机床,约占数控机床总数的 25%。数控机床是集机械、电气、液压、气动、微电子和信息等多项技术为一体的机电一体化产品,是机械制造设备中具有高精度、高效率、高自动化和高柔性化等优点的工作母机。

数控车床配备多工位刀塔或动力刀塔,机床就具有广泛的加工工艺性能,可加工圆柱、圆锥、圆弧和各种螺纹、槽、蜗杆等复杂工件,具有直线插补、圆弧插补各种补偿功能,并在复杂零件的批量生产中发挥了良好的经济效果。

> 拟学习的知识
- 数控车工安全生产知识。
- 了解数控车床的工作原理、组成以及作用。
- 掌握数控车削加工手工编程方法。
- 掌握数控车床的操作方法。
- 能够独立完成实训作业件的加工。

> 拟掌握的技能
- 掌握数控车削加工手工编程方法。
- 掌握数控车床的操作方法。
- 能够独立完成实训作业件的加工。

一、安全生产知识

1）数控车床操作时要穿工作服，女生佩戴工作帽，不允许戴手套操作数控机床。

2）上机操作前应熟悉数控机床的操作说明书，数控车床的开机、关机顺序，一定要按机床说明书的规定操作。

3）开车前，应检查数控机床各部件机构是否完好、各按钮是否能自动复位。开机前，操作者应按机床使用说明书的规定给相关部位加油，并检查油标、油量。

4）在每次电源接通后，必须先完成各轴的返回参考点操作，然后再进入其他运行方式，以确保各轴坐标的正确性。

5）主轴开始启动前要关闭机床防护门，程序正常运转中严禁开门。

6）不得随意修改机床数据及设定的参数。

7）加工过程中工具和量具摆放整齐，机床上不能摆放任何工具、量具和杂物。

8）加工程序必须经过严格检查方可进行操作运行。

9）手动对刀时，应注意选择合适的进给速度；手动换刀时，刀架距工件要有足够的转位距离，以免发生碰撞。

10）加工过程中，如出现异常危机情况可按下急停按钮，以确保人身和设备的安全。

二、数控车床的基本知识

数控车床（Computerized Numerical Control lathe）又称为 CNC 车床，即计算机数字控制车床，是一种高精度、高效率的自动化机床。数控车床具有广泛的加工工艺性能，可加工直线圆柱、斜线圆柱、圆弧和各种螺纹，具有直线插补、圆弧插补各种补偿功能，并在复杂零件的批量生产中发挥了良好的经济效果。

1. 数控车床的工作原理

数控车床工作时通过数控装置内的计算机对以数字和字符编码方式所记录的加工程序进行译码及相关处理后，向机床伺服系统等执行机构发出命令，执行机构则按其命令对加工所需各种动作进行控制，如刀具相对于工件的运动轨迹、位移量和速度等，最终完成工件的加工。如图 6-1 所示为数控车床典型的处理过程。

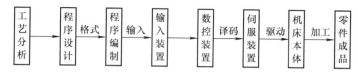

图 6-1　数控车床典型的处理过程

2. 数控车床的基本组成

数控车床一般包括输入输出设备、计算机数控装置、PLC 及其接口电路、主轴及进给伺服系统、测量装置和机床本体，其中计算机数控装置是数控车床的核心。

3. 数控机床的坐标系

（1）机床坐标系的确定原则

Ⅰ. 刀具相对运动的规定

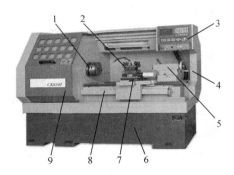

图 6－2　数控车床的组成

1—主轴;2—刀架;3—数控系统;4—防护罩壳;5—尾座;6—床身;

7—X 轴驱动;8—Z 轴驱动;9—防护门

在机床上,我们始终认为工件静止,而刀具是运动的。这样编程人员就可以不考虑机床上工件与刀具具体运动的情况,只需要依据零件图样,确定机床的加工过程。

Ⅱ. 坐标轴关系的规定

在数控机床上,机床的动作是由数控装置来控制的,为了确定数控机床上的成形运动和辅助运动,必须先确定机床上运动的位移和运动的方向,这就需要通过坐标系来实现,这个坐标系被称为机床坐标系。

标准机床坐标系中 X、Y、Z 坐标轴的相互关系用右手笛卡尔直角坐标系决定:

1)伸出右手的拇指、食指和中指,并互为 90°,则拇指代表 X 坐标,食指代表 Y 坐标,中指代表 Z 坐标。

2)拇指的指向为 X 坐标的正方向,食指的指向为 Y 坐标的正方向,中指的指向为 Z 坐标的正方向。

3)围绕 X、Y、Z 坐标旋转的旋转坐标分别用 A、B、C 表示,根据右手螺旋定则,拇指的指向为 X、Y、Z 坐标中任意轴的正向,则其余四指的旋转方向即为旋转坐标 A、B、C 的正向,如图 6－3 所示。

图 6－3　右手笛卡尔直角坐标系

Ⅲ. 运动方向的规定

增大刀具与工件距离的方向即为各坐标轴的正方向。

(2)坐标轴方向的确定

Ⅰ. Z 坐标

Z 坐标的运动方向是由传递切削动力的主轴所决定的,即平行于主轴轴线的坐标轴即为 Z 坐标,Z 坐标的正向为刀具离开工件的方向。如果机床上有几个主轴,则选一个垂直于工件装夹平面的主轴方向为 Z 坐标方向；如果主轴能够摆动，则选垂直于工件装夹平面的方向为 Z 坐标方向；如果机床无主轴，则选垂直于工件装夹平面的方向为 Z 坐标方向。图 6-4所示为数控车床的 Z 坐标。

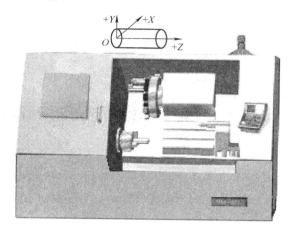

图 6-4　数控车床坐标系

Ⅱ. X 坐标

X 坐标平行于工件的装夹平面，一般在水平面内。确定 X 轴的方向时，要考虑两种情况。

1）如果工件做旋转运动，则刀具离开工件的方向为 X 坐标的正方向。

2）如果刀具做旋转运动，则分为两种情况：Z 坐标水平时，观察者沿刀具主轴向工件看时，$+X$ 运动方向指向右方；Z 坐标垂直时，观察者面对刀具主轴向立柱看时，$+X$ 运动方向指向右方。图 6-4 所示为数控车床的 X 坐标。

Ⅲ. Y 坐标

在确定 X、Z 坐标的正方向后，可以根据 X 和 Z 坐标的方向，按照右手直角坐标系来确定 Y 坐标的方向，由于数控车床是加工的旋转件，所以一般没有 Y 轴。

（3）数控坐标系的种类

Ⅰ. 机床坐标系

机床坐标系是机床上固有的坐标系，机床坐标系的原点也称为机床原点或机床零点。机床原点在机床一经设计和制造调整后便被确定下来，是一个固定的点。机床坐标系是为了确定机床的运动方向和移动距离，数控车床的机床原点一般设在卡盘前端面或卡盘后端面的中心。

机床坐标系是通过操作手动返回参考点，以机床参考点为基准点来设定的。

机床参考点通常设置在车床 X、Z 轴正向极限位置上，该点对机床原点的坐标是一个已知的定值，也就是说，可以根据机床参考点在机床坐标系中的坐标值间接确定机床原点的位置，如图 6-5 所示。

Ⅱ. 工件坐标系

工件坐标系是编程人员在编程时使用的。编程人员以工件图纸上的某一固定点为原点而建立的坐标系称为工件坐标系，也称为编程坐标系，如图 6-6 所示。所有的编程尺寸都是按工件坐标系中的尺寸确定的。

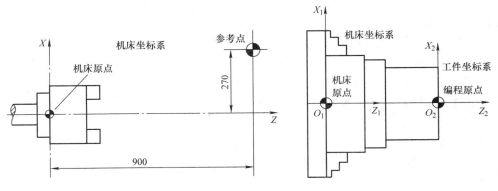

图 6 - 5　机床坐标系　　　　　　图 6 - 6　工件坐标系

从理论上讲,工件坐标系的原点选在工件上任何一点都可以,但这可能带来烦琐的计算问题,增添编程的困难。为了计算方便、简化编程,通常把工件坐标系的原点选在工件的回转中心上,具体位置可考虑设置在工件的左端面或右端面上,尽可能使编程基准与设计基准、定位基准重合。

Ⅲ. 编程坐标系

编程坐标系是编程人员根据零件图样及加工工艺等建立的坐标系。编程坐标系一般供编程使用,确定编程坐标系时不必考虑工件毛坯在机床上的实际装夹位置。编程原点是根据加工零件图样及加工工艺要求选定的编程坐标系的原点。

编程原点应尽量选择在零件的设计基准或工艺基准上,编程坐标系中各轴的方向应该与所使用的数控机床相应的坐标轴方向一致。一般编程坐标系与工件坐标系重合是同一点。

三、数控车床切削工艺

工艺分析是数控车削编程前的一项重要准备工作。工艺制定是否合理对程序编制、车床加工效率和零件的加工精度都有重要影响。其主要内容有确定工序和工件在机床上的装夹方式、刀具走刀路线以及刀具、夹具和切削用量的选择。

1. 零件图的工艺分析

制定工艺之前必须对零件的图样进行分析,主要内容如下。

(1)构成零件轮廓的几何要素:这些几何要素是数控编程的依据。编程前需要对尺寸进行检查,看是否有尺寸不全的现象。

(2)尺寸公差要求:分析零件的尺寸公差要求主要是为了选择合适的刀具和切削用量。

(3)位置公差要求:零件的位置公差是选择工件定位和检测的基准。

(4)材料要求:工件材料及其热处理是选择刀具及其进给量的重要依据。

(5)表面粗糙度:表面粗糙度是工件表面微观精度的要求,是选择刀具和确定切削用量的重要依据。

2. 制定工艺方案

(1)工序和装夹方法的确定

数控车削用于回转类零件的外圆、端面或内孔的粗、精加工。工件的装夹应该根据图纸和数控车削的特征来确定,一般使用三爪自定心卡盘来装夹零件,力求在一次装夹中完成大部分甚至全部表面的加工。

(2)加工顺序和进给路线的确定

进给路线是指刀具刀位点相对于工件的运动轨迹和方向,即从对刀点开始运动起,直到加工结束刀具所经过的路径,包括切削加工的路径以及切入、切出等空行程。在粗加工时必须对余量过多的部位先做一些切削加工,而精加工时的进给路线基本是按照工件的轮廓来进行的,走刀路线相对简单。

切削路线的长度不仅影响了生产效率,也和刀具的损耗密切相关。在安排粗加工和半精加工时的切削路线时,应同时兼顾到加工零件的刚性和价格工艺性要求。

(3)切削用量的选择

切削用量(a_p,v,f)是否合理,对刀具的切削性能和数控机床效能的发挥以及安全生产都有很重要的作用。

切削深度 a_p,也称为背吃刀量,是指垂直于进给速度方向的切削层最大尺寸。设置时根据工件材料、粗精加工状态以及机床的刚性来选择合适的切削深度。对铝件而言一般粗加工为 $2 \sim 3\text{mm}$,精加工为 $0.2 \sim 0.3\text{mm}$;对钢件而言数值会有所降低。

进给量 f 与切削深度以及工件的表面粗糙度要求有关。在数控车削中,进给单位设定缺省指定为 G95(mm/r),粗加工时 F 一般可选择 $0.3 \sim 0.5$ mm/r,精加工时一般选择 $0.05 \sim 0.1$ mm/r。当用户指定 G94(mm/min)时,范围为 $20 \sim 200$ mm/min。

切削速度 v 是指刀具切削点和工件之间相对线速度,单位为 m/min。切削速度的选择和刀具的材料及切削性能有关,常用刀具的切削线速度为 $20 \sim 120$ m/min。

切削速度和工件直径、主轴转速之间的关系:

$$v = \pi dn / 1000$$

从上式可以看出随着工件直径的减小,主轴转速 n 需要不断增加,这些计算都是由系统完成的。

(4)刀具的选择

在数控加工过程中刀具选择是否合理不仅影响着机床的加工效率,而且直接影响着工件的加工质量。

根据与刀体的连接方式不同,在数控车削中常用的刀具有焊接式车刀和机械夹固式车刀。

焊接式车刀的刀片和刀体是用焊接的方法固定在刀体上,形成一个整体。

机夹式车刀使用可转位刀片,刀片和刀体之间用紧固元件固定位置。由于可转位刀片已实现机械加工标准化、系列化,加快了刀片的更换速度,提高了生产效率。

按刀具类型分类,数控车床常用刀具有外圆车刀、切槽刀、螺纹车刀以及镗孔刀等,根据不同的需要进行选择。如果选用机夹式车刀,其所配置的刀片也有多种形式可以选择。

四、数控车床编程基础

1. 数控编程的内容及步骤

数控编程就是把加工零件所需的全部数据信息和控制信息按数控系统规定的格式和代

码形式编制加工程序的过程。加工程序中包含零件的工艺信息和辅助功能,数控机床按照编制好的程序对零件进行自动加工。

数控编程的主要步骤如下。

(1)分析图样、确定工艺过程

在数控机床上加工零件,工艺人员拿到的原始资料是零件图。根据零件图,可以对零件的形状、尺寸精度、表面粗糙度、工件材料、毛坯种类和热处理状况等进行分析,然后选择机床、刀具,确定定位夹紧装置、加工方法、加工顺序及切削用量的大小。

(2)计算刀具轨迹的坐标值

根据零件图的几何尺寸及设定的编程坐标系,计算出刀具中心的运动轨迹,得到全部刀位数据。一般数控系统具有直线插补和圆弧插补的功能,对于形状比较简单的平面形零件(如直线和圆弧组成的零件)的轮廓加工,只需要计算出几何元素的起点、终点、圆弧的圆心(或圆弧的半径)、两几何元素的交点或切点的坐标值。

(3)编写零件加工程序

根据加工路线计算出刀具运动轨迹数据和已确定的工艺参数及辅助动作,编程人员可以按照所用数控系统规定的功能指令及程序段格式,逐段编写出零件的加工程序。编写时应注意:①程序书写的规范性,应便于表达和交流;②在对所用数控机床的性能与指令充分熟悉的基础上,各指令使用的技巧和程序段编写的技巧。

(4)将程序输入数控机床

将加工程序输入数控机床的方式有光电阅读机、键盘、磁盘、磁带、存储卡、连接上级计算机的 DNC 接口及网络等。目前,常用的方法是通过键盘直接将加工程序输入(MDI 方式)到数控机床程序存储器中或通过计算机与数控系统的通信接口将加工程序传送到数控机床的程序存储器中,由机床操作者根据零件加工需要进行调用。现在一些新型数控机床已经配置大容量存储卡存储加工程序,当作数控机床程序存储器使用,因此数控程序可以事先存入存储卡中。

(5)程序校验与首件试切

数控程序必须经过校验和试切才能正式加工。在有图形模拟功能的数控机床上,可以进行图形模拟加工,检查刀具轨迹的正确性,对无此功能的数控机床可进行空运行检验。但这些方法只能检验出刀具运动轨迹是否正确,不能查出对刀误差、由于刀具调整不当或因某些计算误差引起的加工误差及零件的加工精度,所以有必要经过零件加工的首件试切这一重要步骤。当发现有加工误差或不符合图纸要求时,应分析误差产生的原因,以便修改加工程序或采取刀具尺寸补偿等措施,直到加工出合乎图样要求的零件为止。随着数控加工技术的发展,可采用先进的数控加工仿真方法对数控加工程序进行校核。

2. 程序结构和编程格式

(1)程序结构

不同数控系统之间程序的格式可能有所变化,但总体上都是按照表6-1所示结构组织加工程序。

表6-1 数控加工程序结构

语句	含义
%	程序开始标识
0100	程序名
N0010 G90 G00 Z10；	工程序段(程序主体)
…	
M02	程序结束
%	程序结束标识

（2）程序段格式（表6-2）

加工程序段采用可变程序段格式,是加工程序的主要部分。每一条指令称为一个程序段。每个程序段由地址字组成,可以包含多个地址字。

表6-2 程序段格式

N	G	X	Y	Z	F	T	M	S	；
程序段序号字	准备功能字		尺寸字		进给功能字	刀具功能字	辅助功能字	主轴转速功能字	程序段结束符

Ⅰ. 常用地址字及含义（表6-3）

表6-3 常用地址字

机能	地址码	说明	示例
顺序号字	N	程序段顺序编号地址	N0200 …；该行行号为200
准备功能	G	指令机床动作方式	G90 G01…；绝对坐标,直线插补
坐标字	X、Y、Z、U、V、W	直线坐标轴	G90 G01 X100 C80；直线插补到 X 轴100mm, C 轴80°位置
	A、B、C	旋转坐标轴	
刀具功能	T	指定加工刀具	T0101；1#刀具的1#刀具补偿
辅助功能	M	机床辅助动作指令	M08；开冷却
进给功能	F	指定伺服轴进给速度	F0.1；加工速度为0.1 mm/r
主轴转速功能	S	指定主轴转速	M03 S800；主轴转速为800 r/min
后续地址字	I、J、K、R(或CR)	在相关指令中指定额外的信息	G33 Z-10 F1.5；攻丝,螺距为1.5 G02 X10 Y20 I20 J30 F0.3；顺时针圆弧,指定圆心

Ⅱ. 数控车床中常用准备功能（G代码）（表6-4）

准备功能代码,简称G代码或G指令,它是使数控机床建立起某种加工方式的指令。G代码由地址码G和两位数字组成。

G代码分为模态代码和非模态代码。模态代码又称为续效代码,在该行和之后一直有效,直到被同组代码取代。同组代码不能在同一个程序段中出现。非模态代码又称为非续效代码,只有在该代码的程序段中有效。

表6-4　常用的G代码及功能

G代码	组	功能	参数
G代码		快速定位	X,Z
G00	01	直线插补	X,Z,F
*G01		顺时针圆弧插补	X,Z,I,K,R,F
G02		逆时针圆弧插补	
G03	00	暂停	P
G04	08	英寸输入	
G20		毫米输入	
*G21	00	返回到参考点	X,Z
G28		由参考点返回	
G29	01	螺纹切削	X,Z,R,E,P,F
G32		刀尖半径补偿取消	
*G40	09	刀尖半径左补偿	D
G41		刀尖半径右补偿	
G42	00	局部坐标系设定	X,Z
G52		零点偏置	
*G54	11		
G55			
G56			
G57			

G代码	组	功能	参数
G58	11	零点偏置	
G59			
G65		宏程序简单调用	P,A~Z
G71	06	内/外径车削复合循环	X,Z,U,W,C,P,Q,R,E
G72		端面车削复合循环	
G73		闭环车削复合循环	
G76		螺纹切削复合循环	
*G80	01	内/外径车削固定循环	X,Z,I,K,C,P,R,E
G81		端面车削固定循环	
G82		螺纹切削固定循环	
*G90	13	绝对值编程	
G91		增量值编程	
G92	00	工件坐标系设定	X,Z
*G94	14	每分钟进给	
G95		每转进给	
*G36	16	直径编程	
G37		半径编程	

注:1. 00组中的G代码是非模态的,其他组的G代码是模态的。

2. *标记者为缺省值、默认设置。

Ⅲ. 辅助功能(M代码)(表6-5)

辅助功能代码,也称为M指令或M代码。它由地址码M和后面的两位数字组成,从M00～M99共有100种。它是控制机床辅助动作的指令,主要用作机床加工时的工艺性指令,如主轴旋转、冷却液的开启与关闭、运动部件的夹紧与松开。与G代码类似,控制对象相同的M代码也不能在同一程序段出现。M代码是由系统的PLC定义,用户可以通过修改PLC的逻辑控制关系来修改M指令的功能。

Ⅳ. 刀具指令(T指令)

数控机床可以装多把刀具。根据切削的要求,有时在加工过程中需要更换刀具。

表6-5　常用的M代码及功能

指令	含义
M00	无条件暂停指令,机床执行到该语句需要按启动键才能继续执行
M01	条件暂停指令,系统可以设置是否忽略
M02	程序结束,一般用在程序的最后一句

指令	含　义
M30	程序结束,与 M02 相同
M03	主轴正转
M04	主轴反转
M05	主轴停止
M06	换刀
M07	2#冷却开
M08	1#冷却开
M09	冷却关
M30	程序停止并返回开始处
M98	调用子程序
M99	子程序结束

刀具功能字用于指定刀具参数或换刀,由地址码 T 和四位数字组成,前面两位是刀具号,后面两位既是刀具长度补偿号,又是刀尖圆弧半径补偿号。如 T0202 表示 2 号刀及 2 号刀具长度和刀具半径补偿。至于刀具的长度和刀尖半径补偿的具体数值,应到 2 号刀尖补偿去查找和修改。如果后面两位数为零,例如 T0300,表示取消刀尖补偿状态,调用 3 号刀具。

Ⅴ. 主轴功能(S 指令)

主轴功能 S 指令用来控制主轴转速,用地址字 S 及其后的数字表示主轴速度,有 G97 恒转速(单位为 r/min)和 G96 恒线速度(单位为 m/min)两种指令方式。

数控车床的加工形式为工件旋转,一般使用 G96 恒线速度指令方式;数控铣床和加工中心的加工形式为刀具旋转,一般使用 G97 恒转速指令方式。S 指令只是设定主轴转速的大小,S 所编程的主轴转速可以借助机床控制面板上的主轴倍率开关进行修调;S 指令不会使主轴回转,必须有 M03(主轴正转)或 M04(主轴反转)指令时,主轴才开始旋转。

Ⅵ. 进给功能(F 指令)

进给功能 F 指令表示工件被加工时刀具相对于工件的合成进给速度,用地址字 F 及其后的数字表示,F 的单位取决于 G94 每分钟进给量(单位为 mm/min)或 G95 每转进给量(单位为 mm/r)。

使用下式可以实现每转进给量与每分钟进给量的转化:

$$f_m = f_r \times S$$

式中　f_m——每分钟的进给量,mm/min;

　　　f_r——每转进给量,mm/r;

　　　S——主轴转速,r/min。

四、数控车床操作

数控车床操作时需要熟悉数控系统的操作面板和机床控制面板。

以 FANUC Series 0i Mate – TD 来介绍系统的面板,其他系统的控制面板布局上有所区别,但是基本功能类似。FANUC Series 0i Mate – TD 的操作面板如图 6 – 7 所示,基本区域分为系统区、键盘区、机床控制面板区三大块。各面板说明见表 6 – 6 至表 6 – 8。

图 6 – 7　FANUC Series 0i Mate – TD 系统及操作面板

表 6 – 6　系统面板键盘说明

名称	功能说明
复位键 RESET	按下这个键可以使 CNC 复位或者取消报警等
帮助键 RESET	当对 MDI 键的操作不明白时,按下这个键可以获得帮助
软键	根据不同的画面,软键有不同的功能,软键功能显示在屏幕的底端
地址和数字键 O P	按下这些键可以输入字母、数字或者其他字符

名称	功能说明
切换键  SHIFT	在键盘上的某些键具有两个功能,按下该键可以在这两个功能之间进行切换
输入键  INPUT	当按下一个字母键或者数字键时,再按该键数据被输入到缓冲区,并且显示在屏幕上,要将输入缓冲区的数据拷贝到偏置寄存器中等,也需按下该键,这个键与软键中的"INPUT"键是等效的
取消键  CAN	用于删除最后一个进入输入缓存区的字符或符号
程序功能键  ALTER INSERT DELETE	 ALTER:替换键  INSERT:插入键  DELETE:删除键
功能键  POS PROG OFFSET SETTING SYSTEM MESSAGE CUSTOM GRAPH	按下这些键,切换不同功能的显示屏幕
光标移动键 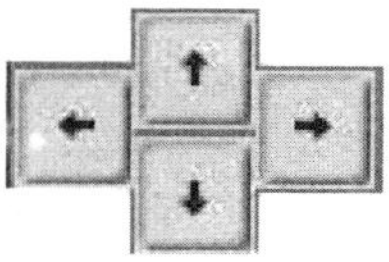	有四种不同的光标移动键。  →:用于将光标向右或者向前移动  ←:用于将光标向左或者往回移动  ↓:用于将光标向下或者向前移动  ↑:用于将光标向上或者往回移动
翻页键  PAGE↑ PAGE↓	有两个翻页键。  PAGE↓:用于将屏幕显示的页面往前翻页  PAGE↑:用于将屏幕显示的页面往后翻页

功能键用来选择将要显示的屏幕画面。按下功能键之后再按下与屏幕文字相对的软

键,就可以选择与所选功能相关的屏幕。

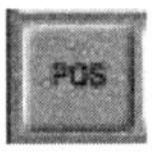
POS
:按下这一键以显示位置屏幕。

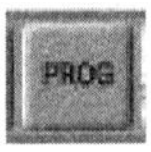
PROG
:按下这一键以显示程序屏幕。

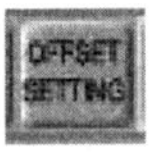
OFFSET
SETTING
:按下这一键以显示偏置/设置(SETTING)屏幕。

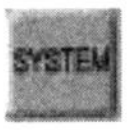
SYSTEM
:按下这一键以显示系统屏幕。

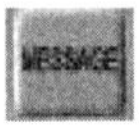
MESSAGE
:按下这一键以显示信息屏幕

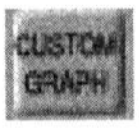
CUSTOM
GRAPH
:按下这一键以显示用户宏屏幕。

表 6-7　机床操作面板

按键	功能	按键	功能
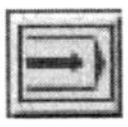	自动键	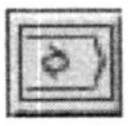	编辑键
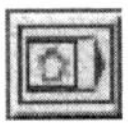	MDI		
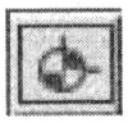	返回参考点键	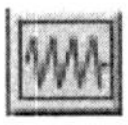	连续点动键
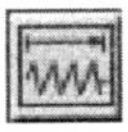	增量键	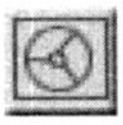	手轮键
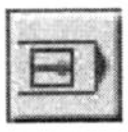	单段键	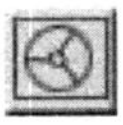	跳过键
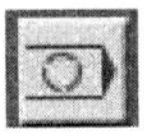	空运行键		
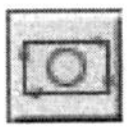	进给暂停键	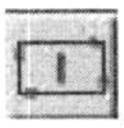	循环启动键
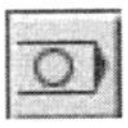	进给暂停指示灯		
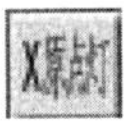 X原点灯	当 X 轴返回参考点时,X 原点灯亮	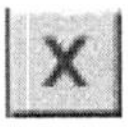 X	X 键
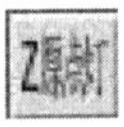 Z原点灯	当 Z 轴返回参考点时,Z 原点灯亮	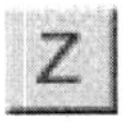 Z	Z 键

续表

按键	功能	按键	功能
 +	坐标轴正方向键	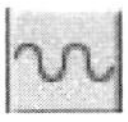 快进键的图标	快进键
 −	坐标轴负方向键		
 主轴正转键图标	主轴正转键	 主轴停键图标	主轴停键
 主轴反转键图标	主轴反转键		
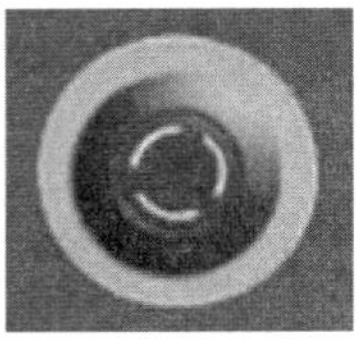 急停键图标	急停键	 进给速度修调旋钮图标	进给速度修调
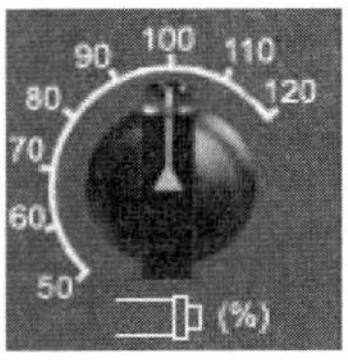 主轴速度修调旋钮图标	主轴速度修调		
 启动电源键图标	启动电源键	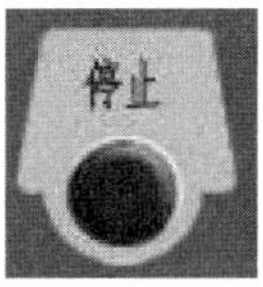 停止电源键图标	关闭电源键

表 6 - 8 手轮面板

按键	功能
 FEED MLTPLX 旋钮图标	手轮进给放大倍数开关。按鼠标右键,旋钮顺时针旋转。按鼠标左键,旋钮逆时针旋转。每按动一下,旋钮向相应的方向移动一个挡位
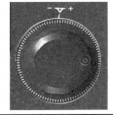	手轮。按鼠标右键,旋钮顺时针旋转。按鼠标左键,旋钮逆时针旋转。使用手轮进给的方法有两种:按一下就松开,所选择的轴将向正向或负向移动一个选定的值;如果按住不放,则所选择的轴将向正向或负向发生连续移动

（1）增量模式

在增量模式下可以指定每按一次运动方向键机床进给的距离,其中 1INC 对应于 0.001 mm。如当增量为 100INC 时,每按一次"+Z"键,刀具向 Z 轴正方向运动 0.1 mm。

（2）手轮模式

使用手轮时可以快速而且准确地定位机床。手轮每转动一格,等同于按一次运动方向键。一般情况下手轮每转分为 100 格,对应于 100INC 时,手轮转一圈对应于运动距离 10 mm。

（3）点动模式

点动模式下按运动方向键(如"+X"),系统将以设定的运动速度向指定的方向进行运动,直到抬起该运动方向键。如果同时按下"快速"键,系统将以快进速度运动。

为了安全起见,机床在每根轴的运动行程上设置了硬限位,系统还为每根轴设置软限位。

（4）回参考点

回机床坐标系的原点(X 轴、Z 轴正方向的极限位置),需要对机床进行回零操作。在回参考点模式下按该轴正方向键,如 +X、+Z,系统向正方向运动并检测回零开关。当碰到回零开关后系统减速并反向运行一段距离后停止,并作为机床坐标轴原点。回零结束后抬起该按键。

在回零时经常遇到的报警——限位。如果现在机床的位置在零点附近,或者回零开关失效,或者运动起点已超出回零开关,或者运动模式未设为"回参考点模式",系统检测不到或不检测回零开关的信号而一直向正方向运动,直到撞上正限位开关,从而引发限位报警。

（5）自动模式

首先打开加工程序,程序需要服务从第一行开始,然后转换到自动模式下。如果当前没有指定加工程序,那么就执行当前已经打开的程序。在自动模式下,按"循环启动"按钮,系统将执行该程序。

（6）单步模式

单步模式下执行程序时系统每执行一条语句系统暂停,直到再次按下"循环启动"按钮。这种情况一般用于新程序的试运行和查找执行程序中的错误。

（7）MDI 模式

MDI 模式可以在指令编辑框中输入一句指令然后让系统执行该指令(有些系统支持多条语句)。

输入:T0101　　　　　　系统执行换刀动作,换刀到 1 号刀具、1 号刀补。

输入:M03 S800　　　　　系统启动主轴正转,转速为 800 r/min。

输入:G00 Z0　　　　　　系统快速运动到工件坐标系的 Z0 位置。

输入:G94 G01 Z0 F100　　系统会执行直线插补,运动到工件坐标系的 Z0 位置。

输入:G94 G01 X30 F100　系统会执行直线插补,运动到工件直径为 30 的位置。

需要注意的是,在执行运动定位前,需要先对当前刀具对刀,否则会产生危险。

（8）EDIT 编辑模式

在 EDIT 编辑模式可以对输入已经编好的程序进行编辑、新建程序、打开已有的程序、删除已有的程序,也可以将外部的程序传入机床中。

数控机床是按照机床坐标系进行运动的,而编程时是按照工件坐标系进行计算的。因此编写好的程序进行加工时必须要设定工件坐标系在机床坐标系中的位置。实现这个设定的过程就是对刀。对刀过程一般采用试切法,从而确定每把刀的补偿数据(在课题中详细讲述)。

课题二　阶梯轴的数控车削加工

【任务描述】

全面掌握阶梯轴的数控车削的工艺方法,学会数控车削阶梯轴。

➢ 拟学习的知识
- 阶梯轴数控车削的工艺方法。
- 数控刀具的正确选用方法。
- 数控车削切削用量及其选择方法。
- 数控车床车削阶梯轴的相关编程指令与格式。

➢ 拟掌握的技能
- 分析零件图,正确选用和使用数控刀具、量具。
- 掌握常用的数控车刀的安装及调整,根据所使用的刀具和工具的材料,选择合适的切削三要素。
- 掌握数控车削阶梯轴的操作技能。
- 熟练掌握车阶梯轴相关的数控编程指令的使用。

一、任务描述

用数控车床完成如图6-8所示的零件。零件毛坯材料为45钢,毛坯为$\phi25 \times 150$ mm,按图纸要求设定坐标系,完成零件基点计算,制定正确的工艺方案,选择合适的刀具和切削工艺参数。

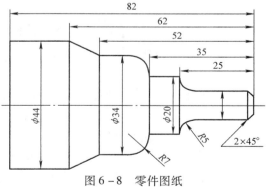

图6-8　零件图纸

二、工艺分析

1. 坐标系和工件原点

选择如图6-9所示的工件原点设置,并计算基点坐标。由于零件形状比较简单,因此基点的计算也比较简单。

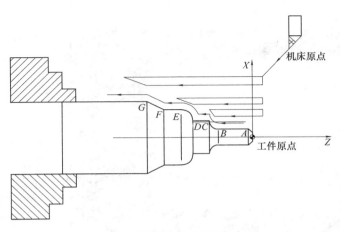

图 6 – 9 加工工艺路线

2. 工艺路线安排

1）采用 G94 端面加工单一循环,对工件的端面进行加工。

2）采用 C71 外圆粗车复合循环对工件进行粗加工,去除多余的材料,留有均匀的精加工余量,分别为 X 方向的精加工余量 0.5 mm、Z 方向的精加工余量 0.3 mm。

3）采用 G70 外圆精车复合循环对工件进行精加工。

4）切断。

3. 刀具选择

零件外形比较简单,用外圆车刀加工外圆和端面,切槽刀切断零件,具体见表 6 – 9。

表 6 – 9 刀具及切削用量的选用

序号	加工面	刀具号	刀具类型	进给速度	转速
1	外圆粗车	T1	外圆车刀	0.3	500
2	外圆精车	T2	外圆车刀	0.1	800
3	切断	T3	切槽刀	0.08	300

4. 对刀操作

（1）X 轴方向对刀

安装好工件和相应的刀具→选择手轮模式→启动主轴→车削工件外圆→Z 向退回→主轴停止→测量工件直径→设置参数→选择【OFFSET SETTING】→在对应刀具号中补偿值,比如 T0101 就是选择 1 号刀具 1 号补偿值→输入测量的直径,比如 X50→测量即可得到 X 轴的长度补偿值,界面如图 6 – 10 所示。

（2）Z 轴方向对刀

安装刀具、工件→选择手轮模式→启动主轴→车削工件右侧面→X 向退回→主轴停止→设置参数→选择【OFFSET SETTING】→在对应刀具号中长度补偿值→输入 Z0→测量即可得到 Z 轴的长度补偿值,界面如图 6 – 11 所示。

（3）对刀检验

为了确认对刀是否正确,在加工前应加以验证。

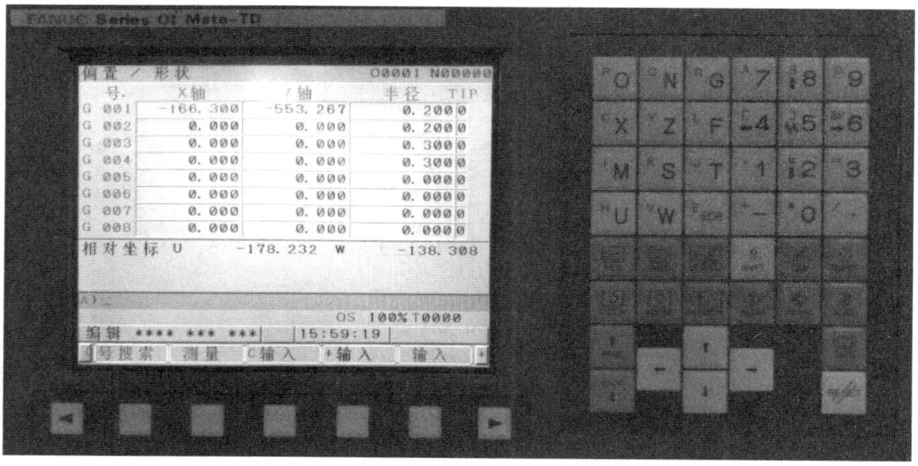

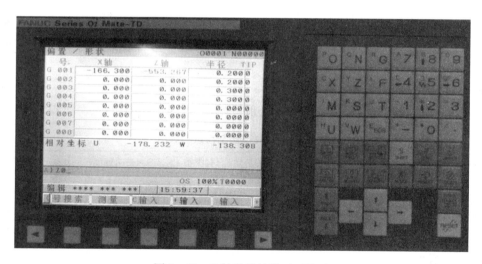

图 6 – 10　1 号刀具补偿界面

图 6 – 11　Z 轴长度补偿对刀界面

验证方法:选择【PROG】→"MDI"→输入"M03 S800 → T0101 G01 X0 Z100 F1000"→"循环启动"→进给倍率慢慢打开→观察刀具轴移动的方向的趋势→判断是否会与机床、工件发生干涉→如果没发生干涉或碰撞→此时选择【POS】→查看"绝对坐标"与"MDI"程序中的数值相同,证明对刀已经接近成功。

选择【PROG】→"MDI"→输入"M03 S800 → T0101 G54 G01 X0 Z0 F1000"→"循环启动"→观察到刀具如果正好落在工件上端面中心,表明对刀已经成功。

三、加工程序编制

1. 相关加工指令

(1)绝对坐标和增量坐标——用尺寸字的地址符指定(FANUC 车床使用)

绝对尺寸的尺寸字的地址符用 X、Y、Z,增量尺寸的尺寸字的地址符用 U、V、W。

这种表达方式的特点是同一程序段中绝对尺寸和增量尺寸可以混用,这给编程带来很大方便。

如图6-12所示,刀具目前在 A 点,要快速运动到 B 点,则该加工程序段如下。

绝对坐标方式:G00 X80 Z100

增量坐标方式:G00 U30 W60

图6-12 绝对坐标与增量坐标

(2)进给单位设定(G94,G95)

G94:进给速度采用每分钟进给量,即单位为 mm/min,一般用于铣削加工。

G95:进给速度采用每转进给量,即单位为 mm/r,一般用于车削加工。

例如:

G94 G01 X10 Z20 F100;　　　　进给速度为 100 mm/min

G95 G01 X10 Z20 F0.5;　　　　进给速度为 0.5 mm/r

需要注意的是,在使用 G95 时,如果运动指令之前主轴没有开始旋转,系统将停止进给并提示"等待主轴",G94 则不存在这种情况。

(3)切削速度模式设定(G96,G97)

G96:恒线速度切削模式。

G97:恒转速切削模式。

指令格式:

G96 S80;　　设置恒线速度为 80m/min

如果要恢复到恒转速切削状态,只要执行 G97,并指定转速即可。

指令格式:

G97 S500;　　设置恒转速为 500 r/min

(4)快速运动(G00)

指令格式:

G00 X _ Z _

G00 为模态指令,快速点定位指令控制刀具以点位控制的方式快速移动到目标位置,其移动速度由参数来设定。指令执行开始后,刀具沿着各个坐标方向同时按系统参数设定的速度移动,最后减速到达终点,刀具移动轨迹是几条线段的组合,不是一条直线,直到全部轴完成定位后指令结束。需要注意的是,铣床的 X 轴是半径编程,而车床的 X 轴一般是直径编程。如果是X30,是指直径为 30 mm 的位置。

(5)直线插补(G01)

指令格式:

G01 X _ Z _ F _

G01 是模态指令,用于控制指定轴(一根轴或多根轴)以联动方式,按程序中指定的速度插补加工出平面或空间直线,其中本指令的坐标为直线终点。

(6)圆弧插补指令(G02,G03)

Ⅰ. 半径 R 指定方式

顺时针圆弧插补指令格式：

G02 X(U)_ Z(W)_ R_ F_；

逆时针圆弧插补指令格式：

G03 X(U)_ Z(W)_ R_ F_；

功能：圆弧插补指令 G02/G03 控制刀具按顺时针(CW)/逆时针(CCW)进行圆弧加工。

说明：

1）X、Z 为绝对编程时，圆弧终点在工件坐标系中的坐标值；

2）U、W 为增量编程时，圆弧终点相对于圆弧起点的位移量；

3）R 为圆弧半径；

4）F 为进给速度。

Ⅱ. 圆心 I、K 指定方式

顺时针圆弧插补指令格式：

G02 X(U)_ Z(W)_ I_ K_ F_；

逆时针圆弧插补指令格式：

G03 X(U)_ Z(W)_ I_ K_ F_；

说明：

1）I、K 表示圆弧起点到圆弧圆心矢量值在 X、Z 方向的投影值，它们是增量值，并带有正负号，即圆心的坐标值减去圆弧起点的坐标值，在绝对、增量编程时都是以增量方式指定，在直径、半径编程时 I 都是半径值；

2）I、K 方向是从圆弧起点指向圆心，其正负取决于该方向与坐标轴方向的异同，相同为正，反之为负，如图 6-13 所示。

注意：

1）用半径 R 指定圆心位置时，由于在同一半径 R 的情况下，从圆弧起点到终点有两个圆弧的可能性，为区别二者，在一些系统中，规定加工大于 180°圆弧时，在圆弧半径 R 值前加"-"号，有些系统规定 R 不带符号，不能用于加工等于或大于 180°的圆弧；

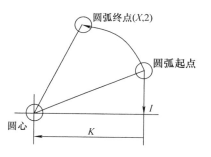

图 6-13　圆弧起点与矢量方向

2）用 R 方式编程只适用于非整圆的圆弧插补的情况，不适用于整圆加工；

3）若在程序中同时出现 I、K 和 R，以 R 为优先，I、K 无效，即以半径 R 方式编程。

Ⅲ. 圆弧顺逆的判断

圆弧插补的顺逆方向判断的原则：沿圆弧所在平面（XZ 平面）的垂直坐标轴的负方向看去，顺时针方向为 G02，逆时针方向为 G03。

数控车床的刀架有前置和后置之分，这两种形式的车床 X 轴正方向刚好相反，因此圆弧插补的顺逆方向也相反。一般情况下，在数控编程时是以后刀架作参考，以零件图中轴线以上部分来判断圆弧的顺逆。

如图 6-14 所示为如何根据刀架的位置判断圆弧插补的顺逆。

（7）返回参考点（机床原点）（G74/G75（SIEMENS，G28（FANUC））

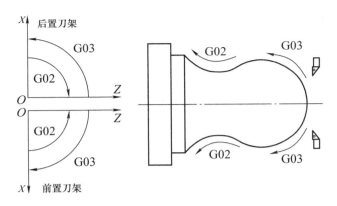

图 6-14　圆弧的顺逆方向与刀架位置的关系

指令格式：

G74/G75　X＿Z＿　　G28 X＿Z＿

在 SIEMENS 系统的 G74/G75 语句中，X 和 Z 后面的数字是不起作用的，只是指明执行指令时哪根轴回到原点位置，但数值不可省略；而 FANUC 系统的 G28 语句中，指定的点为运动的中间点，执行时先从当前点运动到中间点，然后再运动到机床原点。

（8）单一固定循环

单一固定循环可以将一系列连续加工动作，如"切入—切削—退刀—返回"，用一个循环指令完成，从而简化程序。

有三种固定循环：外径/内径切削固定循环（G90，图 6-15）、螺纹切削固定循环（G92）以及端面切削固定循环（G94，图 6-16）。其中，螺纹切削固定循环（G92）列入螺纹切削编程以后再讲。

在增量编程中，地址 U 和 W 后面的数值的符号取决于轨迹 1 和 2 的方向，也就是说如果轨迹的方向是在 Z 轴的负方向，W 的值是负的。在单程序段方式 1、2、3 和 4 切削过程中必须一次次地按循环启动按钮。

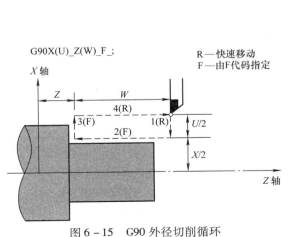

图 6-15　G90 外径切削循环

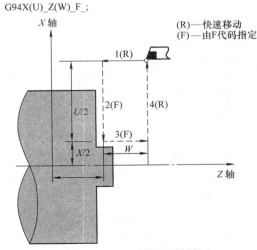

图 6-16　G94 端面切削循环

(9)复合固定循环

在复合固定循环中,对零件的轮廓定义之后,即可完成从粗加工到精加工的全过程,使程序得到进一步简化

Ⅰ.外圆粗切循环

外圆粗切循环是一种复合固定循环,适用于外圆柱面需多次走刀才能完成的粗加工,如图 6 - 17 所示。

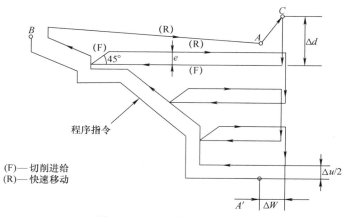

图 6 - 17 G71 外圆粗车循环

指令格式:

G71 U(Δd) R(e)

G71 P(n_s) Q(n_f) U(Δu) W(ΔW) F(f) S(s) T(t)

其中 Δd——背吃刀量;

  e——退刀量;

  n_s——精加工轮廓程序段中开始程序段的段号;

  n_f——精加工轮廓程序段中结束程序段的段号;

  Δu——X 轴向精加工余量;

  Δw——Z 轴向精加工余量;

  f、s、t——F、S、T 代码。

Ⅱ.精加工循环

由 G71、G72、G73 完成粗加工后,可以用 G70 进行精加工。

指令格式:

G70 P(n_s) Q(n_f)

其中 n_s——精加工轮廓程序段中开始程序段的段号;

  n_f——精加工轮廓程序段中结束程序段的段号。

2. 参考程序(FANUC 格式)

O0001		程序名
N0010	G00 X100 Z100;	远离工件
N0020	T0101 M03 S500;	换 1 号刀,启动主轴
N0030	G00 X47 Z2;	定位
N0040	G94 X - 1 Z0 F0.1;	加工端面

N0050	G71 U2 R0.5;	粗加工复合循环
N0060	G71 P70 Q150 U0.5 W.03 F0.3;	设置精加工余量
N0070	G00 X2;	轮廓加工开始段
N0080	G01 X10 Z-2 F0.1;	
N0090	Z-20;	
N0100	G02 X20 Z-25 R5;	
N0110	G01 Z-35;	
N0120	G03 X34 Z-42 R7;	
N0130	G01 Z-52;	
N0140	X44 Z-62;	
N0150	Z-85	轮廓加工结束段
N0160	G00 X100 Z100;	远离工件
N0170	T0202 M03 S800;	换2号刀,调整转速
N0180	G00 X47 Z2;	定位
N0190	G70 P70 Q150;	精加工复合循环
N0200	G00 X100 Z100;	远离工件
N0210	T0303 M03 S300;	换3号刀,调整转速
N0220	G00 X47 Z2;	定位
N0230	G01 X-1 F0.1;	切断
N0240	G00 X100 Z100;	退刀
N0250	M05;	主轴停止
N0260	M30;	程序结束并返回

四、任务实施

1)分析图纸,选择合理的切削三要素,编制数控加工程序。

2)启动机床,释放急停按钮,并回参考点。

3)输入加工程序,并选择为当前执行程序。

4)模拟仿真输入的加工程序。

5)装夹工件。利用三爪自定心卡盘夹紧工件,工件预留长度为70mm。

6)安装刀具、对刀并验证对刀。加工过程中一共使用三把刀,分别为 T1、T2 和 T3,安装时注意避免切削干涉。详细安装刀具的方法见模块二车削加工。

7)启动程序开始加工。选择编制好的数控程序,在自动模式下面,采用单段加工方法,对工件进行试切,然后测量尺寸,修改补偿值,对零件再次进行加工,直到尺寸符合要求。

课题三　螺纹轴的数控车削加工

【任务描述】

全面掌握螺纹轴的车削工艺方法,学会数控车螺纹。

➤ 拟学习的知识

- 螺纹轴数控车削车削的工艺方法。
- 数控刀具的正确选用方法。
- 切削用量及其选择方法。
- 数控车床车螺纹轴的编程指令与编程格式。
➢ 拟掌握的技能
- 分析零件图,正确选用和使用刀具、量具。
- 掌握常用的数控车刀的安装及调整,根据所使用的刀具和工具的材料,选择合适的切削三要素。
- 掌握数控车削螺纹轴的操作技能。
- 熟练掌握车螺纹指令的使用。

一、任务描述

用数控车床完成如图 6 – 18 所示的零件。零件毛坯材料为 45 钢,毛坯为 $\phi25 \times 150$ mm,按图纸要求设定坐标系,完成零件基点计算,制定正确的工艺方案,选择合适的刀具和切削工艺参数。

二、工艺分析

1. 坐标系和工件原点

选择如图 6 – 19 所示的工件原点设置,并计算基点坐标。由于零件形状比较简单,因此基点的计算也比较简单。

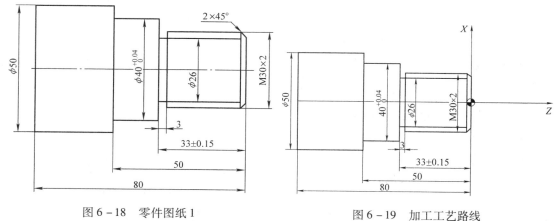

图 6 – 18　零件图纸 1　　　　　　图 6 – 19　加工工艺路线

2. 工艺路线安排

1)采用 G94 端面加工单一循环,对工件的端面进行加工。

2)采用 C71 外圆粗车复合循环对工件进行粗加工,去除多余的材料,留有均匀的精加工余量,分别为 X 方向的精加工余量,0.5 mm、Z 方向的精加工余量 0.3 mm。

3)采用 G70 外圆精车复合循环对工件进行精加工。

4)采用切槽刀切削螺纹退刀槽。

（5）采用 G92 螺纹切削单一循环,对螺纹进行加工。

（6）切断。

3. 刀具选择

零件外形比较简单,用外圆车刀加工外圆和端面,切槽刀切断零件,60°螺纹刀切削螺纹,具体见表 6 – 10。

表 6 – 10　刀具及切削用量的选用

序号	加工面	刀具号	刀具类型	进给速度
1	外圆粗车	T1	外圆车刀	0.3
2	外圆精车	T2	外圆车刀	0.1
3	切槽、切断	T3	切槽刀	0.08
	切削螺纹	T4	60°螺纹刀	2

4. 对刀操作

对每把刀具进行对刀操作,并把补偿数据保存在相应的刀具长度补偿中。

三、加工程序编制

1. 相关 G 代码

（1）螺纹切削指令 G32

指令格式:

G32 X（U）_ Z（W）_ F _；

功能:执行 G32 指令时,刀具可以加工圆柱螺纹以及等螺距的锥螺纹、端面螺纹。

说明:

1）X、Z 为绝对编程时螺纹加工轨迹终点的坐标值,U、W 为增量编程时螺纹加工轨迹终点相对螺纹加工轨迹始点的距离;

2）F 为螺纹导程,即主轴每转一圈,刀具相对于工件的进给值。

注意:

1）螺纹加工轨迹中应设置足够的引入距离 δ_1 和超越距离 δ_2,即升速进刀段和减速退刀段,以消除伺服滞后造成的螺距误差,如图 6 – 20 所示。

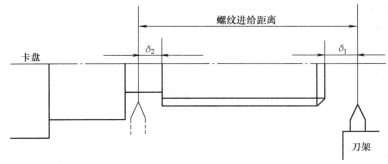

图 6 – 20　切削螺纹时的进刀段、退刀段

2）螺纹车削加工为成形加工,切削量较大,一般要求分数次进给,表 6 – 1 为常用螺纹切削的进给次数与背吃刀量;

3）从螺纹粗加工到精加工，主轴的转速必须保持为一常数；

4）在没有停止主轴的情况下，停止螺纹的切削将非常危险；

5）在螺纹加工中不使用恒线速度控制功能。

表6－1　常用螺纹切削的进给次数与背吃刀量

公制螺纹							
螺距	1.0	1.5	2	2.5	3	3.5	4
牙深(半径量)	0.649	0.974	1.299	1.624	1.949	2.273	2.598
（直径量）切削次数及背吃刀量	1次　0.7	0.8	0.9	1.0	1.2	1.5	1.5
	2次　0.4	0.6	0.6	0.7	0.7	0.7	0.8
	3次　0.2	0.4	0.6	0.6	0.6	0.6	0.6
	4次	0.16	0.4	0.4	0.4	0.6	0.6
	5次		0.1	0.4	0.4	0.4	0.4
	6次			0.15	0.4	0.4	0.4
	7次				0.2	0.2	0.4
	8次					0.15	0.3
	9次						0.2

英制螺纹							
牙/in	24	18	16	14	12	10	8
牙深(半径量)	0.678	0.904	1.016	1.162	1.355	1.626	2.033
（直径量）切削次数及背吃刀量	1次　0.8	0.8	0.8	0.8	0.9	1.0	1.2
	2次　0.4	0.6	0.6	0.6	0.7	0.7	0.7
	3次　0.16	0.3	0.5	0.5	0.6	0.6	0.6
	4次	0.11	0.14	0.3	0.4	0.4	0.5
	5次			0.13	0.21	0.4	0.5
	6次					0.16	0.4
	7次						0.17

（2）螺纹切削循环指令G92

螺纹切削循环指令把"切入—螺纹切削—退刀—返回"四个动作作为一个循环（图6－21），用一个程序段来指令。

指令格式：

G92 X(U) Z(W) I F

其中　X(U)、Z(W)——螺纹切削的终点坐标值；

I——螺纹部分半径之差，即螺纹切削起始点与切削终点的半径差。加工圆柱螺纹时I＝0，加工圆锥螺纹时当X向切削起始点坐标小于切削终点坐标时I为负，反之为正。

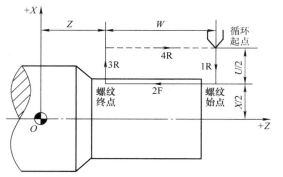

图6－21　圆柱螺纹切削循环

2. 参考程序（FANUC格式）

O0001　　　　　　　　　　　　　　　　　　　　程序名

N0010	G00 X100 Z100;	远离工件
N0020	T0101 M03 S500;	换 1 号刀,启动主轴
N0030	G00 X57 Z2;	定位
N0040	G94 X－1 Z0 F0.1;	加工端面
N0050	G71 U2 R0.5;	粗加工复合循环
N0060	G71 P70 Q120 U0.5 W.03 F0.3;	设置精加工余量
N0070	G00 X22;	轮廓加工开始段
N0080	G01 X29.8 Z－2 F0.1;	
N0090	Z－33;	
N0100	X40;	
N0110	Z－50;	
N0120	Z－85;	轮廓加工结束段
N0130	G00 X100 Z100;	远离工件
N0140	T0202 M03 S800;	换 2 号刀,调整转速
N0150	G00 X57 Z2;	定位
N0160	G70 P70 Q120;	精加工复合循环
N0170	G00 X100 Z100;	远离工件
N0180	T0303 M03 S300;	换 3 号刀,调整转速
N0190	G00 X42 Z－33;	定位
N0200	G01 X26 F0.1;	切槽
N0210	G00 X100;	远离工件
N0220	Z100;	
N0230	T0404 M03 S400;	换 4 号刀,调整转速
N0240	G00 X32 Z2;	定位
N0250	G92 X29 Z－32 F2;	螺纹加工循环
N0260	X28.3;	
N0270	X27.9;	
N0280	X27.8;	
N0290	X27.6;	
N0300	G00 X100 Z100;	远离工件
N0310	T0303 M03 S300;	换 3 号刀,调整转速
N0320	G00 X57 Z－83;	定位
N0330	G01 X－1 F0.1;	切断
N0340	G00 X100 Z100;	远离工件
N0350	M05;	主轴停止
N0360	M30;	程序加速并返回

四、任务实施

1)分析图纸,选择合理的切削三要素,编制数控加工程序。

2）启动机床,释放急停按钮,并回参考点。

3）输入加工程序,并选择为当前执行程序。

4）模拟仿真输入的加工程序。

5）装夹工件,利用三爪自定心卡盘夹紧工件,工件预留长度为 90 mm。

6）安装刀具、对刀并验证对刀。加工过程中一共使用四把刀,分别为 T1、T2、T3 和 T4,安装时注意避免切削干涉。详细安装刀具的方法见模块二车削加工。分别对两把刀进行对刀,并将对刀数据存放在对应的刀具长度补偿中。在 MDI 中分别输入 T0101 G00 X50 Z2、T0202 G00 X50 Z2、T0303 G00 X50 Z2、T0303 G00 X50 Z2 验证一下对刀是否正确。

7）启动程序开始加工。选择编制好的数控程序,在自动模式下面,采用单段加工方法,对工件进行试切,然后测量尺寸,修改补偿值,对零件再次进行加工,直到尺寸符合要求。螺纹加工的检验要求用螺纹通止规检验。

课题四　螺纹内孔轴的数控车削加工

【任务说明】

综合运用之前课题中所学知识与技能,加工出合格的、具有中等难度的零件。

➤ 拟掌握的技能

• 粗精车工作、车端面、切槽、切螺纹、镗孔等综合操作技能。

一、任务描述

用数控车床完成如图 6 - 22 所示的零件。零件毛坯材料为 45 钢,毛坯为 ϕ40 mm × 85 mm,按图纸要求设定坐标系,完成零件基点计算,制定正确的工艺方案,选择合适的刀具和切削工艺参数。该图纸结合锥度、端面、台阶、圆弧、螺纹等多种基本要素,并涉及掉头加工和装夹。

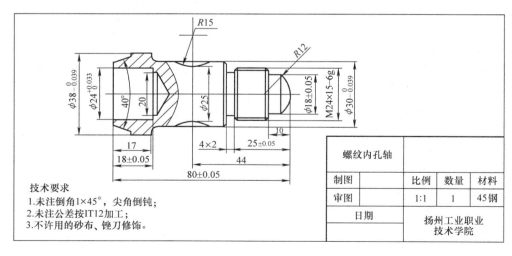

图 6 - 22　螺纹内孔轴

二、工艺分析

1. 坐标系选择及基点计算

选取工件右侧面中心作为零件编程原点。

2. 加工工艺路线（表6－12）

表6－12　加工工艺路线

序号	工序	刀具
1	粗车外形	外圆车刀
2	精车外形	外圆车刀
3	切槽	切槽刀
4	车螺纹	螺纹车刀
5	粗、精车 $R15$ 的圆弧	外圆尖头车刀
6	掉头装夹，车总长	外圆车刀
7	切断	切槽刀
8	钻孔 $\phi20$	钻头
9	粗车锥度外形	外圆车刀
10	精车锥度外形	外圆车刀
11	粗镗孔	内孔车刀
12	精镗孔	内孔车刀

3. 刀具选择

该加工需要选用五把刀具，具体刀具和切削参数见表6－13。

表6－13　刀具及切削用量的选用

序号	加工面	刀具号	刀具类型	进给速度
1	粗车外形	T1	外圆车刀	粗0.3
2	切槽	T3	切槽刀	0.1
3	车螺纹	T4	螺纹车刀	1.5
4	精车外形，粗精车凹圆弧	T2	外圆尖头刀	粗0.2，精0.1
5	粗精镗孔	T5	内孔车刀	粗0.1，精0.05

三、程序编制

1. 相关指令说明

封闭切削循环（G73）是一种复合固定循环，如图6－23所示。封闭切削循环适用于对铸、锻毛坯切削，对零件轮廓的单调性则没有要求。

指令格式：

G73 U(i) W(k) R(d)；

G73 P(n_s) Q(n_f) U(ΔU) W(ΔW) F(f) S(s) T(t)；

其中　i——X 轴向总退刀量；

k——Z 轴向总退刀量（半径值）；

d——重复加工次数；

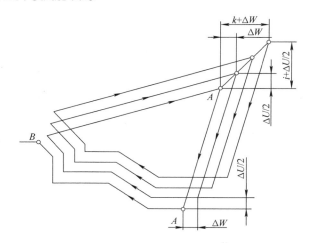

图 6 – 23　封闭切削循环

n_s——精加工轮廓程序段中开始程序段的段号；

n_f——精加工轮廓程序段中结束程序段的段号；

ΔU——X 轴向精加工余量；

ΔW——Z 轴向精加工余量；

f、s、t——F、S、T 代码。

2. 参考程序(FANUC 格式)

（1）加工右端的程序

O0001		程序名
N0010	G00 X100 Z100；	远离工件
N0020	T0101 M03 S500；	换 1 号刀,启动主轴
N0030	G00 X40 Z2；	定位
N0040	G94 X – 1 Z0 F0.1；	加工端面
N0050	G71 U2 R0.5；	粗加工复合循环
N0060	G71 P70 Q170 U0.5 W.03 F0.3；	设置精加工余量
N0070	G00 X0；	轮廓加工开始段
N0080	G01 Z0 F0.1；	
N0090	G03 X18 Z – 4.06 R12；	
N0100	G01 Z – 10；	
N0110	X21；	
N0120	X23.8 W – 1.5；	
N0130	X28；	
N0140	X30 W – 1；	
N0150	Z – 60；	
N0160	G02 X36 Z – 63 R3；	
N0170	G01 X40；	轮廓加工结束段
N0180	G00 X100 Z100；	远离工件

N0190	T0202 M03 S800；	换 2 号刀,调整转速
N0200	G00 X40 Z2；	定位
N0210	G70 P70 Q170；	精加工复合循环
N0220	G00 X100 Z100；	远离工件
N0230	T0303 M03 S300；	换 3 号刀,调整转速
N0240	G00 X32 Z－29；	定位
N0250	G01 X20 F0.1；	切槽
N0260	G00 X25；	
N0270	Z－27；	
N0280	G01 X21 Z－29 F0.1；	倒角
N0290	G00 X100 ：	远离工件
N0300	Z100 ：	
N0310	T0404 M03 S400；	换 4 号刀,调整转速
N0320	G00 X28 Z－7；	定位
N0330	G92 X23.2 Z－27 F1.5；	螺纹加工循环
N0340	X22.8；	
N0350	X22.5；	
N0360	X22.3；	
N0370	X22.2；	
N0380	G00 X100 Z100；	远离工件
N0390	T0202 M03 S500；	换 3 号刀,调整转速
N0400	G00 X40 Z－44；	
N0410	G73 U6 W0 R3；	粗加工 $R15$ 圆弧
N0420	G73 P430 Q440 U0.3 W0.1 F0.3；	
N0430	G00 X30 Z－35.73；	
N0440	G02 X30 Z－52.31 R15；	
N0450	T0202 M03 S800；	
N0460	G00 X40 Z2；	定位
N0470	G70 P430 Q440；	精加工 $R15$ 圆弧
N0480	G00 X100 Z100；	远离工件
N0490	M05；	主轴停止
N0500	M30；	程序加速并返回

（2）加工左端的程序

O0001		程序名
N0010	G00 X100 Z100；	远离工件
N0020	T0101 M03 S500；	换 1 号刀,启动主轴
N0030	G00 X40 Z2；	定位
N0040	G94 X－1 Z0 F0.1；	加工端面
N0050	G71 U2 R0.5；	粗加工复合循环

N0060	G71 P70 Q110 U0.5 W.03 F0.3;	
N0070	G00 X29.26;	轮廓加工开始段
N0080	G01 Z0 F0.1;	
N0090	X35 Z－7.89;	
N0100	X38;	
N0110	Z－20;	轮廓加工结束段
N0120	G00 X100 Z100;	远离工件
N0130	T0202 M03 S800;	换2号刀,调整转速
N0140	G00 X40 Z2;	定位
N0150	G70 P70 Q110;	精加工复合循环
N0160	G00 X100 Z100;	远离工件
N0170	T0505 M03 S300;	换3号刀,调整转速
N0180	G00 X18 Z2;	定位
N0190	G01 X－1 F0.1;	切断
N0200	G71 U2 R0.5;	粗加工复合循环
N0210	G71 P220 Q240 U－0.5 W.03 F0.3;	
N0220	G00 X24;	
N0230	G01 Z－18 F0.1;	
N0240	X18;	
N0250	G00 X100 Z100;	远离工件
N0260	T0505 M03 S800;	换2号刀,调整转速
N0270	G00 X18 Z2;	定位
N0280	G70 P220 Q240;	精加工复合循环
N0290	G00 X100 Z100;	退刀
N0300	M05;	主轴停止
N0310	M30;	程序结束并返回

四、评分表

数控车削螺纹内孔轴的评分表见表 6－14 所示。

表6－14 数控车削螺纹内孔轴的评分表

序号	考核项目	考核内容及要求	配分	评分标准	检测结果	扣分	得分
1	工艺分析	填写工序卡。工艺不合理,视情况酌情扣分。(详见工序卡) (1)工件定位和夹紧不合理; (2)加工顺序不合理 (3)刀具选择不合理; (4)关键工序错误	10	每违反一条酌情扣1分,扣完为止			

序号	考核项目	考核内容及要求		配分	评分标准	检测结果	扣分	得分
2	程序编制	(1)指令正确,程序完整; (2)运用刀具半径和长度补偿功能; (3)数值计算正确、程序编写表现出一定的技巧,简化计算和加工程序		20	每违反一条酌情扣1~5分,扣完为止			
3	数控车床规范操作	(1)开机前的检查和开机顺序正确; (2)回机床参考点; (3)正确对刀,建立工件坐标系; (4)正确设置参数; (5)正确仿真校验		5	每违反一条酌情扣1分,扣完为止。			
4	外圆及内孔	$\phi 38_{-0.039}^{0}$	IT	4	超差0.01扣2分			
			Ra	2	降级全扣			
		$\phi 30_{-0.039}^{0}$	IT	4	超差0.01扣2分			
			Ra	2	降级全扣			
		$\phi 18 \pm 0.05$	IT	4	超差全扣			
			Ra	2	降级全扣			
		$\phi 24_{0}^{+0.033}$	IT	4	超差0.01扣2分			
			Ra	2	降级全扣			
5	角度	$40° \pm 2'$	IT	4	超差全扣			
			Ra	2	降级全扣			
6	成形面	R12	IT	3	超差全扣			
			Ra	2	降级全扣			
		R15	IT	3	超差全扣			
			Ra	2	降级全扣			
7	外螺纹	M24×1.5-6g	大径	2	超差不得分			
			中径	5	不合格不得分			
			Ra	2	降一级扣2分			
8	长度	80±0.05	IT	2	超差不得分			
		25±0.05	IT	2	超差不得分			
		18±0.05	IT	2	超差不得分			
9	槽宽	4×2	IT	2	超差不得分			
10	倒角倒钝	共3处		3	每处1分			
11	安全文明生产	(1)着装规范,未受伤; (2)刀具、工具、量具的放置; (3)工件装夹、刀具安装规范; (4)正确使用量具; (5)卫生、设备保养; (6)关机后机床停放位置不合理		5	每违反一条酌情扣1分,扣完为止			

五、任务实施

1）根据要求编制加工程序。

2）启动机床并回参考点。

3）输入加工程序并设为当前加工程序。

4）装夹工件：

①加工右侧时利用三爪自定心卡盘夹紧工件，工件预留长度为 70 mm；

②掉头后以台阶定位，三爪卡盘夹紧。

5）安装刀具并对刀：加工过程中一共使用三把刀，分别为 T1、T2 和 T3，按要求安装刀具；分别对三把刀进行对刀，并将对刀数据存放在对应的刀沿数据中。

6）启动程序开始加工，切削零件。

思考与练习

1. 数控机床由哪几部分组成？各部分的功能是什么？

2. 简述 PLC 在数控机床的作用。

3. 工件原点和机床原点分别有什么作用？如何指定工件原点？

4. 数控车床加工前为什么要回参考点？回参考点的方法是什么？

5. 刀具补偿数据在对刀操作中如何设定？编程时如何指定？

6. 数控车床加工工艺流程是什么？

7. 制定加工工艺路线需要先考虑哪几方面因素？

8. 锥度部分加工余量比较大时应如何处理？

9. 如何设定数控车削时的换刀点？

10. 对掉头加工的零件，如何保证其长度尺寸的公差？

11. 用两把刀加工球头如何保证接合部位光滑？出现误差如何调整？

12. 编程加工成如图 6-24 所示零件，并割断。

已知：零件毛坯直径为 35 mm，毛坯长度为 90 mm，未注倒角为 1×45°。

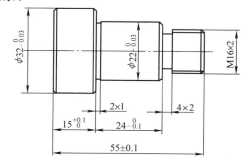

图 6-24 阶梯轴

要求：（1）编程原点在零件右端面中心，起刀点位置在编程坐标系中 X120，Z180 位置；

（2）螺纹小径为 13.6 mm，每刀依次切深为 15、14.4、13.9、13.72、13.6 mm；

（3）粗加工循环背吃刀量为 2 mm，其他参数自定。

刀具：T0101 为 90°粗车刀；T0202 为 90°精车刀；T0303 为 2 mm 割刀；T0404 为 60°螺纹刀。

13. 编程加工成如图 6-25 所示圆弧轴零件，并割断。

已知：零件毛坯直径为 35 mm，毛坯长度为 100 mm，材料为 45 钢。

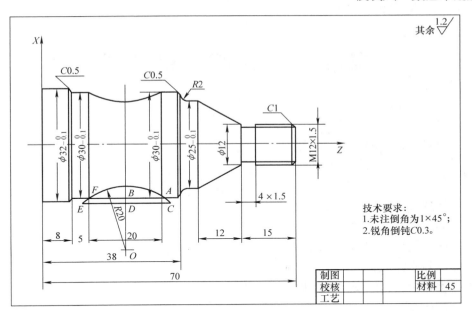

图 6-25 圆弧轴

要求:加工成如图所示零件,并割断。

(1)工艺分析。由于零件毛坯长度为 100 mm,因此决定采用一次装夹完成加工。夹住毛坯长度为 20 mm 进行加工,然后留 1 mm 余量割断,再掉头车端面至总长。

编程坐标原点工件左端面(见上图),起刀点位置在编程坐标系中 X100,Z150 位置。

主要加工内容为外圆、R20 圆弧、M12×1.5 螺纹,整个加工过程是先加工端面和外圆,然后加工 R20 圆弧,再车螺纹退刀槽,后加工螺纹,最后割断。

刀具:T0101 为 90°车刀;T0202 为 4 mm 割刀;T0303 为螺纹刀。

切削用量:$S = 600$ r/min,$F = 0.3$ mm/r(粗)、$F = 0.1$ mm/r(精)。

(2)编程方法分析。因为是棒料毛坯,所以外圆可采用 G71/G70 指令实现粗精加工,但不包括 R20 圆弧,因为 G71 指令只能加工从小到大的外圆。

R20 圆弧,可采用 G73/G70 指令实现粗、精加工。

M12×1.5 螺纹,可采用 G92 指令分三次加工完成。

(3)数值计算。在加工 R20 圆弧时,刀具不应直接从 A 点加工到 F 点,而应考虑从边界进刀、退刀,最好从 C 点加工到 E 点,这样就要计算 C 点和 E 点的坐标值。

$$OB = \sqrt{OA^2 - AB^2} = 17.320 \text{ mm}$$

$$OD = \sqrt{OC^2 - CD^2} = 16.703 \text{ mm}$$

$$DB = OB - OD = 0.617 \text{ mm}$$

C 点坐标:$X = 30 + 2DB = 31.234$ mm,$Z = 34$ mm

E 点坐标:$X = 31.234$ mm,$Z = 12$ mm

217

模块七 数控铣削加工

➢ 教学要求
- 了解数控铣床的特点及工作原理。
- 了解数控铣床的组成及其作用。
- 了解数控铣削加工的工艺过程。
- 掌握数控铣削加工手工编程方法。
- 掌握数控铣床的操作方法。
- 掌握数控铣床的编程方法。
- 能够独立完成实训作业件的加工。
- 熟悉数控铣床的安全操作规程及维护保养。

➢ 教学方法
- 将各教学班级根据具体人数分为若干小组,分别进行现场的理论分析、讲解及操作示范,随后进行操作训练(最好能做到一人一台数控车床或两人一台数控车床进行技能训练)。

课题一 数控铣工入门指导

【项目描述】

数控铣床是在一般铣床的基础上发展起来的一种自动加工设备,两者的加工工艺基本相同,结构也有些相似。数控铣床有不带刀库和带刀库两大类。其中,带刀库的数控铣床又称为加工中心。

➢ 拟学习的知识
- 数控铣工安全生产知识。
- 了解数控铣床的工作原理、组成以及作用。
- 掌握数控铣削加工手工编程方法。
- 掌握数控铣床的操作方法。
能够独立完成实训作业件的加工。

➢ 拟掌握的技能
- 掌握数控铣削加工手工编程方法。
- 掌握数控铣床的操作方法。
- 能够独立完成实训作业件的加工。

一、安全生产知识

1)操作者必须熟悉机床使用说明书和机床的一般性能、结构,严禁超性能使用。

2)工作前穿戴好个人的防护用品,长发职工戴好工作帽,头发压入帽内,切削时戴防护眼镜,严禁戴手套。

3)开机前要检查润滑油是否充裕、冷却液是否充足,发现不足应及时补充。

4)打开数控铣床电气柜上的电气总开关。

5)按下数控铣床控制面板上的"ON"按钮,启动数控系统,等自检完毕后进行数控铣床的强电复位。

6)手动返回数控铣床参考点,首先返回 +Z 方向,然后返回 +X 和 +Y 方向。

7)手动操作时,在 X、Y 移动前,必须使 Z 轴处于安全位置,以免撞刀。

8)数控铣床出现报警时,要根据报警号,查找原因,及时排除警报。

9)更换刀具时应注意操作安全,在装入刀具时应将刀柄和刀具擦拭干净。

10)在自动运行程序前,必须认真检查程序,确保程序的正确性。在操作过程中必须集中注意力,谨慎操作。运行过程中,一旦发生问题,及时按下复位按钮或紧急停止按钮。

11)加工完毕后,应把刀架停放在远离工件的换刀位置。

12)实习学生在操作时,旁观的同学禁止按控制面板的任何按钮、旋钮,以免发生意外及事故。

13)严禁任意修改、删除机床参数。

14)生产过程中产生的废机油和切削油,要集中存放到废液标识桶中,倾倒过程中防止滴漏到桶外,严禁将废液倒入下水道污染环境。

15)关机前,应使刀具处于安全位置,把工作台上的切屑清理干净,把机床擦拭干净。

16)关机时,先关闭系统电源,再关闭电源总开关。

17)做好机床清扫工作,保持清洁,认真执行交接班手续,填好交接班记录。

二、数控铣床的基本知识

数控铣床(machining center)是在一般铣床的基础上发展起来的一种自动加工设备,两者的加工工艺基本相同,结构也有些相似。

1. 数控铣床的工作原理及功能特点

数控铣床工作时通过根据零件形状、尺寸、精度和表面粗糙度等技术要求制定加工工艺,选择加工参数。通过手工编程或利用 CAM 软件自动编程,将编好的加工程序输入到控制器。控制器对加工程序处理后,向伺服装置传送指令。伺服装置向伺服电机发出控制信号。主轴电机使刀具旋转,X、Y 和 Z 向的伺服电机控制刀具和工件按一定的轨迹相对运动,从而实现工件的切削。

数控铣削加工除了具有普通铣床加工的特点外,还有如下特点。

(1)零件加工的适应性强、灵活性好,能加工轮廓形状特别复杂或难以控制尺寸的零件,如模具类零件、壳体类零件等。

(2)能加工普通机床无法加工或很难加工的零件,如用数学模型描述的复杂曲线零件以及三维空间曲面类零件。

(3)能加工一次装夹定位后,需进行多道工序加工的零件;

(4)加工精度高、加工质量稳定可靠,数控装置的脉冲当量一般为 0.001 mm,高精度的数控系统可达 0.1 μm,另外数控加工还避免了操作人员的操作失误。

(5)生产自动化程度高,可以减轻操作者的劳动强度,有利于生产管理自动化。

（6）生产效率高。首先，数控铣床一般不需要使用专用夹具等专用工艺设备，在更换工件时只需调用存储于数控装置中的加工程序、装夹工具和调整刀具数据即可，因而大大缩短了生产周期。其次，数控铣床具有铣床、镗床、钻床的功能，使工序高度集中，大大提高了生产效率。另外，数控铣床的主轴转速和进给速度都是无级变速的，因此有利于选择最佳切削用量。

2. 数控铣床的基本组成

数控铣床形式多样，不同类型的数控铣床在组成上虽有所差别，但却有许多相似之处。绝大部分数控铣床主要由床身部分、主轴部分、工作台部分、电气控制部分、辅助装置部分等组成。常见数控铣床如图 7 - 1 所示。

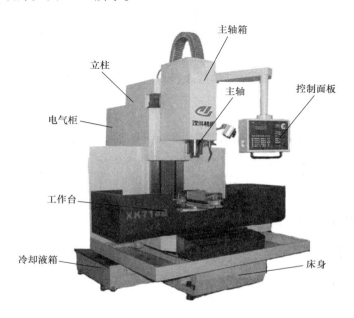

图 7 - 1　数控铣床的组成

（1）机床本体

数控机床的本体指其机械结构实体。它与传统的普通机床相比较，同样由主传动系统、进给传动机构、工作台、床身以及立柱等部分组成，但数控机床的整体布局、外观造型、传动机构、工具系统及操作机构等方面都发生了很大的变化。为了满足数控技术的要求和充分发挥数控机床的特点，归纳起来包括以下几个方面的变化。

1）用高性能主传动及主轴部件，具有传递功率大、刚度高、抗振性好及热变形小等优点；

2）进给传动采用高效传动件，具有传动链短、结构简单、传动精度高等特点，一般采用滚珠丝杠副、直线滚动导轨副等；

3）采用全封闭罩壳，由于数控机床是自动完成加工，为了操作安全等，一般采用带移动门的全封闭罩壳，对机床的加工部件进行全封闭。

（2）数控系统

数控系统是机床实现自动加工的核心，是整个数控机床的灵魂所在。主要由输入装置、显示器、控制系统、可编程控制器、各类输入/输出接口等组成。控制系统主要由 CPU、存储器、控制器等组成。数控系统的主要控制对象是位置、角度、速度等机械量以及温度、压力、流量等物理量,其控制方式又可分为数据运算处理控制和时序逻辑控制两大类。其中,主控制器内的插补模块就是根据所读入的零件程序,通过译码、编译等处理后,进行相应的刀具轨迹插补运算,并通过与各坐标伺服系统的位置、速度反馈信号的比较,从而控制机床各坐标轴的位移。而时序逻辑控制通常由可编程控制器(Programmable Logic Controller,PLC)来完成,根据机床加工过程中各个动作要求进行协调,按各检测信号进行逻辑判别,从而控制机床各个部件有条不紊地按顺序工作。

(3)伺服系统

伺服系统是数控系统和机床本体之间的电传动联系环节,主要由驱动控制系统、伺服电机和位置检测与反馈装置等组成。伺服电动机是系统的执行元件,驱动控制系统则是伺服电动机的动力源。数控系统发出的指令信号与位置反馈信号比较后作为位移指令,再经过驱动系统的功率放大后,驱动电动机运转,通过机械传动装置拖动工作台或刀架运动。

(4)电气控制柜

电气控制柜主要用来安装机床电气控制的各种电气元器件,除了提供数控、伺服等一类弱电控制系统的输入电源以及各种短路、过载、欠压等电气保护外,主要在 PLC 的输入/输出接口与机床各类辅助装置的电气执行元件之间起连接作用,控制机床辅助装置的各种交流电动机、气动、液压系统电磁阀或电磁离合器等。此外,它也与机床操作台相关手动按钮连接。电气控制柜由各种中间继电器、接触器、变压器、电源开关、接线端子和各类电气保护元器件等构成。它与一般普通机床的电气类似,但为了提高对弱电控制系统的抗干扰性,要求各类频繁启动或切换的电动机、接触器等电磁感应器件中均必须并接 RC 阻容吸收器;对各种检测信号的输入均要求用屏蔽电缆连接。

(5)辅助装置

辅助装置包括工件夹紧放松机构、回转工作台、液压控制系统、气动控制系统、润滑装置、切削液装置、排屑装置、自动报警、过载和保护装置等。

1)冷却系统。机床的冷却系统是由冷却泵、出水管、回水管、开关及喷嘴等组成,冷却泵安装在机床底座的内腔里或单独配置冷却液箱,冷却泵将切削液从底座内储液池打至出水管,然后经喷嘴喷出,对切削区进行冷却。

2)润滑系统及方式。润滑系统一般由电动润滑油泵、分油器、节流阀、油管等组成。机床采用周期润滑方式,用自动间歇式润滑泵,通过分油器对主轴套筒、纵横向导轨及三向滚珠丝杠进行润滑,以提高机床的使用寿命。

3. Z 轴设定器、寻边器

(1)Z 轴设定器

Z 轴设定器是用于设定 CNC 数控机床刀具长度的一种五金工具,设定高度为 50.00 ± 0.01 mm。圆形 Z 轴设定器量测面大,操作容易,探测面弹簧力较小,可避免小铣刀或小钻头断裂。光电式 Z 轴设定器探测面的下方有微调机构,调整高度要利用平行块规进行比较测量。底座的磁性设计可供侧面探测。

Z 轴设定器常见有如图 7 - 2(a)所示的圆形 Z 轴设定器及图 7 - 2(b)所示的光电式 Z 轴设定器等。

(a)

(b)

图7-2 Z轴设定器

(a)圆形Z轴设定器 (b)光电式Z轴设定器

圆形Z轴设定器使用方法:将设定器放置于机台或工件的表面,移动推杆接触测量表面,小心阅读测定仪数字,当测定仪指示为0时,工具端与机台的距离即为50 mm。对于光电式Z轴设定器(图7-3),同样将设定器放置于机台或工件的表面,快速进刀至灯亮,红灯亮时四周都在可视范围之内,没有盲点,然后轻微后退直至灯熄,再慢速前进至灯亮即可。

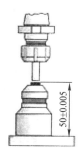
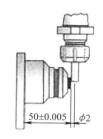
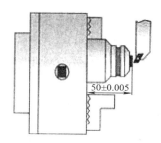

图7-3 Z轴设定器的使用方法

(2)寻边器

寻边器(touch point sensor)又叫分中棒,是在数控加工中,精确确定被加工工件的中心位置的一种检测工具。寻边器的工作原理是首先在X轴上选定一边为零,再选另一边得出数值,取其一半为X轴中点,然后按同样方法找出Y轴原点,这样工件在XY平面的加工中心点就得到了确定。

因为生产的需要,寻边器有不同的类型,如偏置式(图7-4)、光电式(图7-5)、防磁式、回转式、陶瓷式等,比较常用的是偏置式。

图7-4 偏置式寻边器

图7-5 光电式寻边器

光电式寻边器特点：

1）不需要回转测量；

2）精确度可以达到 ±0.005 mm。

偏置式寻边器特点：

1）Φ10 mm 的直柄可以安装在切削夹头或钻孔夹头上；

2）用手指轻压测定子的侧边,使其偏心 0.5 mm；

3）使其以 400~600 r/min 的速度转动；

4）弹簧力力较小,可以避免小铣刀或小钻头断裂；

5）使测定子与加工件的端面相接触,一点一点的触碰移动,就会达到全接触状态,测定子即不会振动,宛如静止的状态接触着,如果此时加以外力,测定子就会偏移出位,此处滑动的起点就是所要求的基准位置；

6）加工件本身的端面位置,就是加上测定子半径 5 mm 的坐标位置。

偏置式寻边器使用注意事项：

1）勿使用寻边器弯曲或勉强拖拉,否则会影响精度；

2）滑动端面勿粘附异物或微尘；

3）在测量时,转速不能超过 600 r/min；

4）不适合在横型的机器上使用。

三、数控铣削加工工艺

1. 零件图的工艺分析

数控铣床不同于数控车床,控制的轴数多,加工的工艺范围广。

数控铣床具有丰富的加工功能和较宽的加工工艺范围,面对的工艺性问题也较多。在开始编制铣削加工程序前,一定要仔细分析数控铣削加工工艺性,掌握铣削加工工艺装备的特点,以保证充分发挥数控铣床的加工功能。各种类型数控铣床所配置的数控系统虽然各有不同,但各种数控系统的功能,除一些特殊功能不尽相同外,其主要功能基本相同：

1）点位控制功能；

2）连续轮廓控制功能；

3）刀具半径补偿功能；

4）刀具长度补偿功能；

5）比例及镜像加工功能；

6）旋转功能；

7）子程序调用功能；

8）宏程序功能。

在选择数控铣削加工内容时,应充分发挥数控铣床的优势和关键作用。适宜采用数控铣削加工工艺内容有：

1）工件上的曲线轮廓、直线、圆弧、螺纹或螺旋曲线,特别是由数学表达式给出的非圆曲线与列表曲线等曲线轮廓；

2）已给出数学模型的空间曲线或曲面；

3）形状虽然简单,但尺寸繁多、检测困难的部位；

4）用普通机床加工时难以观察、控制及检测的内腔、箱体内部等；

5）有严格尺寸要求的孔或平面；

6）能够在一次装夹中顺带加工出来的简单表面或形状；

7）采用数控铣削加工能有效提高生产率、减轻劳动强度的一般加工内容。

适合数控铣削的主要加工对象有平面轮廓零件、变斜角类零件、空间曲面轮廓零件、孔和螺纹等。

数控铣削，通常考虑工件在一次装夹下，完成粗、半精、精加工，合理地安排各工序顺序，提高精度和生产率。立式数控铣床一般适用于加工平面、凸轮、样板、形状复杂的平面或立体零件以及模具的内、外型腔等。卧式数控铣床适用于加工箱体、泵体、壳体等零件。

2. 工序和装夹方法的确定

（1）加工工序的划分

划分加工工序的方法有以下几种。

1）刀具集中分序法：按所用刀具来划分工序，用同一把刀具加工完成所有可以加工的部位，然后再换刀，可以减少换刀次数，缩短辅助时间，减少不必要的定位误差。

2）粗、精加工分序法：根据零件的形状、尺寸精度等因素，按照从简单到复杂、粗精加工分开的原则，先粗加工，再半精加工，最后精加工。

3）加工部位分序法：即先加工平面、定位面，再加工孔；先加工简单的几何形状，再加工复杂的几何形状；先加工精度比较低的部位，再加工精度比较高的部位。

（2）零件装夹和夹具的选择

零件的定位基准应尽量与设计基准及测量基准重合，以减少定位误差。选择夹具时应尽量做到在一次装夹后，将零件要求加工表面都加工出来。常用的夹具有通用夹具、专用夹具和组合夹具等，一般根据零件的特点和经济性选择使用。

1）通用夹具。通用夹具具有较大的灵活性和经济性，应用广泛，如机械平口虎钳。

2）组合夹具。组合夹具是机床夹具中一种标准化、系列化、通用化程度很高的新型工艺装备。它可以根据工件的工艺要求，采用搭积木的方式组装成各种专用夹具，如图 7-6 所示。

图 7-6 组合夹具

3）专用夹具。小批量或成批生产时可考虑采用专用夹具。生产批量较大时,可考虑采用多工位夹具或气动、液压夹具。

3. 加工顺序和进给路线的确定

（1）加工顺序的安排

通常按照从简单到复杂的原则,先加工平面、沟槽、孔,再加工内腔、外形,最后加工曲面;先加工精度要求低的表面,再加工精度要求高的部位;先进行内形、内腔加工,后进行外形加工;以相同定位、夹紧方式或同一把刀具加工的工序,最好连续进行,以减少重复定位次数与换刀次数。

（2）进给路线的确定

进给路线的确定应在能保证零件的加工精度和表面粗糙度要求的前提下,使走刀路线最短,尽量减少空行程,提高加工效率;应使数值计算简单,程序段数量少,以减少编程工作量。铣削平面类零件外轮廓时,尽量采用立铣刀侧刃进行切削。为减少接刀痕迹,保证零件表面质量,需补充对刀具的切入和切出程序;铣刀的切入和切出点应沿零件轮廓曲线的延长线上切入和切出零件表面,保证零件轮廓光滑。铣削曲面类零件时,由于型面复杂,需用多坐标联动机床加工。如果工件存在加工盲区,须考虑采用四坐标或五坐标联动的机床。

4. 刀具的选择

（1）数控铣削刀具的基本要求

与普通铣床的刀具相比较,数控铣床刀具需能高速、高效率加工,因此要求制造精度更高、刀具使用寿命更长。对数控铣削刀具的基本要求可概括为刚性要好,耐用度要高,尽可能减少换刀引起的调刀与对刀次数,切削刃的几何角度参数的选择及排屑性能合理。刀具的材质常选用高强度高速刚、硬质合金、立方氮化硼、人造金刚石等。高速钢、硬质合金通常采用 TiC 和 TiN 涂层及 TiC - TiN 复合涂层来提高刀具使用寿命。

（2）数控铣刀的类型及一般选择原则

数控铣床上所采用的刀具要根据被加工零件的材料、几何形状、表面质量要求、热处理状态、切削性能及加工余量等来选择刀具。数控铣削加工的主要刀具有平底立铣刀、面铣刀、球头刀、鼓形刀和锥形刀等。常用刀具类型及加工特点如图 7 - 7 所示。

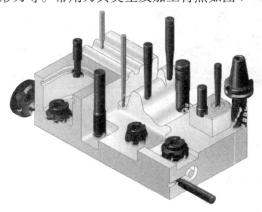

图 7 - 7　常用数控铣削刀具及其加工示意图

5. 切削用量的选择

合理选择切削用量的原则:粗加工时,一般以提高生产率为主,但也应考虑经济性和加工成本;半精加工和精加工时,应在保证加工质量的前提下,兼顾切削效率、经济性和加工成本。切削用量包括背吃刀量 a_p、进给量 f 或进给速度 v_f、切削速度 v_c 等几方面。具体数值应根据机床说明书、切削用量手册、并结合经验而定。

四、数控铣床操作练习

数控铣床的基本操作,以 FANUC Series 0i Mate – MD 数控系统为例,介绍部分基本操作,如图 7 – 8 所示。

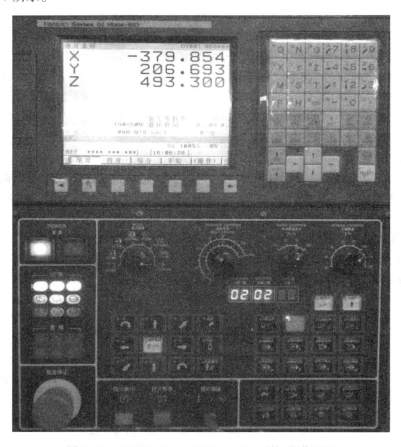

图 7 – 8　FANUC Series 0i Mate – MD 系统、操作面板

1. 数控铣床开、关机相关操作

(1)开机

1)检查机床状态是否正常。

2)机床、数控系统上电。

3)检查面板上的指示灯是否正常。

(2)复位

系统上电后工作方式为"急停"。为使控制系统运行,须释放【急停】按钮使系统复位,

并接通伺服电源。

（3）急停

在机床运行过程中，在危险或紧急情况下，应立即按下【急停】按钮，CNC 即进入紧急状态，伺服进给及主轴运转立即停止。解除紧急停止前，先确认故障原因是否排除。

（4）超程解除

当伺服机构碰到行程极限开关时，就会出现超程。要退出超程状态，首先按【RESET】按键，CNC 进入复位状态，操作方式置为"JOG"方式，选择相应超程轴键和方向键，使该轴向相反方向退出超程状态，并再次复位。

（5）关机

1）先按下控制面板上的【急停】按钮断开伺服电源。

2）断开数控系统电源。

3）断开机床电源。

2. 机床手动相关操作

（1）增量模式

在增量模式下可以指定每按一次运动方向键机床进给的距离，其中 1INC 对应于 0.001 mm。如当增量为 100INC 时，每按一次" + Z"键，刀具向正方向运动 0.1 mm。每按一次该按钮，系统增量按照 1，10，100，1000，点动的顺序循环变化。

（2）手轮模式

使用手轮时可以快速而且准确地定位机床。手轮每转动一格，等同于按一次运动方向键。一般情况下，手轮每转分为 100 格，对应于 100INC 时手轮转一圈，对应于运动距离 10 mm。

（3）点动模式

点动模式下按运动方向键（如" + X"），系统将以设定的运动速度向指定的方向进行运动，直到抬起该运动方向键。如果同时按下"快速"键，系统将以快进速度运动。

为了安全起见，机床在每根轴的运动行程上设置了硬限位，系统还为每根轴设置软限位。

（4）机床动作控制

1）主轴正转。在手动方式下，按下【主轴正转】按键，主电动机以机床参数设定的转速正转。

2）主轴反转。在手动方式下，按下【主轴反转】按键，主电动机以机床参数设定的转速反转。

3）主轴停止。在手动方式下，按下【主轴停止】按键，主电动机停止。

4）主轴速度修调。主轴正转及反转的速度可通过主轴倍率开关调节。

5）冷却启动与停止。在手动方式下，按一下【冷却】按键，冷却液开（默认值为冷却液关）；再按一下冷却液关。

3. 机床自动运行

选择【AUTO】方式按键，系统处于自动运行方式，机床坐标轴的控制由 CNC 自动完成。

1）自动运行启动——循环启动。自动方式时，按下【CYCLE START】按键，系统自动执行已被选择的加工程序，自动加工开始。

2）自动运行暂停——进给保持。在自动运行过程中，按下【CYCLE STOP】按键，程序执行暂停，机床运动轴减速停止。暂停期间，M、S、T 功能保持不变。

3）进给保持后的再启动。在自动运行暂停状态下，按下【CYCLE START】按键，系统重新启动。

4）空运行。在自动方式下，选择程序控制方式"DRY"，CNC 处于空运行状态。程序中编制的进给速率被忽略，坐标轴以最大快移速度移动。空运行目的是以较短的时间确认切削路径及程序的正确性，不进行实际切削。在实际切削时，应关闭此功能，否则可能会造成危险。

5）运行停止。在程序自动运行过程中，按下【RESET】键，程序运行终止。

6）单段运行。在自动方式下，按下【SINGLE BLOCK】键，CNC 处于单段自动运行方式，程序将逐段执行。按一下运行一段程序，不按就不执行程序。

4．程序编辑

1）选择编辑【EDIT】方式，按下系统操作面板【PROG】，打开程序编辑界面。

2）新建程序，输入系统内没有的程序名，比如 O1001 按下【INSERT】新建程序。

3）打开程序，输入系统内已有的程序名，比如 O0001 按下【检索↓】打开程序。

4）删除程序，输入系统内已有的程度名，比如 O1001 按下【DELETE】删除程序。

5．刀柄和铣刀的安装

安装铣刀是铣削前必须做的准备工作，安装正确与否决定了铣刀的运动精度，影响着铣削加工的质量和铣刀的使用寿命。

（1）带孔铣刀的安装

带孔铣刀通常用刀杆进行安装。三面刃铣刀的安装如图 7-9 所示，刀杆中间部分的轴径随铣刀孔径不同有多种规格，底部安装螺钉以紧固铣刀。

（2）带柄铣刀的安装

带柄铣刀的安装按其结构形式不同有弹簧夹头套筒和过渡锥套筒两种安装方式，如图 7-10 所示。对于直径为 3~20 mm 的直柄铣刀，将刀柄插入弹簧套内，旋紧螺母挤压弹簧套，弹簧套因外锥面受压而缩小孔径，从而夹紧铣刀。对于直径为 20~50 mm 的锥柄铣刀，根据锥柄尺寸选择合适的过渡套筒，将锥柄插入过渡套筒锥孔，再装入铣床主轴孔中。

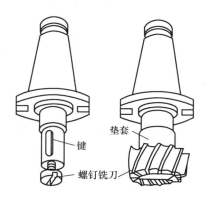

图 7-9　带孔铣刀的安装

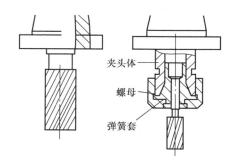

图 7-10　带柄铣刀的安装

6. 安装工件

根据工件的形状和大小的不同,常用的安装方法有平口钳安装、压板螺栓安装、V形铁安装和分度头安装等。

（1）平口钳安装

带转台的平口钳结构如图 7 - 11 所示。装夹时将底座下的定位键放在工作台的 T 形槽内,即可获得正确的位置。松开压紧螺母,扳动钳身即可实现转动。平口钳适用于小型和形状规则的工件。安装时工件应高出钳口,一般应使切削力方向朝向固定钳口,如图 7 - 12 所示。平口虎钳的固定钳口是装夹工件时的定位元件,通常采用找正固定钳口的位置使平口钳在机床上定位,即以固定钳口为基准确定虎钳在工作台上的安装位置。

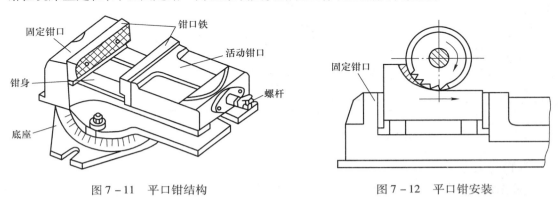

图 7 - 11　平口钳结构　　　　　　　　图 7 - 12　平口钳安装

（2）压板螺栓安装

压板螺栓安装如图 7 - 13 所示,适用于尺寸较大和形状不规则的工件。安装时压板位置要适当安排,垫铁的高度要与工件相适应。

（3）V 形铁安装

V 形铁安装如图 7 - 14 所示,适用于圆柱体工件,安装要求与压板螺栓安装相同。

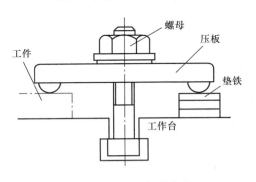

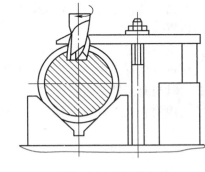

图 7 - 13　压板螺栓安装　　　　　　　图 7 - 14　V 形铁安装

7. 对刀

对刀的目的是通过刀具或对刀工具确定工件坐标系与机床坐标系之间的空间位置关系,并将对刀数据输入到相应的储存位置。建立工件的零点偏置,使工件在加工时有一明确的参考点。建立工件的零点偏置的过程,通常称为"对刀"。

用于数控铣削加工的程序和坐标数据一般建立在工件坐标系上。如图7-15所示,工件坐标系的各坐标轴方向和机床坐标系一致,两者一般不重合。加工之前,工件毛坯经过定位夹紧以后,需确定与其相关联的工件坐标系零点在机床坐标系下的确定位置,数控系统才能按照程序的内容,驱动各坐标轴在工件坐标系中进行移动,完成切削过程。

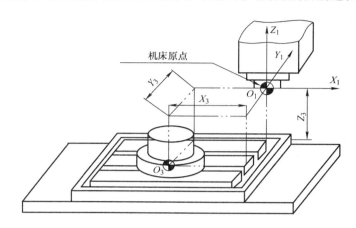

图7-15 数控铣床机床坐标系与工件坐标系示意图

(1)对刀方法

根据现有条件和加工精度要求选择对刀方法,可采用试切法、寻边器对刀、机内对刀仪对刀、自动对刀等。其中,试切法对刀精度较低,加工中常用寻边器和 Z 轴设定器对刀,效率高,能保证对刀精度。

(2)对刀工具

寻边器主要用于确定工件坐标系原点在机床坐标系中的 X、Y 值,也可以测量工件的简单尺寸。寻边器有偏心式和光电式等类型,其中以光电式较为常用。光电式寻边器的测头一般为直径10 mm 的钢球,用弹簧拉紧在光电式寻边器的测杆上,碰到工件时可以退让,并将电路导通,发出光信号,通过光电式寻边器的指示和机床坐标位置即可得到被测表面的坐标位置。

Z 轴设定器主要用于确定工件坐标系原点在机床坐标系的 Z 轴坐标,或者说是确定刀具在机床坐标系中的高度。Z 轴设定器有光电式和指针式等类型,通过光电指示或指针判断刀具与对刀器是否接触,对刀精度一般可达 0.005 mm。Z 轴设定器带有磁性表座,可以牢固地附着在工件或夹具上,其高度一般为50 mm 或100 mm。

课题二 铣平面

【任务说明】

掌握平面数控铣削的工艺方法,学会用直径小的铣刀铣削平面。

➤ 拟学习的知识

● 数控铣削平面的工艺方法。

● 数控刀具的正确选用方法。

- 数控铣削切削用量及其选择方法。
- 数控铣床铣削平面的相关编程指令与格式。
- 拟掌握的技能
- 正确选用刀具和加工方法。
- 刀具及工件的装夹方法。
- 熟练掌握铣平面相关的数控编程指令的使用。

一、任务描述

用数控铣床完成如图 7 – 16 所示工件毛坯上平面的铣削,毛坯外形尺寸为 80 mm × 80 mm × 30 mm,材料为硬铝。

二、工艺分析

1. 坐标系和工件原点

选择如图 7 – 17 所示的工件原点设置,并计算基点坐标。由于零件形状比较简单,因此基点的计算也比较简单。

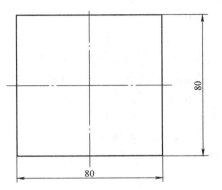

图 7 – 16　零件图纸

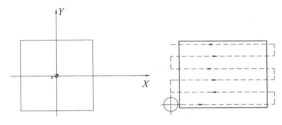

图 7 – 17　加工工艺路线

2. 刀具选择

用于加工平面的刀具很多,这里只介绍几种在数控机床上常用的铣刀。

（1）立铣刀

立铣刀是数控机床上用得最多的一种铣刀,其结构如图 7 – 18 所示。立铣刀的圆柱表面和端面上都有切削刃,它们可同时进行切削,也可单独进行切削。

图 7 – 18　立铣刀

立铣刀圆柱表面的切削刃为主切削刃,端面上的切削刃为副切削刃。主切削刃一般为螺旋齿,这样可以增加切削平稳性,提高加工精度。由于普通立铣刀端面中心处无切削刃,所以立铣刀不能做轴向进给,端面刃主要用来加工与侧面相垂直的底平面。

直径较小的立铣刀,一般制成带柄形式。$\phi2\sim\phi71$ mm 的立铣刀制成直柄;$\phi6\sim\phi63$ mm 的立铣刀制成莫氏锥柄;$\phi25\sim\phi80$ mm 的立铣刀做成 7∶24 锥柄,内有螺孔用来拉紧刀具。但是由于数控机床要求铣刀能快速自动装卸,所以立铣刀柄部形式也有很大不同,一般是由专业厂家按照一定的规范设计制造成统一形式、统一尺寸的刀柄。直径大于 $40\sim160$ mm 的立铣刀可做成套式结构。

(2)面铣刀

如图 7 – 19 所示,面铣刀的圆周表面和端面上都有切削刃,端部切削刃为副切削刃。面铣刀多制成套式镶齿结构,刀齿为高速钢或硬质合金,刀体为 40Cr。

高速钢面铣刀按国家标准规定,直径为 $80\sim250$ mm,螺旋角 $\beta=10°$,刀齿数为 $10\sim26$。

硬质合金面铣刀与高速钢铣刀相比,铣削速度较高,加工效率高,加工表面质量也比较好,并可加工带有硬皮和淬硬层的工件,所以得到了广泛应用。硬质合金面铣刀按刀片和刀齿的安装方式不同,可分为整体焊接式、机夹—焊接式和可转位式 3 种。

图 7 – 19　面铣刀

数控加工中广泛使用可转位式面铣刀。目前,先进的可转位式数控面铣刀的刀体趋向于用轻质高强度铝镁合金制造,切削刃采用大前角、负刃倾角,可转位刀片带有三维断屑槽形,便于排屑。

3. 工艺路线安排

数控铣削加工中进给路线的确定对零件的加工精度和表面质量有直接的影响,因此确定好进给路线是保证铣削加工精度和表面质量的工艺措施之一。进给路线的确定与工件表面状况、要求的零件表面质量、机床进给机构的间隙、刀具耐用度以及零件轮廓形状等有关。

在平面加工中,能使用的进给路线也是多种多样的,比较常用的有两种。如图 7 – 20(a)和(b)所示分别为平行加工和环绕加工。

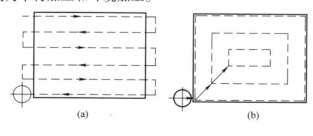

(a)　　　　　　　　　　　(b)

图 7 – 20　常用的进给路线

(a)平行加工　(b)环绕加工

零件采用虎钳装夹,取工件上表面的中心为程序原点。走刀路线选用往返走刀加工方式,刀具选择立铣刀。制定工序卡片见表 7 – 1。

表 7 – 1　零件铣削加工工序卡

工步	加工内容	刀具规格/mm	刀号	刀具半径补偿/mm	主轴转速/(r/min)	进给速度/(mm/min)
1	平面铣削	$\phi12$	T01	无	800	100

4. 对刀操作

（1）先将机床各轴回零

Ⅰ. 方法一

可以按"机床回零件"键,选择"Z 轴"→" + "→进给倍率打开→机床 Z 轴移动回机械原点;选择"X 轴"→" + "→进给倍率打开→机床 X 轴移动回机械原点;选择"Y 轴"→" + "→进给倍率打开→机床 Y 轴移动回机械原点。

Ⅱ. 方法二

"程序"→"MDI"→输入"G91 G28 X0 Y0 Z0"→"循环启动"→进给倍率打开→机床 X、Y、Z 轴均移动回机械原点;

（2）X、Y、Z 向试切对刀

Ⅰ. X 轴方向对刀

将工件、刀具分别装在机床工作台和刀具主轴上。转动主轴,快速移动工作台和主轴,让刀具靠近工件的左侧;选用手轮操作模式,让刀具慢慢接触到工件左侧,直到发现有少许切屑为止,然后进行以下操作:选择【POS】选择"相对坐标"→输入"X"→选择"起源"→此时相对坐标中的 X 值会变成"X0"。抬起刀具至工件上表面之上,快速移动,让刀具靠近工件右侧;让刀具慢慢接触到工件左侧,直到发现有少许切屑为止,记下此时相对坐标系中的 X 坐标值,如 120.300,然后将刀具抬起来离开工件表面→移动刀具到相对坐标值 120.300/2（60.150）的位置,然后进行以下操作:选择【OFFSET SETTING】→"坐标系"光标移动到 G54 的位置上→输入"X0"→"测量"→此时工件坐标系中 X 轴的对刀完成。

Ⅱ. Y 轴方向对刀

操作与 X 轴同,操作原理如图 7 - 21 所示。

Ⅲ. Z 轴方向对刀

转动刀具,快速移动到工件上表面附近;改用手轮操作模式,让刀具慢慢接触到工件上表面,直到发现有少许切屑为止,然后进行以下操作:选择【OFFSET SETTING】→"坐标系"光标移动到 G54 的位置上→输入"Z0"→"测量"→此时工件坐标系中 Z 轴的对刀完成,操作原理如图 7 - 22 所示。

233

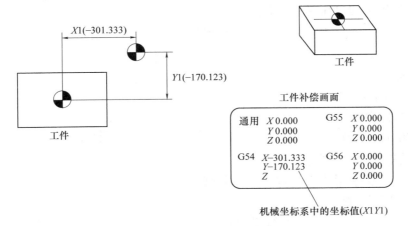

图 7 - 21　X、Y 轴对刀原理图

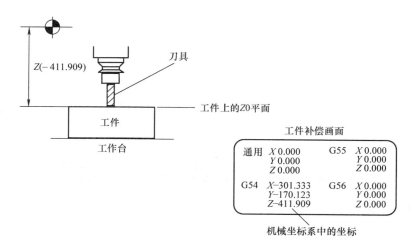

图 7 - 22 Z 轴对刀原理图

Ⅳ. 对刀检验

选择【PROG】→"MDI"→输入"M03 S800→G90 G54 G01 X0 Y0 Z100 F1000"→"循环启动"→进给倍率慢慢打开→观察刀具轴移动的方向的趋势→判断是否会与机床、工件发生干涉→如果没发生干涉或碰撞→此时选择【POS】→查看"绝对坐标"与"MDI"程序中的数值相同,证明对刀已经接近成功。

选择【PROG】→"MDI"→输入"M03 S800→G90 G54 G01 X0 Y0 Z0 F1000"→"循环启动"→观察到刀具如果正好落在工件上表面中心,表明对刀已经成功。

三、加工程序编制

1. 相关加工指令

(1)绝对坐标和增量坐标指令:(G90/G91)

在一般的数控机床中为了计算方便,都允许绝对坐标和增量坐标的编程方式。

G90:程序段中的尺寸字为绝对坐标方式。

G91:程序段中的尺寸字为增量坐标方式。

如图 7 - 23 所示,刀具目前在 A 点,要快速运动到 B 点,则该加工程序段如下。

绝对坐标方式:

G90 G00 X100 Y80;

增量坐标方式:

G91 G00 X60 Y30;

(2)进给单位设定(G94/G95)

G94:进给速度采用每分钟进给量,即单位为mm/min,一般用于铣削加工。

G95:进给速度采用每转进给量,即单位为mm/r,一般用于车削加工。

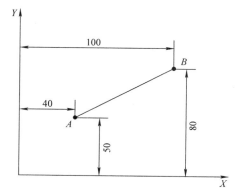

图 7 - 23 绝对坐标与增量坐标

例如：

G94 G90 G01 X10 Z20 F100；进给速度为 100 mm/min

G95 G90 G01 X10 Z20 F0.5；进给速度为 0.5 mm/r

需要注意的是，在使用 G95 时，如果运动指令之前主轴没有开始旋转，系统将停止进给并提示"等待主轴"；G94 则不存在这种情况。

（3）快速运动（G00）

指令格式：

G00 X_ Y_ Z_

G00 为模态指令，使刀具以点定位方式以数控系统预先设定的最大速度，从刀具所在点快速移动到目标点。在快速定位过程中对中间空行程无轨迹要求。当指令中包含多根轴的时候，每根轴都以同样的速度独立运动，移动量较小的轴先完成定位，直到全部轴完成定位后指令结束。

（4）直线插补（G01）

指令格式为

G01 X_ Y_ Z_ F_

G01 也是模态轴，用于控制指定轴（一根轴或多根轴）以联动方式，按程序中指定的速度插补加工出平面或空间直线，其中上条指令的终点位置为直线起点，本指令的坐标为直线终点。坐标位置可以以绝对坐标编程，也可以使用增量编程。

2. 参考程序（FANUC 格式）

O0001；	程序名
N10 G17 G54 G90 G40；	程序初始化，选择工件坐标系
N20 G00 Z100；	快速定位 Z100
N30 X0 Y0；	快速定位到工件坐标系 XY 的原点
N40 M03 S800；	启动主轴，正转每分钟 800 转
N50 G00 X − 52 Y − 40；	快速定位加工起点 X, Y
N60 Z10；	快速下刀
N70 M08；	开启冷却液
N80 G01 Z − 0.5 F100；	Z 轴定位到加工深度 − 0.5 mm
N90 X52；	开始铣削平面
N100 Y − 30；	
N110 X − 52；	
N120 Y − 20；	
N130 X52；	
N140 Y − 10；	
N150 X − 52；	
N160 Y0；	
N170 X52；	
N180 Y10；	
N190 X − 52；	

N200 Y20；

N210 X52；

N220 Y30；

N230 X－52；

N240 Y40；

N250 X52；　　　　　　　　　　平面加工结束

N260 G00 Z100；　　　　　　　　快速定位 Z 到 100

N270 X0 Y200；　　　　　　　　将工件推向操作者

N280 M30；　　　　　　　　　　程序结束并返回

四、任务实施

1. 加工准备

1）阅读零件图，并检查坯料的尺寸。

2）依照顺序打开车间的电源、机床主电源、操作箱上的电源开关，开机并回零。

3）安装工件及刀具。

4）清理工作台、夹具、工件，并正确装夹工件，确保工件定位夹紧稳固可靠。

2. 对刀并建立工件坐标系

1）安装加工刀具，通过手动方式将刀具装入主轴中。

2）建立工件坐标系 G54。

3. 输入并检验程序及仿真加工

程序全部输入数控系统中，检查程序并确保程序正确无误。打开程序，将机床锁定，设置好刀具等加工参数，将机床状态调整为"空运行"状态空运行程序，对输入的程序进行仿真模拟，观察程序运行情况及加工轨迹，检查平面铣削轨迹是否正确；如有干涉则要调整程序。仿真模拟结束后，取消机床锁定与空运行设置，机床重新回参考点。

4. 执行零件自动加工

将加工程序打开并回位，选择自动运行模式，选择单段加工，对零件进行首次加工。加工时，应保持冷却充分和排屑顺利。

5. 零件检测

零件加工后，清理工件，去除毛刺，对工件进行尺寸检测。

6. 加工结束，清理机床

在确保零件加工完成及各尺寸在公差范围内之后，拆除工件，去毛刺，进一步清理工件。清扫机床，擦净刀具、量具等用具，并按规定摆放整齐，严格按机床操作规程关闭机床。

课题三　　轮廓类的数控铣削加工

【任务说明】

掌握轮廓数控铣削的工艺方法。

➢ 拟学习的知识

● 数控铣削轮廓的工艺方法。

- 数控铣削切削用量及其选择方法。
- 数控铣床铣削轮廓的相关编程指令与格式。

➤ 拟掌握的技能

- 正确选用刀具和加工方法。
- 刀具及工件的装夹方法。
- 熟练掌握铣削轮廓相关的数控编程指令的使用。

一、任务描述

如图 7 – 24 所示平面轮廓凸台零件,需要作外轮廓的精加工,加工余量不大,加工材料为硬铝。

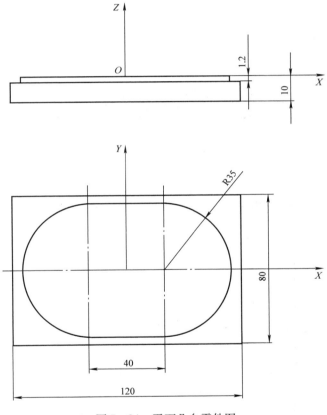

图 7 – 24　平面凸台零件图

二、工艺分析

轮廓类零件是数控铣削加工中常见的零件之一,其轮廓曲线组成不外乎直线与圆弧、圆弧与圆弧、非圆弧及非圆弧曲线的几种,一般多用两轴以上联动的数控铣床进行加工。下面以此平面轮廓类零件为例分析其数控铣削加工工艺。

1. 零件图工艺分析

零件图样的尺寸、视图都完整,表达清楚,几何关系明确,零件的结构工艺性也很好,无难以加工的结构。侧面与底面垂直,零件的厚度不厚,在垂直方向可一刀切削完成,要采用粗铣—精铣的工艺路线。

2. 刀具选择

加工该轮廓用立铣刀,直径可大可小,根据刚性好、耐用度高这样一个要求,选择 $\phi 12mm$ 高速钢立铣刀,其切削长度 $L = 30$ mm,可满足要求。

3. 切削用量的选择

数控铣床铣削的切削用量可根据机床说明书选择。

4. 夹具选择

零件采用虎钳装夹,取工件上表面的中心为程序原点。制定工序卡片见表 7 - 2。

表 7.2　零件铣削加工工序卡

工步	加工内容	刀具规格 /mm	刀号	刀具半径补偿 /mm	主轴转速 /(r/min)	进给速度 /(mm/min)
1	轮廓铣削	$\phi 12$	T01	D01	1 200	100

5. 进给路线的确定

如图 7 - 25 所示,刀具在 XY 平面的加工路线为逆时针方向。快速下刀点距离为 10 mm,切削深度为 1.2 mm。其中辅助点的坐标 $P_0(0,0)$、$P_1(-55,-60)$、$P_2(-55,-50)$、$P_3(-5,0)$、$P_4(-55,50)$、$P_5(-5,60)$。

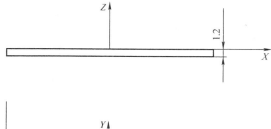

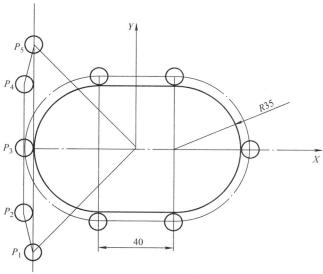

图 7 - 25　刀具在 X - Y 平面的进给路线

三、加工程序编制

1. 相关加工指令

（1）刀具半径补偿指令（G40/G41/G42）

在零件轮廓铣削加工时，由于刀具半径尺寸影响，刀具的中心轨迹与零件轮廓往往不一致。为了避免计算刀具中心轨迹，直接按零件图样上的轮廓尺寸编程，数控系统提供了刀具半径补偿功能，如图 7-26 所示。

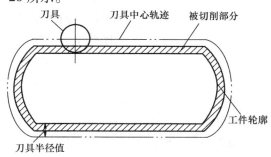

图 7-26　刀具补偿功能

G41 为左偏刀具半径补偿，定义为假设工件不动，沿刀具运动方向向前看，刀具在零件左侧的刀具半径补偿。

G42 为右偏刀具半径补偿，定义为假设工件不动，沿刀具运动方向向前看，刀具在零件右侧的刀具半径补偿。

G40 为取消刀具半径补偿。

刀具半径补偿指令格式：

执行刀补　G17/G18/G19 G41/G42 G01/G00 X_Y_Z_ D_ F_;

取消刀补　G40 G00/G01 X_Y_Z_;

其中　X、Y、Z——建立补偿直线段的终点坐标值；

D——刀补号地址，用 D00~D99 来制定，它用来调用内存中刀具半径补偿的数值。

2. 参考程序（FANUC 格式）

O0001;	程序名
N10 G17 G54 G90 G40;	程序初始化，选择工件坐标系
N20 G00 Z100;	快速定位 Z100
N30 X0 Y0;	快速定位到工件坐标系 *XY* 的原点
N40 M03 S800;	启动主轴，正转 800r/min
N50 G00 X-55 Y-60;	快速定位加工起点 *X*,*Y*
N60 Z10;	快速下刀
N70 M08;	开启冷却液
N80 G01 Z-1.2 F100;	*Z* 轴定位到加工深度 1.2 mm
N90 G41 G01 X-55 Y-50 D01;	建立刀具半径补偿，执行左补偿
N100 Y0;	执行刀具半径补偿
N110 G02 X-20 Y35 R35;	

N120 G01 X20；

N130 G02 X20 Y－35 R35；

N140 G01 X－20；

N150 G02 X－55 Y0 R35；

N160 G01 Y50；

N170 G40 G01 X－55 Y60；　　　　取消刀具半径补偿

N180 G00 Z100；　　　　　　　　快速定位 Z 到 100

N190 X0 Y200；　　　　　　　　　将工件推向操作者

N200 M30；　　　　　　　　　　　程序结束并返回

四、任务实施

1. 加工准备

1）阅读零件图，并检查坯料的尺寸。

2）依照顺序打开车间的电源、机床主电源、操作箱上的电源开关，开机并回零。

3）安装工件及刀具。

4）清理工作台、夹具、工件，并正确装夹工件，确保工件定位夹紧稳固可靠。

2. 对刀并建立工件坐标系

1）安装加工刀具，通过手动方式将刀具装入主轴中。

2）建立工件坐标系 G54。

3. 输入并检验程序及仿真加工

程序全部输入数控系统中，检查程序并确保程序正确无误。打开程序，将机床锁定，设置好刀具等加工参数，将机床状态调整为"空运行"状态空运行程序，对输入的程序进行仿真模拟，观察程序运行情况及加工轨迹，检查平面铣削轨迹是否正确；如有干涉则要调整程序。仿真模拟结束后，取消机床锁定与空运行设置，机床重新回参考点。

4. 执行零件自动加工

将加工程序打开并回位，选择自动运行模式，选择单段加工，对零件进行首次加工。加工时，应保持冷却充分和排屑顺利。

5. 零件检测

零件加工后，清理工件，去除毛刺，对工件进行尺寸检测。

6. 加工结束，清理机床

在确保零件加工完成及各尺寸在公差范围内之后，拆除工件，去毛刺，进一步清理工件。清扫机床，擦净刀具、量具等用具，并按规定摆放整齐，严格按机床操作规程关闭机床。

课题四　型腔类零件的数控铣削加工

【任务说明】

综合运用之前课题中的所学知识与技能，加工出合格的、具有中等难度的零件。

➤ 拟掌握的技能

● 铣平面、粗精铣外轮廓、粗精内孔、钻孔等综合操作技能。

一、任务描述

在数控铣床上完成如图 7-27 所示型腔类零件的加工,工件材料为硬铝。

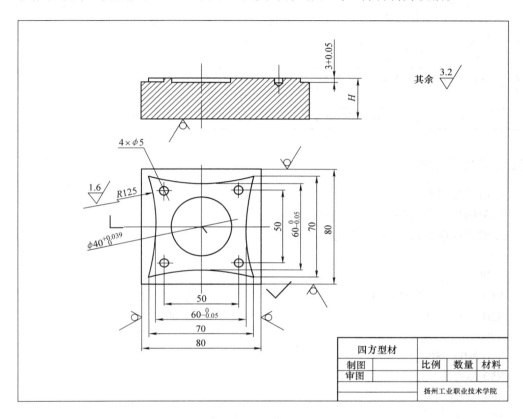

图 7-27　型腔类零件

二、工艺分析

1. 工艺分析

分析零件图,明确加工内容。图 7-27 所示零件加工部位为内部型腔,选用毛坯尺寸为 80 mm×80 mm×20 mm。

241

2. 装夹方式选择

由于零件轮廓尺寸不大,夹具选择平口钳、V 形块、垫铁等附件配合装夹工件,试切法对刀。

量具选择:槽深度用深度游标卡尺测量,槽宽等轮廓尺寸用游标卡尺测量,圆弧用半径规测量,表面质量用粗糙度样板检测,另选用百分表校正平口钳及工件上表面。

3. 刀具选择和加工工艺路线

粗加工铣刀用 $\phi12$ mm 键槽铣刀,精加工铣刀选能垂直下刀的 $\phi12$ mm 立铣刀或键槽铣刀,钻头选择 $\phi5$ mm 钻头。其加工工序卡见表 7-3。

表7－3　零件铣削加工工序卡

工步	加工内容	刀具规格	刀号	刀具半径补偿 /mm	主轴转速 /(r/min)	进给速度 /(mm/min)
1	铣平面	φ12mm	T01	无	1 000	100
2	粗加工外轮廓	φ12mm	T01	D01 留余量0.2	1 000	100
3	粗加工内孔	φ12mm	T01	D02 留余量0.2	1 000	80
4	精加工外轮廓	φ12mm	T02	D01	1 200	60
5	精加工内孔	φ12mm	T02	D02	1 200	60
6	钻孔	φ5mm	T03	D03	700	50

三、加工程序编制

1. 相关加工指令

相关编程指令与格式见前面的模块。

2. 编写程序单(FANUC 格式)

(1)铣平面、铣轮廓、铣孔

O0001;	程序名
N10 G17 G54 G90 G40;	程序初始化,选择工件坐标系
N20 G00 Z100;	快速定位 Z100
N30 X0 Y0;	快速定位到工件坐标系 XY 的原点
N40 M03 S800;	启动主轴,正转800r/min
N50 G00 X－52 Y－40;	快速定位加工起点 X,Y
N60 Z10;	快速下刀
N70 M08;	开启冷却液
N80 G01 Z－0.5 F100;	Z 轴定位到加工深度 -0.5 mm
N90 X52;	开始铣削平面
N100 Y－30;	
N110 X－52;	
N120 Y－20;	
N130 X52;	
N140 Y－10;	
N150 X－52;	
N160 Y0;	
N170 X52;	
N180 Y10;	
N190 X－52;	
N200 Y20;	
N210 X52;	
N220 Y30;	

N230 X－52；

N240 Y40；

N250 X52；　　　　　　　　　　　　　平面加工结束

N260 G00 Z10；　　　　　　　　　　　抬刀

N270 G00 X35 Y－50；　　　　　　　　定位

N280 G01 Z－3 F50；　　　　　　　　　下刀

N290 G42 G01 X35 Y－35 D01 F100；　　建立刀具半径补偿

N300 G02 X35 Y35 R125；　　　　　　　铣轮廓

N310 G02 X－35 Y35 R125；

N320 G02 X－35 Y－35 R125；

N330 G02 X35 Y－35 R125；　　　　　　轮廓加工结束

N340 G40 G01 X50 Y40；　　　　　　　取消刀具半径补偿

N350 G00 Z10；

N360 G00 X0 Y0；

N370 G01 Z－3 F30；

N380 G41 G01 X20 Y0 D02 F80；　　　　建立刀具半径补偿

N390 G03 X20 Y0 I－20 J0；　　　　　　铣孔

N400 G40 G01 X0 Y0；　　　　　　　　取消刀具半径补偿

N410 G00 Z100；　　　　　　　　　　　快速定位 Z 到100

N420 X0 Y200；　　　　　　　　　　　将工件推向操作者

N430 M30；　　　　　　　　　　　　　程序结束并返回

（2）钻孔程序

O0002；　　　　　　　　　　　　　　　程序名

N10 G17 G54 G90 G40；　　　　　　　　程序初始化,选择工件坐标系

N20 G00 Z100；　　　　　　　　　　　快速定位 Z100

N30 X0 Y0；　　　　　　　　　　　　　快速定位到工件坐标系 XY 的原点

N40 M03 S500；　　　　　　　　　　　启动主轴,正转 800r/min

N50 G00 X25 Y25；　　　　　　　　　　快速定位加工起点 X,Y

N60 Z10；　　　　　　　　　　　　　　快速下刀

N70 M08；　　　　　　　　　　　　　　开启冷却液

N80 G81 X25 Y25 Z－3 R3 F100；　　　　执行钻孔循环

N90 X－25 Y25；

N100 X－25 Y－25；

N110 X25 Y－25；

N120 G00 Z100；　　　　　　　　　　　快速定位 Z 到100

N130 X0 Y200；　　　　　　　　　　　将工件推向操作者

N140 M30；　　　　　　　　　　　　　程序结束并返回

四、评分表

序号	考核项目	配分	评 分 标 准	扣分	得分
1	工艺与程序	20	1)工序划分合理、工艺路线正确 5 分,制定不合理适当扣分; 2)刀具类型及规格选择合理 4 分,对加工影响较大的工序中使用的刀具选择错误,每处扣 1 分; 3)定位及装夹合理 3 分,1 处不当扣 1 分; 4)量具选择合理 4 分,1 处不当扣 1 分; 5)切削用量选择基本合理 4 分,不当且对加工精度影响较大的 1 处扣 1 分		
2	$60_{-0.05}^{\;\;0}$,2 处 $\phi40_{0}^{+0.039}$,1 处 3 ± 0.05,2 处 (内、外)	30	一处 6 分,超差不得分		
3	其他次要尺寸	10	一处 2 分,扣完为止		
4	表面粗糙度 $Ra1.6$(4 处)	16	一处 4 分,扣完为止		
5	表面粗糙度 $Ra3.2$ 及以下	14	一处 2 分,扣完为止		
6	其他磕、碰、夹伤、未去毛刺、未倒角以及安全文明生产等	10	工件表面无磕、碰、夹伤、毛刺 3 分,尖角 1 分,安全文明生产 6 分,违规酌情扣分		
	合　计	100			

五、任务实施

1)开机前的准备。

2)加工前的准备。

3)安装工件及刀具。

4)对刀,建立工件坐标系。由于本次加工中需要使用多把刀具,因而只需要对刀时在基准刀对好之后,对其他刀具进行半径和长度补偿,建立工件坐标系 G54 即可,对刀过程略。

5)输入并检验程序。在"编辑"模式下,将 NC 程序输入数控系统中,检查程序并确保程序正确无误。将当前工件坐标系抬高至一安全高度,设置好刀具参数(刀具半径补偿值)。将机床状态调整为"空运行"状态,空运行程序。检查零件轮廓铣削轨迹是否正确,是否与机床夹具等发生干涉,如有干涉则要调整程序。

6)执行零件加工。在本次加工任务中,由于仅有一个加工程序,因而执行零件加工需进行以下操作。在进行完粗加工后需仔细测量粗加工完毕后的实际尺寸,为后续精加工的余量切削做准备,以达到加工精度。

7)加工结束,清理机床。

思考与练习

1. 数控铣床加工和普通铣床加工相比有何特点?

2. 数控铣床开关机时应注意哪些事项? 开机时回参考点的目的是什么?

3. 数控加工对刀具有哪些要求?

4. 对刀的目的是什么? 简述对刀的过程。

5. 简述加工中心的编程过程。

6. 数控加工工序顺序的安排原则是什么?

7. 确定铣刀进给路线时,应考虑哪些问题?

8. 什么是刀具半径补偿? 什么是刀具长度补偿?

9. 加工中心的特点是什么? 适合在加工中心上加工的零件有哪些?

10. 在数控铣床上完成如图 7 – 28 所示外轮廓零件的铣削加工,零件材料为硬铝。

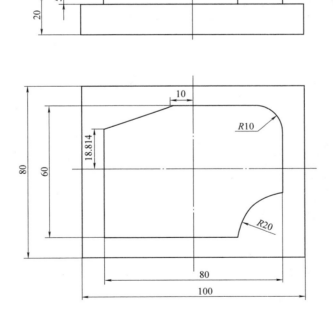

图 7 – 28 外轮廓零件加工

11. 在数控铣床上完成如图 7 – 29 所示型腔零件的铣削加工,零件材料为硬铝。

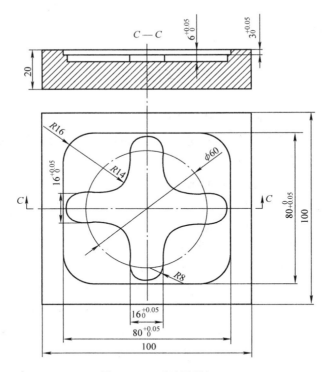

图 7 - 29　型腔零件加工

模块八 特种加工

特种加工是指传统的切削加工以外的新的加工方法,亦称"非传统加工"或"现代加工方法",泛指用电能、热能、光能、电化学能、化学能、声能及特殊机械能等能量达到去除或增加材料的加工方法,从而实现材料被去除、变形、改变性能或被镀覆等。由于特种加工方法不是依靠机械能、切削力进行加工,因而可以用软的工具(甚至不用工具)加工硬的工件,可以用来加工各种难以加工材料(如钛合金、高温合金、硬质合金、陶瓷等)、形状复杂的零件(如整体涡轮、立体型面模镗等)以及精密细小的零件(如喷嘴、喷丝头等零件上的型孔、微细孔、窄缝等)。

特种加工是近几十年发展起来的新工艺,目前已经得到广泛应用,成为不可缺少的加工方法。下面简要介绍电火花加工、电解加工、超声波加工和激光加工等几种常见的加工方法。

课题一 电火花加工

电火花加工又称放电加工,在 20 世纪 40 年代开始研究并逐步应用于生产。它是在加工过程中,使工具和工件之间不断产生脉冲性的火花放电,靠放电时局部、瞬时产生的高温把金属蚀除下来。因放电过程可见到火花故称为电火花加工。

一、电火花加工的原理

电火花加工的原理是基于工具和工件(正、负电极)之间脉冲性火花放电时的电腐蚀现象来蚀除多余的金属,以使零件的尺寸、形状和表面质量达到预定的加工要求。电火花加工时,工具电极和工件电极浸在油槽中的液体介质(煤油)中,脉冲电源发出的脉冲电压会加在工具电极和工件电极上。当两电极在液体介质中靠近时,由于电极的微观表面凹凸不平,导致极间某凸点的电场强度最大,使具有一定绝缘性的液体介质被击穿,液体介质被电离成电子和正离子,形成放电通道。在电场力的作用下,通道内的电子高速奔向阳极,而正离子则奔向阴极,形成电火花放电现象。电子和正离子在高速运动时互相碰撞,在放电通道内产生大量的热,同时阳极和阴极表面也分别受到电子流的高速轰击,使动能转化为热能,因此整个放电通道就变成了一个瞬时热源。通道中心的温度可达 10 000 ℃ 左右,在如此高的温度下,电极放电处的金属会迅速熔化,甚至汽化。

图 8-1 所示为电火花加工原理示意图。工件与工具分别与脉冲电源的两输出端相连接。自动进给调节装置使工具和工件之间经常保持一很小的放电间隙,当脉冲电压加到两极之间,便在当时条件下相对某一间隙最小处或绝缘强度最低处击穿介质。在该局部产生火花放电,瞬时高温使工具和工件表面都蚀除掉一小部分金属,各自形成一个小凹坑,这样随着相当高的频率,连续不断地重复放电,工具电极不断地向工件进给,就可以将工具的形状复制在工件上,加工出所需要的零件,整个加工表面将由无数个小凹坑组成。

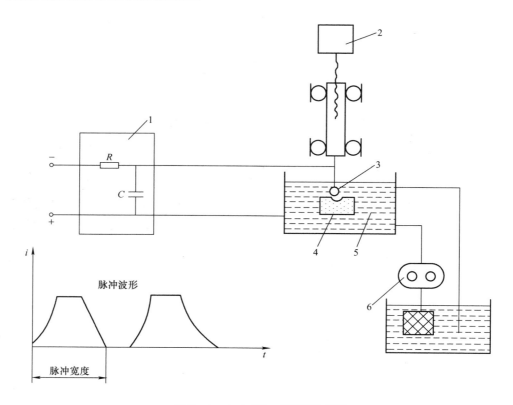

图 8-1　电火花加工原理示意图

1—脉冲电源;2—间隙自动调节器;3—工具电极;4—工件;5—工作液;6—工作液泵

电火花加工机床一般由脉冲电源、间隙自动调节器、机床本体、工作液及其循环系统四个部分组成。脉冲电源是放电腐蚀的功能装置,其产生所需要的重复脉冲并施加在工具电极与工件电极上,形成脉冲放电;间隙自动调节器自动调节极间距离和工具电极的进给速度,维持一定的放电间隙,使脉冲放电正常进行;机床本体用来实现工件和工具电极的装夹固定以及调整工件与机床的相对位置精度等;工作液一般为煤油或矿物油。

二、电火花加工的特点及应用

电火花加工适合于难切削材料的加工,只要具有导电性,就可以进行电火花加工;其可以加工特殊复杂形状的零件,加工时"无切削力"且工件装夹方便。一些难以装夹的工件以及难以加工的小孔薄壁件、窄槽、各种复杂截面的型孔和型腔零件,都能较方便地进行电火花加工。电火花加工时的电脉冲参数可以任意调整,能在同一台机床上连续进行粗加工、半精加工、精加工,其中精加工后表面结构为 $Ra0.8 \sim 1.6 \ \mu\mathrm{m}$。工件的尺寸精度视加工方式而异,穿孔直径为 $0.01 \sim 0.05 \ \mathrm{mm}$,型腔加工尺寸为 $0.1 \ \mathrm{mm}$ 左右,线切割加工尺寸为 $0.01 \sim 0.02 \ \mathrm{mm}$。

电火花加工不仅可以用来加工型腔及各种孔,如锻模腔孔、异形孔、喷丝孔等,而且可以进行切断和切割(如线切割就是利用电火花加工原理进行工作的)以及电火花磨削等。此外,电火花加工还可以进行工件表面强化处理和打印记等。

课题二 电解加工

电解加工是继电火花加工之后发展较快、应用较广泛的一项新工艺。目前,在国内外已成功地应用于枪炮、航空发动机、火箭等制造工业,在汽车、拖拉机、采矿机械的模具制造以及其他机械制造业中,已成为一种不可缺少的工艺方法。

一、电解加工的基本原理

电解加工是在电解抛光的基础上发展起来的,电解加工的原理是:以工件为阳极(接直流电源正极),工具为阴极(接直流电源负极),在两极之间的狭小间隙内,电解液高速通过,当工具阴极不断向工件进给时,在相对阴极的工件表面上,金属材料按阴极型面的形状不断溶解,电解生成的腐蚀物被高速流动的电解液带走,于是在工件表面上就加工出和阴极型面相似且相反的形状,如图 8 - 2 所示。

电解加工机床主要由机床本体、电源、电解液系统三大部分组成。如图 8 - 3 所示,在电解加工过程中,机床主轴必须在高压电解液作用下稳定进给,以获得良好的加工精度,因此电解加工机床,除具有一般机床的共同要求外,还必须具有足够的刚性、可靠的进给平稳性和良好的防腐蚀性等。电解加工使用的电源是直流稳压电源,电解液系统主要由电解液泵、电解液槽、过滤器、热交换器以及其他管路附件等组成,其作用是连续而平稳地向加工区供给足够流量和合适温度的干净电解液。

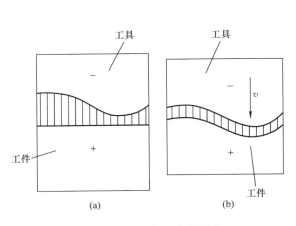

图 8 - 2 电解加工成形原理

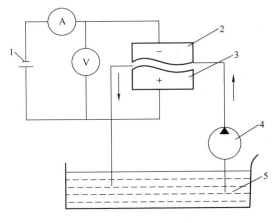

图 8 - 3 电解加工示意图
1—直流电源;2—工具阴极;3—工件阳极;
4—电解液泵;5—电解液

249

二、电解加工的特点和应用

电解加工的加工范围广,不受金属材料本身力学性能的限制,可加工高硬度、高强度韧性等难以切削的金属材料(如高温合金、钛合金等),并可加工叶片、锻模等各种复杂型面;表面加工质量较好,可以达到较好的表面结构($Ra0.2 \sim 1.25$ μm)和 ± 0.1 mm 左右的平均加工精度;生产效率较高,为电火花加工的 5 ~ 10 倍,在某些情况下,比切削加工的生产率还高,且加工生产率不直接受加工精度和表面结构限制;电解液对机床有腐蚀作用,机床要有足够的防腐性能。电解产物需进行妥善处理,否则将污染环境。

电解加工主要用于加工型孔、型腔、复杂型面、小而深的孔以及套料、倒棱去毛刺和电解抛光等。电解加工适用于难加工材料的加工、相对复杂形状零件的加工及批量大的零件加工。

课题三　超声波加工

超声波加工也称超声加工。超声波加工是利用超声(频率超过 16 kHz 的振动波称为超声波)振动工具冲击磨料,对工件进行加工的方法。电火花加工和电化学加工都只能加工金属导电材料,不易加工不导电的非金属材料,然而超声波加工不仅能加工硬质合金、淬火钢等脆硬金属材料,而且更适合于加工玻璃、陶瓷、半导体锗和硅片等非金属脆硬材料,同时还可以用于清洗、焊接和探伤等。

一、超声加工的基本原理

超声加工是利用工具端面作超声频率振动,通过磨料悬浮液加工脆硬材料的一种成形方法,加工原理如图 8－4 所示。加工时,在工具和工件之间加入液体(水或煤油等)和磨料混合的悬浮液,并使工具以很小的力轻轻压在工件上,如图 8－5 所示。超声换能器产生 16 kHz 以上的超声频率纵向振动,并把振幅放大到 0.05～0.1 mm,驱动工具端面作超声振动,迫使工作液中悬浮的磨粒以很大的速度和加速度不断地撞击、抛磨被加工表面,把被加工表面的材料粉碎成很细的微粒,并将它们从工件上击蚀下来。虽然每次打击下来的材料很少,但由于每秒钟打击的次数多达 16 000 次,所以仍然有一定的加工速度。与此同时,由于磨料悬浮液的循环流动,带走被粉碎下来的材料微粒,并使磨料不断更新,所以随着工具的逐渐深入,便将工具的形状"复印"到工件上。

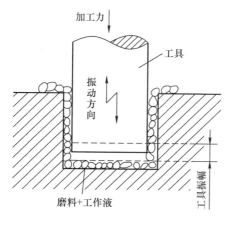

图 8－4　超声波加工原理

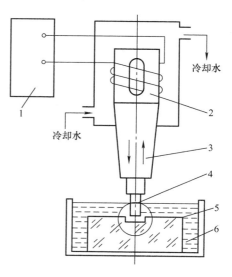

图 8－5　超声加工装置示意图
1—超声波发生器;2—换能器;3—振幅扩大器;
4—工具;5—工件;6—磨料悬浮液

二、超声加工的特点和应用

超声加工适合于加工各种硬脆材料,特别是不导电的非金属材料,如玻璃、陶瓷、宝石、锗、硅、硬质合金和淬火钢等;工具可做成复杂的形状,不需要工具和工件作比较复杂的相对运动,便可加工各种形状的槽、型孔、型腔和成形表面等;超声加工机床的结构比较简单,只需要一个方向轻压进给,操作、维修方便;加工质量好。由于去除加工材料是靠极小磨料瞬间局部撞击作用,故工件表面宏观切削力很小,切削应力、切削热很小,不会引起变形及烧伤,表面结构可达 $Ra0.1 \sim 1~\mu m$,加工精度可达 $0.01 \sim 0.02~mm$,而且可以加工薄壁、窄缝和低刚度零件。

超声加工的生产率比电火花加工和电解加工低,但其加工精度较高,加工后表面结构参数值较小。因此,采用电火花加工后的一些工件,可安排超声加工进一步提高其加工质量。超声加工目前主要用于加工硬脆材料上的圆孔、型孔、型腔和微细孔等。

课题四　激光加工

激光加工就是利用光的能量经过透镜聚焦后,在焦点上达到很高的能量密度,靠光热效应来加工各种材料。将功率密度极高的激光束照射工件的被加工部位,使其材料瞬时熔化和蒸发,同时激光束照射时产生的强烈冲击波,可将熔化物质爆炸式地喷射去除,从而对工件进行穿孔、切割等加工。另外,采用较小能量密度的激光束,还可使加工区域材料黏合,对工件进行焊接加工。

一、激光加工的基本原理

利用激光束对工件直接进行加工,该光束必须有足够的能量密度,而且还必须是同波长的单色光,因此只有激光器发射出来的激光才能满足上述条件。激光加工的原理如图 8-6 所示。固体激光器由激光工作物质 2(一般采用红宝石或掺钕离子的钇铝石榴石)、激励光源 3(一般用脉冲氙灯)、全反射镜 1 和部分反射镜 4 构成的光谐振腔组成。当工作物质被激励光源照射时,在一定条件下可使工作物质中亚稳态粒子数反转,引起受激辐射,形成光放大,并通过光谐振腔的作用产生光的振荡,由部分反射镜输出激光,经透镜 5 聚焦到工件 6 的待加工表面,从而实现对工件的加工。

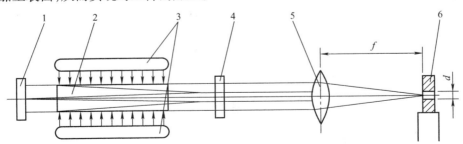

图 8-6　固体激光器加工原理图

1—全反射镜;2—激光工作物质;3—激励光源;4—部分反射镜;5—透镜;6—工件

二、激光加工的特点和应用

激光加工的功率密度高达 $10^8 \sim 10^{10}$ W/cm^2,几乎可以加工任何材料,例如耐热合金、陶瓷、石英、金刚石等硬脆材料都能加工;加工速度高,如打一个孔只需 0.001 s;激光加工可控性好,易于实现自动化生产;激光光斑大小可以聚焦到微米级,输出功率可以调节,因此可用以精密微细加工;激光加工不使用刀具,并可通过空气、惰性气体或光学透明介质进行加工,属非接触加工,因此不会出现机械加工变形;应及时通风抽走加工中产生的金属气体及大量飞溅物,操作者应戴防护眼镜。

激光加工常应用于打微小孔(0.01 ~ 1 mm,最小孔径为 0.001 mm),如火箭发动机和柴油机喷油嘴的打孔及化学纤维喷丝头的打孔等。激光加工还可以对许多材料进行高效率的切削加工,其切割速度一般超过机械切割,其切割金属材料的厚度可达 10 mm。通过控制激光的输出功率,还可将工件结合处(烧熔)黏合在一起,即可实现激光焊接。

激光是 20 世纪的重大发明之一,具有巨大的技术潜力,专家们认为,现在是电子技术的全盛时期,其主角是计算机,下一代将是光技术时代,其主角是激光。激光因具有单色性、相干性和平行性三大特点,特别适用于材料加工。激光加工是激光应用最有发展前途的领域,国外已开发出 20 多种激光加工技术。激光的空间控制性和时间控制性很好,对加工对象的材质、形状、尺寸和加工环境的自由度都很大,特别适用于自动化加工。激光加工系统与计算机数控技术相结合可构成高效自动化加工设备,已成为企业实行适时生产的关键技术,为优质、高效和低成本的加工生产开辟了广阔的前景。

思考与练习

1. 特种加工如何产生?"特"在何处?常用有哪些工艺方法?
2. 电火花的加工原理是什么?有哪些应用?
3. 激光加工的工作原理是什么?有哪些类别和应用?
4. 电解加工的原理是什么?举例说明其实际用途。
5. 什么是超声波加工技术?它有哪些应用?

参 考 文 献

[1] 蒋增福,徐冬元. 机加工实习[M]. 北京:高等教育出版社,2002.

[2] 顾维邦. 金属切削机床概论[M]. 北京:机械工业出版社,2003.

[3] 乔世民. 机械制造基础[M]. 北京:高等教育出版社,2004.

[4] 张云新. 金工实训[M]. 北京:化学工业出版社,2005.

[5] 范军. 金工实习[M]. 北京:中国劳动和社会保障出版社,2006.

[6] 方海生. 金工实习和机械制造基础[M]. 北京:化学工业出版社,2007.

[7] 梁蓓. 金工实训[M]. 北京:机械工业出版社,2008.

[8] 卢建生. 机钳工实训教程[M]. 北京:机械工业出版社,2008.

[9] 饶传锋. 金属切削加工(一)——车削[M]. 重庆:重庆大学出版社,2007.

[10] 夏建刚. 金属切削加工(二)——铣削[M]. 重庆:重庆大学出版社,2008.

[11] 王震江. 刨工操作技术要领图解[M]. 济南:山东科学技术出版社,2007.

[12] 机械工业职业技能鉴定指导中心. 初级磨工技术[M]. 北京:机械工业出版社,2000.

[13] 邵刚. 金工实训[M]. 北京:电子工业出版社,2010.

[14] 纪红兵. 金属加工与实训[M]. 北京:中国铁道出版社,2011.

[15] 王庭俊. 钳工知识与技能[M]. 天津:天津大学出版社,2012.